古龙页岩油
地质实验技术与应用

白雪峰　冯子辉　张居和 ◎等著

石油工业出版社

内 容 提 要

本书针对页岩油富集规律、赋存机制与可动性等关键问题，依据地质实验原理，从实验方法、实验结果、技术应用等方面展开阐述，建立陆相页岩含油性、储集性、流动性、可压性"四性"评价技术 29 项，为页岩油富集层（区）评价提供了重要手段。通过实验分析研究，创新形成了古龙页岩油形成与演化模式、页岩成岩成储机制及演化规律、古龙页岩油自封闭成藏机理等理论认识，丰富发展了非常规油气石油地质学理论，支撑了多资源协同陆相页岩油绿色开采全国重点实验室和古龙陆相页岩油国家级示范区建设。

本书可供从事页岩油勘探开发的科技人员及石油高等院校师生参考阅读。

图书在版编目（CIP）数据

古龙页岩油地质实验技术与应用 / 白雪峰等著 .
北京：石油工业出版社，2024. 8. -- ISBN 978-7-5183-
6844-0

Ⅰ . P618.130.2-33

中国国家版本馆 CIP 数据核字第 2024LH1300 号

出版发行：石油工业出版社
　　　　　（北京安定门外安华里 2 区 1 号　　100011）
　　　　　网　　址：www.petropub.com
　　　　　编辑部：（010）64523604
　　　　　图书营销中心：（010）64523633
经　　销：全国新华书店
印　　刷：北京中石油彩色印刷有限责任公司

2024 年 8 月第 1 版　　2024 年 8 月第 1 次印刷
787×1092 毫米　　开本：1/16　印张：20.75
字数：490 千字

定价：160.00 元
（如出现印装质量问题，我社图书营销中心负责调换）

序

Preface

古龙页岩油[1]是大庆油田现实的战略接替资源和建设百年油田坚实的物质基础。地质实验测试技术是实现油气高质量高水平勘探开发的根基和必备技术，是石油人探索新领域、打开新认知的"敲门砖"，它集原理、材料、仪器、流程和工艺方法于一体，并与研究者的认知、能力和技能等密切相关。

打开本专著，可见它以国内外页岩油地质实验技术研究现状分析和古龙页岩油地质实验技术需要攻关的主要问题研究始；分古龙页岩储集性、含油性、流动性和可压性评价四大方面，独立成章，每一章中兼具借鉴、吸收、创新，成系统化、体系化，特别是创新尤为突出，既有对原理的重大调整，更有仪器的首台首套，如可看地层条件下孔隙度和渗透率分析技术。章与章之间，章章相连，各有侧重、内容鲜明，如可看页岩轻烃及含油量恢复分析技术和保压密闭岩心页岩油全组分及相态分析技术。兹不一一。最后一章兼具综合性和机理性，如成烃、成岩、成储等，这些尽管仍是常规油气中常用的术语，但它们的内容、含义以及对勘探开发的实际意义，已经发生了深刻而又本质的变化。

由此可见，本专著聚焦于陆相页岩油领域极具挑战性、标志性和引领性的古龙页岩油，以"为大厦添砖加瓦"的奉献和执着，专注于根基和基础的创新和坚守，把智慧和汗水洒在了古龙页岩油这个火热的战场上。本书就是把这两者"天时、地利、人和"地结合起来了，这是迄今为止，陆相页岩油基础地质研究集大成者。

需要特别指出的是，书中研究成果不仅直接推动了古龙页岩从"生油"到"产油"的历史性、战略性跨越，更支撑了黑龙江省陆相页岩油重点实验室、多资源协同陆相页岩油绿色开采全国重点实验室成功申建和古龙陆相页岩油国家级示范区建设。这是真正把"论文写在祖国大地上"的范例。诚如是，文中有一些需商榷之处，甚至是不足，这或许就是今后创新的方向和攻关的重点。

2024 年是大庆油田勘探开发研究院六十华诞，白雪峰、冯子辉、张居和等所著《古龙页岩油地质实验技术与应用》的出版，既是新时代研究院地质实验人发扬"三超"

---

[1] 孙龙德. 古龙页岩油（代序）[J]. 大庆石油地质与开发，2020，39（3）：1-7.

精神，勤于耕耘、勇于探索的研究成果的结晶，也是对研究院几代地质实验人员勤勤恳恳、扎实工作、默默奉献的最好纪念。相信该书的出版，不仅对大庆古龙页岩油勘探开发发挥进一步的指导作用，同时对激励未来一代又一代实验技术人员攻克页岩油技术瓶颈、抢占该领域理论技术制高点起到重要的指导和借鉴作用。

我有幸与白雪峰、冯子辉、张居和等为代表的优秀团队相识相知，借此向他们致以深深的敬意和衷心的祝贺，也希望有更多的有志者加入到推动陆相页岩革命的事业中。

中国工程院院士：孙龙德

2024 年 7 月 30 日

前　言

全球石油工业已进入常规油气稳定上产、非常规油气快速发展的新阶段。页岩油是油气勘探的重要领域，全球页岩油气技术可采资源量约为 $500 \times 10^8 t$，主要分布于美国、俄罗斯、中国和阿根廷等国家。中国陆相页岩分布面积广，页岩油资源丰富，主要分布于松辽盆地、鄂尔多斯盆地、渤海湾盆地等。据初步估算，松辽盆地北部页岩油资源量超百亿吨，是大庆油田持续发展、创建百年油田的重要物质基础，也是我国油气资源战略接替的重要领域。

松辽盆地上白垩统以大型陆相淡水湖盆沉积为特征，发育厚度超过 1500m 的大规模三角洲、半深湖、深湖相沉积。在湖泊水体深度周期旋回变化中，与全球同期两次大规模海侵事件相对应，青山口组和嫩江组沉积时期发生两次大规模海侵，形成两套半深湖—深湖相泥页岩沉积，分布面积达 $10 \times 10^4 km^2$ 以上，横向岩性变化不大、厚度分布相对稳定。泥页岩沉积后，在构造演化过程中基本以稳定埋藏为主，期间未经历大的抬升剥蚀和大的断裂破坏，为页岩油形成与保存提供了重要条件。青山口组泥页岩有机质含量高，TOC 值平均大于 2%，母质类型以 I 型、II 型为主。随埋深增加，热演化程度升高，有机质生成大量油气并排出烃源岩向上进入砂岩储层形成萨尔图油层、葡萄花油层、高台子油层，烃源岩向下泉头组排油形成扶余油层致密油。同时厚层泥页岩中的油气形成滞留或富集，成为页岩油形成的物质基础。松辽盆地地层中含有丰富有机质，具有一定成熟度和成岩演化程度的深水细粒纹层状岩系中富集，经过人工改造后有经济价值的页岩油，主要集中于古龙凹陷、三肇凹陷、大庆长垣南部。松辽盆地页岩油包括成熟—高成熟和中低成熟页岩油两类，其中青山口组以成熟—高成熟为主，嫩江组以中低成熟为主。青山口组成熟—高成熟泥纹型页岩油不同于我国渤海湾盆地、南阳盆地、准噶尔盆地等已发现的主要以夹层型和裂缝型为主的页岩油，页岩油主要位于厚度大、有机质丰度高的青山口组一段和二段中下部粒径小于 0.0039mm 的泥级层状页岩中，受页岩油生成数量、保存条件和页岩储集能力控制，主要生烃凹陷内页岩油纵向多层叠置，横向呈连续分布特征，展示了页岩油勘探开发的良好前景和巨大的资源潜力。

页岩油勘探开发的核心在于技术突破和理论创新，由于古龙页岩油的特殊性，国内外已形成的页岩油富集规律、开采经验、实验技术不适应古龙页岩油勘探生产需求，亟待建立页岩油"四性"评价关键实验技术，认识松辽盆地大型淡水湖盆陆相页岩油富集及赋存机制与可动性规律，形成古龙页岩油富集理论模式，为大规模陆相页岩油有效勘探与开采提供依据。因此，10多年来，在中国石油天然气股份有限公司重大科技专项"大庆探区非常规油气勘探开发关键技术研究与现场试验""大庆古龙页岩油勘探开发理论与关键技术研究"和黑龙江省中央引导地方科技发展专项"黑龙江省致密油和泥页岩油成藏研究建设项目"等项目的支持下，立足松辽盆地，重点开展以下两方面的研究。

一是针对页岩油富集规律、赋存机制与可动性等关键科学问题，紧密联系大庆油田生产实践，开展页岩油地质实验技术攻关，建立了以页岩储层微纳米孔隙定量分析技术为核心的储集性评价技术9项，以页岩轻烃及含油量恢复分析技术为核心的含油性评价技术9项，以页岩油驱替和二维核磁分析为核心的流动性评价技术9项，页岩全岩矿物和力学性质可压性评价技术2项，形成页岩油"四性"实验评价技术29项，创建了齐全配套、特色鲜明、适用于古龙页岩油勘探的陆相地质实验技术，年实验分析能力在5万块以上，有效支撑了页岩油重大战略突破及重大勘探发现、资源量评价、页岩油储量提交。

二是基于页岩油地质实验技术的基础理论认识攻关，创新形成了古龙陆相页岩油形成与演化模式、页岩油成岩成储机制及演化模式、页岩油储集空间演化模式、古龙页岩油自封闭成藏机理、古龙页岩油"五史"耦合模式等。这些理论认识成果不但丰富了石油地质学理论，支撑页岩油富集区优选和"甜点"评价，而且对于支撑黑龙江省陆相页岩油重点实验室、多资源协同陆相页岩油绿色开采全国重点实验室成功申建，古龙陆相页岩油国家级示范区全面建设，也发挥了重要作用，奠定了重要的实验认识基础，对我国其他陆相盆地页岩油气勘探也有重要的参考价值。

本书由白雪峰、冯子辉、张居和负责框架，白雪峰、冯子辉、张居和、邵红梅、霍秋立、张斌、金玮、贾忠伟、苏勇、兰玉波、姜彬、高波、曾花森、徐喜庆、董大鹏撰写。全书共六章，第一章由白雪峰、冯子辉、张居和撰写；第二章由苏勇、高波、姜彬、董大鹏撰写；第三章由张居和、金玮、苏勇撰写；第四章由金玮、贾忠伟、兰玉波、张居和撰写；第五章由徐喜庆、高波、张居和撰写；第六章由冯子辉、高波、曾花森、张居和、张斌撰写。全书参与单项技术或部分章节内容撰写的有董忠良、张晓畅、张琨、贾艳双、王玉奎、庞龙、孙晶、潘会芳、洪淑新、焦玉国、薛云飞、王永超、王继平、王玉杰、刘玉、刘世超、王海勇、霍迎冬、黄丽娜、赵新文、武晓鹏、张秋、邓森、崔焕琦、刘新荣、王清华、于少君、王岩、李舰、李巍、邱碧寒、刘洋等。全书由白雪峰、冯子辉、张居和统稿。在本书写作过程中，得到了大庆油田勘探开发研究院领导、专家的指导及帮助，在此表示衷心感谢。

由于时间及水平有限，书中不妥之处在所难免，敬请读者批评指正。

编者

2024 年 7 月

目 录　　　　　　　　　　　　　　　　　　　　　　　　Contents

第一章 绪 论

松辽盆地古龙页岩油分布广、资源量大，是大庆油田重要接替资源和创建百年油田的物质基础。由于古龙页岩油的特殊性，国内外已形成的页岩油富集规律、开采经验不适应古龙页岩油勘探生产需求，亟待突破"四性"评价关键实验技术和理论认识，为陆相页岩油大规模有效勘探开发提供依据。通过调研国内外页岩油实验技术现状，梳理古龙页岩油地质实验技术面临的难题与挑战，确定了陆相页岩储集性、含油性、流动性、可压性"四性"评价实验技术攻关方向和亟待解决的科学问题。

第一节 国内外页岩油地质实验技术研究现状

一、页岩油气储层物性分析技术

国外页岩孔渗分析技术已成熟，如代表国际先进水平的美国岩心公司，不断开发先进的岩心分析技术和分析仪器，近年来开发了自动化程度高、灵敏度高的 CMS300 岩心自动分析仪、PDP200 脉冲衰减法渗透率测定仪等先进设备，能够完成不同围压下的孔渗分析及非常规油气储层渗透率分析。但对于泥页岩和致密砂岩样品除油、制备与分析还没有先进可靠的技术。

国内页岩孔隙度和渗透率分析技术在不断发展和进步，近年来中国石油勘探开发研究院、中国石化胜利油田研究院、长江大学，以及一些石油仪器研发公司借鉴美国岩心公司的分析技术，对岩石孔渗分析仪器进行改进和提升，仪器自动化程度和分析精度不断提高，但总体水平与国际先进水平还有较大差距。多年来大庆油田先后开发了 QSY 系列全直径岩心渗透率分析仪、ECK 系列常规渗透率分析仪和高真空高压岩心孔隙度分析技术，目前处于国内先进水平，但都无法解决页岩油气储层岩石样品处理和孔渗分析问题。

二、页岩油气储层含油气性分析技术

国外如美国、俄罗斯等石油公司主要采用蒸馏法和干馏法分析油气饱和度，随着科学技术的发展，一些高端技术被引入到岩心分析领域，发展了扫描法分析岩石流体饱和度，

如线性 X 射线吸收法、计算机辅助层析成像（CT）法、微波法、线性伽马射线吸收法、核磁共振法等，这些新兴的饱和度分析技术通常需要常规方法进行标定。

国内采用的油气饱和度分析方法比较多，包括蒸馏抽提法、常规色谱法、研磨色谱法、微波法、常压干馏法等。这些分析方法各有优点，能较好地适用于物性好的储层，但对于泥页岩储层样品，这些方法都存在油水饱和度分析误差大的问题。

三、页岩油气储层岩石力学分析技术

欧美等国家在岩石力学分析技术研究及相关仪器设备研发等方面处于世界领先水平，美国 MTS 公司生产的 MTS816 全自动三轴伺服系统和美国 Terra Tek 公司生产的岩石力学试验分析装置，具备全面准确的测量控制、分析和数据处理功能。

国内一些院校和科研院所引进国外先进仪器设备，其分析技术水平先进。但大多数实验室，使用国产或自主研制设备，无论分析技术还是仪器设备与国外相比还有一定的差距。20 世纪 50 年代后期，由长江科学院和长春试验机厂共同研制的长江 –500 型三轴试验机，垂直载荷 5000kN，围压 150MPa；20 世纪 70 年代，葛洲坝三三〇指挥部试验室研制出不等压岩石三轴试验机；20 世纪 80 年代初，长沙矿冶研究院利用普通液压材料试验机通过加上刚性组件组成刚性试验系统，进行了岩石单轴压缩全过程试验；20 世纪 80 年代中期至今，地质力学研究所及中国科学院武汉岩土力学研究所等，分别研制出电液刚性伺服试验机，具有对脆性岩石试样直接拉伸、压缩和剪切试验全过程的分析功能，为研究岩石材料的结构特性等力学机理提供了研究手段。

四、页岩油气储层岩石学分析技术

在泥页岩研究方面，国外斯伦贝谢、哈丁歇尔顿等公司具有较深入和全面的研究成果，运用 X 衍射物相分析手段对泥页岩中的绿泥石、高岭石、伊利石、混层黏土矿物和石英、长石、方解石、白云石、菱铁矿、黄铁矿、重晶石等其他矿物详细分析，并配合薄片分析等手段来研究岩性和成岩特征，很好地解决了泥页岩岩性分析的难点问题。国外研究表明，泥页岩脆性指数越大，对压裂液性能的要求越低，对支撑剂的用量要求越小，支撑剂在地层中的分布越均匀，地层中越易于产生网状缝，泥页岩中脆性矿物分析对于压裂改造非常重要。常规 X 衍射技术可以分析疏松的黏土矿物含量较高（70% 以上）的泥页岩。该类型黏土在水中容易解散，适于根据斯托克斯法则，采取物理方式提取求含量。而泥页岩中炭屑和碳酸盐矿物含量较高，不利于黏土颗粒的悬浮，直接影响定量分析的准确性，因此以砂岩为基础的黏土矿物绝对含量分析技术和全岩分析技术不适合大庆探区泥页岩的分析。

目前，泥页岩裂缝油储层成岩作用研究除了常规压实作用、胶结作用、溶解作用外，更重视黏土矿物转化作用和有机质成烃作用、重结晶作用对微孔缝形成和控制的综合研究。在较大深度，烃源岩或与火山岩有关，出现了泥页岩变质带的综合岩石学研究方向。在岩石纳米级孔隙结构测试技术方面，国内外已经有系列高端技术应用，微孔缝测试发展到场发射电镜、原子力显微镜等二维纳米级精确定量观察，应用三维纳米 CT 技术测试研究储层微孔缝结构。可见，孔隙特征研究进入到运用高新技术仪器手段的阶段。页岩油气储层储集空间测试除普通的显微测试（毫米级，普通显微镜观察和放大镜观察）外，更重要的是超显微测试（纳米级），运用高分辨率电镜观察微孔缝才可以满足煤层基质孔隙测试 2nm 的精度要求，更深入地研究纳米级比表面特征和吸附作用。

五、页岩烃源岩性与"四性"地质实验分析技术

国内外页岩油实验技术在页岩油地质评价及勘探开发中发挥着重要作用，储层有机质成熟度、类型、丰度、矿物组成、物性及孔隙结构，以及岩石脆性等评价参数都需要通过实验测试来获取（表 1-1-1）。

表 1-1-1　页岩油地质实验分析技术

性质评价	实验技术	实验目的
烃源岩性	有机质类型、总有机碳（TOC）、岩石热解、氯仿沥青"A"、镜质组反射率、族组成、色谱—质谱分析、同位素分析	生烃潜力、资源量、成烃机理分析
储集性	薄片鉴定、X 射线衍射（XRD）、X 射线荧光光谱（XRF）元素测试、扫描电镜矿物定量评价（QEMSCAN）	岩性、储集空间、沉积环境分析
	氦气法测孔隙度、脉冲渗透率、基质渗透率、密度、氩离子抛光—扫描电镜、CT 扫描、气体吸附、高压压汞测试等	储集空间、流体运移通道及可动油量评价
含油性及流动性	含油饱和度、核磁共振、岩石热解、原油黏度、密度测试等	含油性、可动性评价
可压性	岩石力学性质、全岩矿物测试等	脆性及可压性评价

1. 烃源岩性评价技术

页岩油烃源岩地球化学特征参数分布特征（有机质类型、丰度及演化程度，热解参数含游离烃量 S_1、含干酪根烃量 S_2，族组分和氯仿沥青"A"含量等）决定着页岩物理化学性质及含油气量，是评价页岩油气储层特征重要参数。不同类型有机质油气生成能力有一定差异，常用有机质类型划分方法主要有：干酪根镜检法、饱芳比法、类型指数法、氢指数法，以及有机碳同位素分析法等。有机质作为生成页岩油气物质基础，其分布特征对页岩

油储层生烃、含油性及物性等均有重要影响，是评价页岩油形成条件重要标准之一。目前国内外常用的评价有机质分布特征参数有：总有机碳（TOC）、氯仿沥青"A"和岩石热解游离烃（S_1）、含干酪根烃（S_2）等。

有机质热演化成熟度（R_o）对于页岩油生烃潜力及可动性评价也具有重要的作用。从理论上讲，有机质热演化成熟度（R_o）应达到生油气窗范围之内才能形成一定量的油气。低成熟阶段的液态烃分子量大，具有较高的黏度及密度值，难以在页岩微—纳米孔隙间运移，页岩油产量较低；随着成熟度增加，油会发生二次裂解，将形成更多极性低、分子量小、流动性好的烃类。目前 R_o 的测定主要采用显微镜、分光光度计来进行，测试过程中主要是利用光电效应原理，通过光电倍增管将反射光强度转变为电流强度，并与相同条件下已知反射率的标样产生的电流强度相比较而得出。

2. 页岩储集性评价技术

1）矿物组成评价技术

页岩的矿物组成对页岩的物性、储集空间的分布特征及岩石力学性质有重要影响，是油气勘探开发及地质评价过程中的一个重要环节。目前针对页岩矿物组成的确定已进行了大量的研究，综合利用薄片鉴定、X 射线衍射（XRD）、X 射线荧光光谱（XRF）、能谱分析、电子探针分析等技术，获取页岩样品中不同矿物（包括石英、长石、碳酸盐矿物、黄铁矿、伊利石、高岭石、蒙皂石等）的含量及分布特征，进而为页岩岩性识别、成分分析、成岩作用研究等方面的工作奠定基础。页岩主要由黏土矿物、脆性矿物和有机质三部分组成，通过岩石薄片鉴定可以观察岩样中的生物化石、有机质、黏土矿物、硅质及碳酸盐矿物的分布特征，但是由于页岩矿物颗粒粒径较小，在采用薄片鉴定测试技术来确定页岩矿物成分、颗粒大小、结构等方面信息时会存在一定的误差。QEMSCAN 是基于扫描电镜和能谱仪分析的一种综合的自动矿物岩石学检测方法，该方法利用加速的高能电子束通过沿预先设定的光栅扫描模式对样品表面进行扫描获取图像，结合背散射电子图像灰度与 X 射线能谱信息获得不同元素的含量，然后转化为矿物相；通过该方法可以得到矿物含量及对应矿物颗粒形态、矿物嵌布特征、孔隙度等。但其缺点是分析区域相对较小，一般在毫米级，且分析时间较长，分析费用昂贵。XRF 分析技术目前多用于现场及时获取岩石元素的地球化学参数，具有携带方便和快速测试的优点，但是在测试过程中容易受元素相互干扰和叠加峰的影响，且 XRF 分析直接得到的是元素组成而非矿物组成信息，需要利用模型换算得到主要的成岩矿物，精确度相对较低。目前对页岩不同矿物成分含量进行测试时多采用 XRD 技术，即通过分析测试样品的衍射图谱从而对岩样中不同物质进行鉴定和分析。通过全岩 XRD 分析可检测到页岩中的石英、长石、黏土、碳酸盐、黄铁矿等矿物的组成特征，对黏土进行 XRD 分析则能够定量地区分伊利石、蒙皂石和高岭石等不同种类黏土矿物的相对含量。

2）孔隙结构特征评价技术

页岩油储层孔隙系统尺度分布范围广，孔隙类型多，如何正确评价储集空间发育特征，是计算页岩油气资源量及储层分类评价的前提。纵观国内外针对页岩储集空间的分类研究，目前具有代表性的分类方案主要包括两种类型：一种是针对泥页岩层系储集空间大小（孔径）的分类方案，IUPAC（国际理论和应用化学协会）根据化学材料物理吸附特征，提出分为微孔（≤2nm）、中孔（2~50nm）和大孔（≥50nm）；另一种是基于储集空间矿物基质、结构和成因的分类方案，提出将页岩储层孔隙划分为孔隙和裂缝两大类，其中孔隙包括粒间孔、晶间孔、溶蚀孔和晶内孔等四种类型，裂缝包括构造裂缝、层理缝、异常超压缝和收缩缝四种类型。

3）物性特征评价技术

页岩油具有原位聚集、源储一体的特征，原油初次运移过程中首先会在孔隙度较发育的源内"甜点区"进行聚集，页岩油储层孔隙度、渗透率等储集空间发育特征影响着页岩油的赋存状态及流动性，是判断其是否具有经济开发价值的重要参数。目前常用的孔隙度测试方法包括氦气法、饱和液体法和核磁共振法。由于测量原理不同，不同孔隙度测量方法的测量结果存在着差异和不确定性。李新等通过对四川宜宾地区龙马溪组与牛蹄塘组页岩分别采用饱和液体法、核磁共振法及氦气法进行孔隙度测试，发现同一个页岩样品测量结果存在明显差异。采用饱和液体法测量孔隙度时，由于页岩中含有大量的黏土矿物，遇水可能发生水敏反应，部分黏土矿物过量吸水，导致测试孔隙度偏大；核磁共振法测试结果是根据页岩样品中氢核磁共振信号特征进行换算得到，在测试过程中岩样中的束缚水也会产生一定的核磁信号，从而使得孔隙度测试结果偏大。

渗透率作为衡量储层流体通过能力的一个重要参数，常用的测试储层岩石渗透率的方法分为稳态法和非稳态法两大类，目前我国一般采取非稳态法测量岩样的渗透率。测试前对岩样入口施加一定的压力脉冲，之后连续记录该压力脉冲在岩心孔隙中的衰减过程，结合由实验仪器所给定的边界条件和初始条件对一维非稳态渗流方程进行求解，最终获得脉冲衰减法岩石渗透率值。该方法的优点在于可以对岩样施加一定的孔隙压力和围压，并且由于在脉冲渗透率测试过程中气体是在高压系统中进行渗流，这就从根本上消除了滑脱效应产生的影响。

3. 页岩含油性及可动性评价技术

1）页岩含油性评价技术

页岩储层孔隙度小、渗透率极低，页岩油的组成成分复杂，很大一部分流体在勘探开发过程中不能动用，页岩油储层的含油饱和度、页岩油的黏度值和密度值，以及可动油量测试对估算资源量、制定页岩油长远勘探开发规划具有重要意义。冯国奇等通过对泌阳坳陷页岩油富集及可动性进行研究，指出有机质丰度、页岩的储集能力分布特征是制约页岩油富集量的主要因素，页岩油饱和烃含量较高，胶质沥青质含量较低，原油密度较低，黏度较小，可动性较好。含油饱和度是指在油层中原油所占的孔隙体积与岩石总孔隙体积之比。目前含油饱和度测量主要采用岩心直接测定法，包括蒸馏法、干馏法和色谱法，其中蒸馏法因测量精度较高，应用较为广泛。实验测定岩心含油饱和度时，岩心上提过程中流体压力释放导致岩样中油溶气及部分轻烃组分挥发散失，使得实验测定的岩心含油饱和度小于对应岩样的原始含油饱和度。因此在实验测定岩心含油饱和度时，首先要对岩心采取保压取心，有效阻止岩心上提过程中压力下降，使得实验测定的岩心含油饱和度能精确反映岩样的原始含油饱和度。保压取心分析法是求取原始含油饱和度非常精确的一种实验方法，缺点在于操作成本相对较高。邢济麟对松辽盆地南部青一段页岩含油性进行评价，测量了 S_1、含油饱和度和可动油含量，获得 S_1 为 1.0~6.5mg/g，含油饱和度为 40%~80%（平均 54%），展示了页岩储层具有良好的含油性。

2）页岩油流动性评价技术

页岩油储层较为致密，孔喉微观结构复杂，页岩油黏度较高，油分子尺寸较大，部分油分子吸附于有机质或矿物表面，这些原因均导致了页岩的流动性差。近年来，随着近代物理分析技术和仪器设备的发展，主要采用气相色谱—质谱（GC—MS）技术手段来检测页岩油成分组成和化学结构。测试过程中将沉积物与原油制备的饱和烃和芳烃组分，经过气相色谱的分离进入质谱检测，获得所需的总离子流图、质量色谱图和质谱图，进而对页岩油的组成成分进一步分析。页岩油黏度值的单位主要用 mm^2/s 来表示，在某一恒定温度下，测量一定体积的页岩油在重力下流过一个标定好的玻璃毛细管黏度计的时间，该温度下运动黏度和同一温度下油体密度之积为该温度下页岩油的动力黏度。根据北美致密油、页岩油的开发数据，页岩油的地表密度要小于 $0.87g/cm^3$（20℃）或黏度小于 10mPa·s，才能实现经济有效地开采。包友书等通过对东营坳陷古近系页岩油性质及储层流体压力发育情况进行分析，指出页岩油黏度随深度增加发生明显变化，在 3500m 左右页岩油黏度值降至较低数值。页岩油储层中可动性的研究相对薄弱，页岩油可动性表征研究过程中需要考虑的因素很多。假定吸附态是不可动的部分，游离态是理论上具有可动性的部分，如何确定不同赋存状态页岩油的分布特征是目前研究的重点。有学者提出采用核磁共振技术测定岩石的 T_2 弛豫时间谱来表征岩石中的可动流体分布特征，即应用孔隙半径对应的 T_2 弛豫时间值将流体分为可动流体和束缚流体。泥页岩储层的微—纳米级孔隙比较发育，具有低孔隙、低渗透和富含有机质的特点，页岩油与孔隙壁表面的相互作用，以及在储集空间中的流动机制相对复杂，用常规的流体力学理论难以解释，存在很大的局限性，迄今仍缺少有效的描述和表征方法。基于此，有些学者提出采用分子动力学模拟技术来对页岩油在不同矿物上的吸附机制及流动规律进行研究，但是该技术需要在岩石组分、储集空间精细表征及固—液相互作用的研究成果的基础上，才能有效定量表征页岩油的赋存机理及流动性。

4. 可压性评价技术

页岩储层可压性评价地质要素包括岩石结构、矿物组成与成因、成岩作用、埋藏条件等方面。根据国内外对页岩可压性的评价经验，常采用脆性指数代替页岩脆性来表示压裂的难易程度，常用的页岩脆性指数计算方法主要包括矿物组成含量法和岩石力学参数法。其中，矿物组成含量法是基于脆性矿物组成来计算，脆性矿物含量越高，则脆性越大。岩石力学性质含义包括两个方面：岩石变形特征和强度特征，通常采用杨氏模量和泊松比两个岩石力学参数来表征。通过开展岩石力学单轴或三轴压缩试验方能获取不同岩石力学特征参数分布值，在一定温度、一定围压条件下，通过施加三轴或单轴轴向应力直至试件破坏过程中的应力—应变曲线，获取动态或静态下的弹性模量、泊松比、抗压强度、抗拉强度等岩石力学参数；杨氏模量越高，泊松比越低的岩石脆性越强。Jarvie 等在对 Barnett 储层产气量较高层段的岩石样品进行研究的过程中，提出利用不同矿物含量计算其脆性指数。基于岩石所受沉积环境、成岩演化等因素的影响，Cao 等、张晨晨等分别采用岩样总有机碳含量（TOC）、有机质热演化成熟度（R_o）对该方法进行了改进。也有学者提出，综合考虑页岩的矿物脆性指数、岩石力学脆性指数等因素，分析不同因素对页岩可压裂性影响所占的权重，通过线性加权得到可压裂系数数学模型。值得注意的是，基于岩石力学单轴或三轴压缩试验获取的岩石力学参数能够反映岩石可压性的整体特征，但这些指数多利用岩样破坏之前的参数计算得到，岩石可压性评价更多的是关注岩样破碎后裂缝的展布情况，因此在采用岩石脆性指数进行评价时，需综合考虑弹性模量、泊松比、应变应力、强度，以及天然裂缝分布特征的影响，这样既能够反映岩石在受压下破坏情况，又能够反映岩石破裂后裂缝的扩展能力。

第二节 古龙页岩油地质实验技术存在的主要问题

美国页岩油突破带来了全球油气工业的新一轮技术革命，在世界范围内掀起了页岩油勘探开发热潮。松辽盆地古龙页岩油分布广、资源量及勘探潜力巨大，是大庆油田主要接替资源和创建百年油田的重要基础。国内外实验技术、富集规律、开采经验不适合松辽盆地古龙页岩油勘探开发的生产需求，亟待突破关键实验技术和理论认识，为大规模陆相页岩油勘探开发提供理论依据。

松辽盆地大型淡水湖盆陆相页岩油，与国外海相、国内咸化湖相相比具有"高黏土、粒度细"等典型特征，国外石油大公司认为：世界上不存在已知的具有商业开发价值的类似湖相页岩区，油田生产实践迫切呼唤革命性技术、颠覆性理论，主要面临 3 个难题与挑战：

一是陆相页岩层状藻发育，页岩油形成与演化模式不清，赋存状态和分布特征、含油气性刻画难度大，面临国际经典生油模式理论在高成熟阶段以气为主的巨大挑战。页岩油形成与演化、分布特征及富集规律是勘探开发的重要基础，是页岩油选层选区及勘探部署的重要依据。以往国内外依据国际经典 Tissot 干酪根生油模式，在成熟阶段（R_o 为 0.7%~1.3%）以找油为主，高成熟阶段（$R_o \geqslant 1.3\%$）以找气为主，有效指导了常规油气勘探和重大发现。由于古龙页岩油层状藻发育、源储一体、滞留聚集，与源储分离的常规油气和近源聚集的致密油不同，而经典 Tissot 干酪根生油模式在高成熟阶段（$R_o \geqslant 1.3\%$）以气为主及随成熟度增加油含量逐渐降低，这对古龙页岩油大勘探开发提出了巨大挑战，急需突破页岩油含油气性准确评价关键技术，解决页岩油形成演化模式及有利窗口、原位富集成藏理论等重大科学问题，奠定古龙页岩油大规模勘探建产的理论基础。

二是陆相页岩纹层和页理异常发育、黏土含量高、源储一体，孔隙形成机制与主控因素不清，面临页岩储集空间及储油能力的挑战。以往国际上基于美国海相页岩储层演化模式，认为页岩储集空间以"蜂窝状"有机质孔隙为主。急需突破页岩油储集性定量评价关键技术，解决古龙页岩油储层孔隙形成与演化模式及有利储集空间的科学问题，夯实古龙页岩油大规模聚集的储集条件基础。

三是陆相页岩储层孔喉小、黏土矿物含量高、原油流动性及可压性认识不清，面临页岩油有效采出的挑战。目前国际上主要采用核磁共振和扫描电镜技术分析钻井采集的岩心样品，间接评价储层原油的可动性；采用全岩矿物、岩石力学脆性参数评价可压性。利用核磁共振技术得到岩石中可动油、不可动油（干酪根）、孔隙水、吸附水分布及可动流体饱和度；利用扫描电镜分析得到岩石孔隙和喉道类型、大小、形态等参数，而可动性评价结果都受采集岩心中原油散失和脱离地层条件分析的影响及控制，制约了页岩油流动性的客观评价，急需突破页岩油流动性定量评价关键技术，解决古龙页岩油储层流动性及有效采出的科学问题，支撑古龙页岩油大规模交储量、上产量。

第二章　储集性评价技术

储集性是指页岩储存油气的能力，反映页岩孔隙大小、空间分布特征，储集性受岩性、粒度、孔隙类型、孔径分布、连通性等因素影响。通过建立页岩样品制备、岩性、孔隙度、压汞、低温吸附、粒度、CT 分析技术等，测定页岩孔隙度、孔隙结构等关键储量参数，开展从微观到宏观、定性到定量、从地面到地下的页岩储集性全面表征，为页岩油"甜点"优选、储量评价及勘探开发提供依据。

第一节　页岩样品制备技术

一、实验方法

泥页岩是由黏土物质经压实作用、脱水作用、重结晶作用后形成的岩石，成分以黏土类矿物（伊利石、蒙皂石、高岭石等）为主，具有明显的薄页状或薄片层状的层理构造。大庆青山口组泥页岩储层常见岩性有黑色泥页岩、黑色页岩、有机质纹层泥页岩、介壳灰岩、泥晶云质岩。含有机质纹层泥页岩是储层油气勘探与开发的主要研究对象。岩性的不同，其化学成分指标也是不一样的，需要采取不同的制作材料与工艺技术。采用常规的钻、取、切、磨等方式，很难制成标准尺寸的圆柱状或块状样品，为满足泥页岩油储层评价需要，急需建立泥页岩样品制备方法。

受泥页岩泥质含量高、遇水易膨发和层理发育好、切割易碎影响，用常规方法很难将样品制备成功。泥页岩样品制备现包括 31 项分析化验，14 种样品规格尺寸。在使用常规钻取方式钻取柱塞样品时，时常出现钻头卡住、柱塞断裂现象；在薄片制备环节中，使用切割机直接对样品进行切割时，存在膨胀、碎裂等风险。本次研发的两种泥页岩样品制备方法，对页岩样品预处理和方法流程进行了完善，从而为岩矿鉴定提供准确可靠的基础支撑。

1. 技术关键

（1）三步渗胶制备法。

（2）页岩柱塞样品制备法。

2. 解决途径

（1）建立三步渗胶法，解决页岩样品在薄片制备中无法成型的难题。

①先将泥页岩样品做烘干处理，随后快速将样品全部涂抹 α- 氰基丙烯酸乙酯混合胶，放在干燥的通风橱下自然烘干。待胶干透后进行切割，切割刀片转速在每分钟 300 转下，避免破坏 502 胶水的保护张力，造成样品破碎。切割成（5~10mm）×25mm×（25~35mm）的长方体，关键是长方体中的一个面一定是涂过胶的，切割后迅速将样品擦干，以免样品中的黏土矿物遇水膨发。

②将泥页岩样品水平放置在样品盒中，并在通风橱下做烘干处理，有胶的一面朝下，用 α- 氰基丙烯酸乙酯混合胶大量涂抹在样品上表面，让样品表面的胶饱和至不再渗透。待胶完全干后，分别用 320# 金刚砂和 400# 金刚砂进行研磨至表面平整。

③将样品水平放置在样品盒中做烘干处理，研磨后的平面朝上，用 α- 氰基丙烯酸乙酯混合胶涂抹在样品表面，涂胶的量要适中，过多过少都会影响平面在粘接后的状态，进而影响薄片的观察效果。之后用载玻片轻轻刮去多余的部分，待胶干后，用 500# 金刚砂进行最后的平面处理，使平面光洁、平整。随后就可以使用常规的制作流程进行薄片制作（图 2-1-1）。

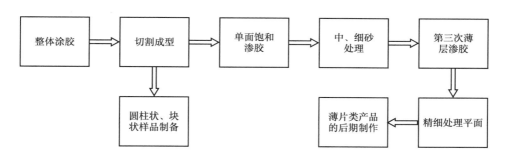

图 2-1-1　三步渗胶法技术流程图

通过以上方法可以实现泥页岩薄片有效面积最大化，而且在制作过程中不受机械伤害、遇水膨发的因素的影响。最终制作出高质量的薄片类样品，为薄片鉴定的准确性提供扎实的技术支撑。

（2）页岩柱塞样品的制备方法。

泥页岩是由黏土物质经压实作用、脱水作用、重结晶作用后形成，成分复杂，但都具有薄页状或薄片层状的节理，以常规方式切割钻取，存在以下现象：遇水膨胀，经机器震动碎裂，无法完成完整钻取。

针对上述问题开展了泥页岩样品制备方法实验。目前，页岩柱塞样品有常规钻取法、液氮冷冻钻取法、泥页岩线切割法 3 种方法。常规钻取法取样速度最快，但取样成功率最低；氮冷冻钻取法取样成功率高于常规样品钻取法，但需要消耗大量液氮进行制备取样，单次取样成本较高；而泥页岩线切割装置切割岩心柱塞样品，采用线切割的方法，制备的泥页岩柱塞样品完整无裂缝，样品不受冷却液污染，柱塞样品制备完成后进行塑封，使样品不易受二次切割震动影响而碎裂，虽然单次制备消耗时间较长，但取样质量、成功率高于前两种方法。

3. 实验分析条件

（1）环境温度：20~35℃ 的稳定温度环境。

（2）环境湿度：40%~60%。

（3）占地面积：大于 20m²。

（4）工作电压：220V、380V。

（5）电子天平量程：0~3200g，精度 0.001g。

（6）具有粉尘回收装置。

4. 实验流程和步骤

（1）三步渗胶法的实验流程和操作步骤。

①接收样品并对样品信息进行核实，数量验收及样品体积不小于（5~10mm）×25mm×（25~35mm）。确认后，将样品放入样品盒置于通风橱下；

②使用三步渗胶法对待测样品进行平面处理；

③粘片：用小毛刷将载玻片和研磨好的样品平面处理干净，将 α- 氰基丙烯酸乙酯胶（通用型）滴在样品磨好的平面上，使样品与载玻片胶合，轻轻挤压去除胶中气泡；

④切片：打开切片机电源，打开水管开关，打开负压系统，将粘好的样品放入样品槽，打开负压阀，使载玻片稳固吸附在样品槽中，手扶操纵杆完成切割任务，切割后的样品厚度在 0.5~1mm；

⑤细磨薄片：将切片后的薄片，在磨片机上用 320# 金刚砂与水混合细磨，至 0.08~0.10mm，再用 400# 金刚砂与水的混合液在磨片机上磨至 0.04~0.05mm，保持样品完整；

⑥精磨薄片：将磨好的薄片，在玻璃板上用 2000# 白玉金刚砂粉与水混合细磨，至 0.03mm，偏光显微镜下，石英的干涉色为一级灰白，泥质条带分布清晰可见，植物碎屑边缘完整；

⑦将样品进行粉碎处理，筛分出 20~35 目颗粒，称量颗粒质量；

⑧将颗粒样品装入缓冲杯中，放入氦孔隙仪测量骨架体积；

⑨计算岩石的颗粒密度和总孔隙度。

（2）线切割装置工作原理。

利用金刚石线切割技术加工泥页岩柱塞样品：利用金刚石线作为切割工具，通过使线切割丝不断高速往复运动及自旋，并利用数控机床控制岩心样品按照规定路径位移，使金刚石线与岩心之间相互摩擦并达到切削的目的。

实验流程和操作步骤：

①将需要制备的泥页岩岩心包封后，利用全直径孔渗切割机切割分为⅓与⅔两部分；

②将切割好的⅓块状泥页岩样品永久保存；

③取 5~10cm 长切割好的⅔块状页岩样品用于泥页岩线切割制备，编号并单独存放于牛皮纸袋中；

④将需要钻取柱塞样品的岩心夹持在线切割装置夹具下固定，夹持方式视所需要制备样品规格进行改变；

⑤利用泥页岩线切割设备操作平台设定切割路径，设置切割平台水平移动速率为10~25，线切割走丝运动频率为 25；

⑥开启排风装置等待 1~2h 完成切割；

⑦将切割后的柱塞样品套上氟塑料管套，酒精灯下烘烤直到氟塑料管套热缩固紧；

⑧将塑封好的泥页岩柱塞样品在专用孔渗切割机上切割制备相应规格。

二、实验结果

1. 三步渗胶法制作薄片的质量标准和具体要求

三步渗胶法制作薄片的质量标准和具体要求见表 2-1-1。

表 2-1-1　质量标准和具体要求表

质量标准	具体要求
薄片的面积	薄片有效观察面积大于等于 22mm×22mm
薄片厚度	偏光薄片厚度为 0.03mm，石英干涉色为一级灰白色
	荧光薄片、阴极发光薄片、激光共聚焦薄片厚度为 0.035~0.05mm
	铸体薄片为 0.04~0.045mm，碳酸盐矿物的干涉色为高级白
	包裹体薄片：当矿物粒度小于或等于 2mm 时，厚度为 0.05~0.1mm；当矿物粒度大于 2mm 时，厚度为 0.1~1mm
薄片结构	保持薄片内岩石结构完整、不散裂
薄片标签	薄片标签上填写的内容必须与送样通知单一致

2. 线切割技术的准确性和成功率实验

（1）样品直径与长度准确性实验。利用校验过的游标卡尺测量柱塞样品的长度、直径。实验结果表明：检测值与标样差值为±0.1cm，直径与长度准确性符合要求。

（2）样品制备成功率实验。通过目视检查柱塞样品有无裂痕，利用校验过的游标卡尺测量柱塞样品的长度、直径，筛选符合进行下一步实验的岩心柱塞样品。实验结果显示：柱塞样品制备成功率达80%。

3. 比对实验

（1）与常规钻取法比对实验。选取了井1、井2、井3部分实测颗粒样品，在相同的实验环境下（20~25℃）进行柱塞样品制备，统计制备成功率。实验结果显示：与泥页岩线切割装置制备相比，常规钻取法样品制备成功率低40%~50%（表2-1-2）。

表2-1-2　常规法与线切割法比对实验数据表

井号	层位	岩性	制备方式	制备样品数	制备完成数	制备成功率（%）	差值（%）
1	青一段	泥页岩	常规	50	15	30.0	50.0
			线切割	20	16	80.0	
2	青一段	泥页岩	常规	35	11	31.4	48.6
			线切割	10	8	80.0	
3	青一段	泥页岩	常规	20	6	30.0	40.0
			线切割	10	7	70.0	

（2）与低温液氮冷冻钻取法比对实验。选取了井1、井2、井3部分实测颗粒样品，在相同的实验环境下（20~25℃）进行柱塞样品制备，统计制备成功率。实验结果显示：与泥页岩线切割装置制备相比，低温液氮冷冻钻取法样品制备成功率低10%~25%（表2-1-3）。

表2-1-3　液氮法与线切割法比对实验数据表

井号	层位	岩性	制备方式	制备样品数	制备完成数	制备成功率（%）	差值（%）
1	青一段	泥页岩	液氮	20	11	55.0	25.0
			线切割	10	8	80.0	
2	青一段	泥页岩	液氮	30	18	60.0	13.3
			线切割	15	11	73.3	

续表

井号	层位	岩性	制备方式	制备样品数	制备完成数	制备成功率（%）	差值（%）
3	青一段	泥页岩	液氮	20	12	60.0	10.0
			线切割	20	14	70.0	

三、技术应用

1. 泥页岩薄片制备技术应用

泥页岩薄片制备技术为松辽盆地齐家古龙地区、长垣南、三肇和海拉尔盆地贝尔凹陷等泥页岩勘探中，提供薄片制作服务 74 井次、4368 片，服务项目有岩矿鉴定、孔隙研究、有机质分布特征、页岩油分布及量化研究，为大庆油田页岩油储层评价、"甜点"优选及勘探提供了有力的支撑作用。

2. 泥页岩线切割柱塞样品制备的应用

泥页岩线切割柱塞样品制备技术在松辽、海拉尔、川渝等页岩勘探中制备 34 口井 1060 块样品。

第二节　页岩岩性分析技术

松辽盆地北部青山口组发育一套暗色细粒沉积岩——古龙页岩，为半深湖—深湖相沉积，受早期沉积作用、后期成岩作用控制的富有机质页岩，具有岩性复杂、微纹层及页理发育等特点。岩性特征是页岩油储层研究的基础，为后续储集性、含油性评价提供重要依据。

一、实验方法

页岩是由粒径小于 0.0625mm 且含量大于 50% 的碎屑沉积物固结而成的岩石。矿物颗粒普遍粒度细小，组分复杂，包括大量的黏土矿物、粉砂级的石英、长石等陆源碎屑矿物，并常含有一定量的有机质和生物化石、火山碎屑等。通常应用岩心观察及描述、薄片鉴定等技术方法对页岩岩性进行确定。古龙页岩纹层构造发育，颜色、粒度、矿物组成在沉积水平层面发生明显突变，单层厚度小于 1cm，并且相互间隔、反复出现，纹层的构成及发育程度对储层储集性能具有重要影响。因此岩性分析时需综合考虑矿物组成和沉积构造两个因素，建立基于薄片下的岩性及纹层识别配套分析技术。

1. 技术关键

（1）页岩样品的制备。

（2）薄片下纹层发育特征统计方法。

2. 解决途径

（1）页岩样品的制备。

①页岩纹层构造多以水平、近水平纹层为主，因此样品的制备需要选择纵向的新鲜剖面。

②页岩矿物粒度细小，常含有一定量的碳酸盐矿物及生物化石或生屑，制片时无需盖片，可根据所需进行染色鉴定。

（2）纹层发育程度统计方法。

页岩纹层厚度不一，薄的可低至几十微米厚，在统计时可加载云母或石膏试板后进行观察、分析，获得更清晰、直观的观测效果。

3. 实验分析条件

（1）工作条件：电源 220V（±10%），50Hz，稳压电源。

（2）环境要求：温度 20℃±10℃，相对湿度不大于 85%。

（3）总放大倍率范围：12.5~500 倍。

4. 实验流程和步骤

（1）岩石手标本的肉眼观察，确定岩石的颜色、致密度、构造、固态有机质、含油性等特征；

（2）根据所需用茜素红-S 或其他染色剂对岩石薄片进行染色处理；

（3）肉眼观察岩石薄片，描述其结构和构造；

（4）用偏光显微镜，在低、中、高倍镜下分别观察岩石薄片，鉴定结构、构造及矿物成分等；

（5）根据所需加载云母或石膏试板，在显微镜下精描岩石薄片的纹层成分、厚度、发育密度、组合特征等；

（6）根据以上分析统计，确定岩石类型及显微特征。

二、实验结果

1. 质量要求

岩石定名准确，组分含量的重复性和再现性满足表 2-2-1 要求。

表 2-2-1　质量要求

组分含量 A（%）	标准差（%）	
	重复性限	再现性限
1 ≤ A < 5	2	3
5 ≤ A < 10	3	5
10 ≤ A < 25	5	7
25 ≤ A < 50	8	10
A ≥ 50	10	15

2. 样品分析结果

样品鉴定结果见表 2-2-2。

表 2-2-2　GY36 井岩性表

样号	层位	深度（m）	岩石定名
94	青一段	2195.39	纹层状含介屑含粉砂页岩
95	青一段	2196.29	页岩
96	青一段	2196.86	含粉砂页岩
121	青一段	2224.73	纹层状粉砂质页岩
132	青一段	2237.62	粉晶云岩
137	青一段	2241.50	页岩
139	青一段	2242.81	页岩
141	青一段	2244.17	页岩
142	青一段	2244.84	粉晶云岩

三、技术应用

1. 页岩岩石类型

通过岩石薄片鉴定结合场发射电镜分析，古龙页岩岩石类型分为纯页岩、粉砂质页岩、粉砂岩、泥—粉晶云岩、介屑灰岩五大类（图 2-2-1）。

页岩具泥质结构，主要由石英、长石、黏土矿物等泥级碎屑组成，石英含量在35%~45% 之间，长石含量 10%~25%，黏土矿物含量在 30%~40% 之间，粉砂、介屑等纹层不发育，页岩为古龙页岩最主要的岩石类型。

粉砂质页岩具泥质结构，多具纹层构造，主要由泥级碎屑、粉砂质碎屑组成，矿物成分中石英、长石、碳酸盐含量相对较高，黏土矿物含量相对较低，粉砂级石英、长石含量大于 25% 且小于 50%，泥级碎屑占比大于 50%。粉砂呈纹层状分布于页岩基质中，局部可见介屑纹层。

粉砂岩主要由石英、长石碎屑及黏土矿物、碳酸盐胶结物组成，伊利石、伊蒙混层等黏土矿物含量较低，具粉砂状结构，颗粒排列较紧密，粒间被绿泥石、方解石胶结，岩石较致密，局部混有介屑，呈纹层状分布。

泥—粉晶云岩主要由白云石组成，白云石含量 50% 以上，具泥—粉晶晶粒结构，白云石间充填黏土矿物，岩石较致密。

介屑灰岩主要由保存较完整的浑圆状介形虫组成，矿物成分主要为方解石、白云石。介屑壳壁成分多为方解石，介屑内方解石多具白云石化。介屑间被方解石胶结，岩石较致密。

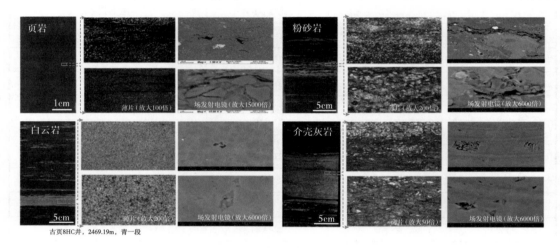

古页8HC井，2469.19m，青一段

图 2-2-1　古龙页岩主要岩石类型微观特征

2. 古龙页岩纹层组合特征

古龙页岩纯页岩发育，岩心观察可见厘米级纹层局部发育，分布不均，整体占比小于 10%。在微观下分析古龙页岩微纹层较为发育，以薄层形式连续、断续分布于页岩基质中。

古龙页岩纹层在成分、组合方式及厚度上均存在较大的差异。纹层类型主要包括粉砂质纹层、介屑纹层、富有机质泥质纹层、贫有机质泥质纹层、云质纹层等。粉砂质纹层主要由陆源石英、长石碎屑组成，颗粒间多被方解石、绿泥石等黏土矿物胶结，较致密。介屑纹层主要由介形虫碎片组成，成分主要为方解石、白云石，多数介屑纹层与粉砂质纹层混杂分布，成分主要为石英、长石、方解石、黏土矿物等，局部可见厚层介屑碎片分布。富有机质泥质纹层主要由泥级碎屑组成，有机质相对富集，纹层颜色较深，贫有机质泥质纹层有机质不发育，主要由泥级石英、长石、黏土矿物组成，纹层颜色较浅。云质纹层主要由薄层白云石组成，白云石具泥—粉晶晶粒结构，白云石晶间充填黏土矿物，构成含泥云岩、泥质云岩等岩石类型。

古龙页岩纹层组合主要包括二元结构、三元结构。由两种纹层类型组合构成二元结构，三种纹层组合形成三元结构。二元结构包括粉砂纹层—介屑纹层组合、粉砂纹层—泥质纹层组合、云质纹层—泥质纹层组合、贫有机质—富有机质纹层组合等。三元结构主要为粉砂纹层—介屑纹层—泥质纹层组合（图 2-2-2）。

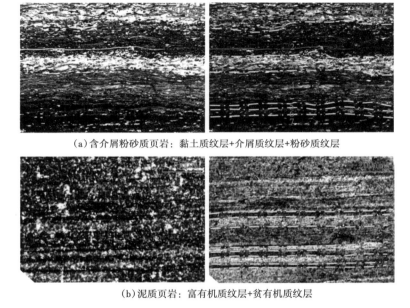

（a）含介屑粉砂质页岩：黏土质纹层+介屑质纹层+粉砂质纹层

（b）泥质页岩：富有机质纹层+贫有机质纹层

图 2-2-2　古龙页岩主要纹层组合微观特征

受湖相沉积控制，页岩矿物成分、结构、构造纵向变化快，发育大量毫米—微米级纹层，纹层的发育程度对泥页岩储层物性具有重要影响。岩石薄片毫米—微米级定量统计显示，井 A 青一段、青二段页岩纹层发育，青一段页岩纹层密度主要集中在 0~100 条 /m，单纹层厚度主要为 10~300μm，其次为 1~3mm；青二段页岩纹层密度 300~500 条 /m，单纹层厚度主要为 1~4mm，其次为 10~300μm。纹层发育密度与储层物性具有较好的对应关系，纵向上井 A 青一段、青二段发育的物性"甜点"段岩性均为层状页岩或纹层状页岩。

其中，青二段Ⅰ类物性"甜点"段，孔隙度大于8%，纹层密度大于700条/m；青二段Ⅱ类物性"甜点"段，孔隙度为5%~8%，纹层密度300~700条/m（图2-2-3和表2-2-3）。

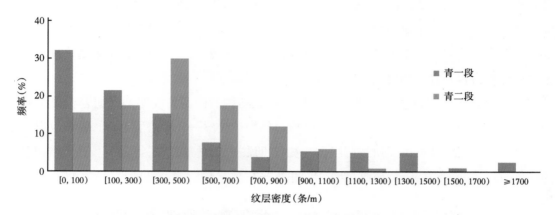

图 2-2-3　井 A 青山口组页岩纹层密度

表 2-2-3　井 A 青山口组物性"甜点"段评价

层位	深度（m）	孔隙度（%）	纹层密度（条/m）	"甜点"段评价
青二段	2456~2496	0.5~10.7/6.3	300~800/550	Ⅱ类
青一段	2529~2556	3.0~12.2/8.2	300~1500/730	Ⅰ类
青一段	2558~2572	0.5~14.2/8.1	80~500/300	Ⅱ类
青一段	2573~2579	4.5~14.9/9.5	200~2000/735	Ⅰ类

注：表中数据格式为"最小值~最大值/平均值"。

第三节　页岩孔隙度分析技术

泥页岩是由泥级颗粒组成的细粒沉积岩，泥页岩储集空间主要由有机质中黏土矿物和其他矿物（石英、长石、黄铁矿等）间的狭小孔隙与喉道组成，这些微纳米尺度的孔喉具有一定的连通性，所以常规定义中的连通孔隙体积表征的有效孔隙度概念仍然适用，但渗透率很低。与砂岩、碳酸盐岩储层相比，页岩可能具备较高的黏土矿物含量，存在大量的黏土束缚水，这部分空间不能储存碳氢化合物，因此页岩的总孔隙度可能明显高于有效孔隙度，在数值上总孔隙度等于有效孔隙度与束缚水孔隙度加和，但富有机质页岩中存在大量彼此不连通的孤立孔隙，对于"自生自储"的页岩油储层，这部分孔隙对储集性的贡献不可忽略。

古龙青山口组页岩油气规模十分可观，实验技术上页岩复杂流体类型、油水组分定量分析难、地层条件下物性参数测试难等问题制约了储集性的评价效果，所以急需对现有实验技术进行改进，以适应页岩油气的勘探与开发。针对古龙页岩油勘探开发实验技术中存在的难点问题，在充分调研检索查新的基础上，研究人员着眼于非常规油气实验技术完善及应用，开展原创性、实用性实验技术和理论认识攻关研究，建立了从页岩样品制备、岩心清洗前处理到测试参数优化的全流程评价技术，为页岩油气勘探开发提供了技术和理论支撑。

页岩孔隙度指页岩中的孔隙空间占总体积的比例，是评价页岩储层的重要指标之一。松辽盆地页岩油储层脆性强、黏土矿物含量高、分层明显，层理发育好，很难制成标准柱塞样品，以往采用封蜡法操作复杂，误差较大，同时存在样品实验条件不一致的问题。为满足泥页岩油储层评价和含油性特征评价的需要，急需一套高效、准确的页岩孔隙度实验评价方法，为页岩油储量计算、"甜点"层优选和开发效果预测提供可靠数据支撑。

一、实验方法

页岩因富含黏土矿物、微纳米孔隙和喉道发育，孔隙流体类型复杂，除粒间孔隙中的可动油气与可动水外，还含有毛细管束缚水、黏土束缚水、层间水、结构水（图 2-3-1），黏土中的油也呈现吸附状态（图 2-3-2）。与常规储层相比，大孔较少导致游离态油水组分较少，而毛细管束缚水和黏土束缚水含量较高，还有以 OH^- 或 H_3O^+ 状态存在的结构水，现有预处理方法对页岩中单一类别流体的分离能力较差。与常规储层相比，除连通的有效孔隙度外，因页岩含有丰富有机质与黏土矿物，还应考虑包含非连通的有机质孔与黏土孔的总孔隙度在压裂开发条件下对产能的贡献。

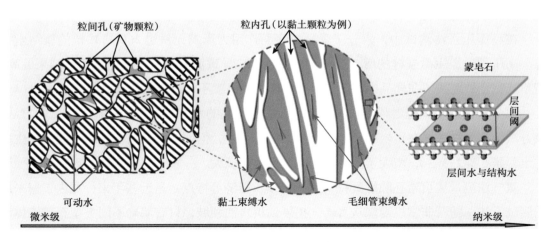

图 2-3-1 页岩中水的赋存状态

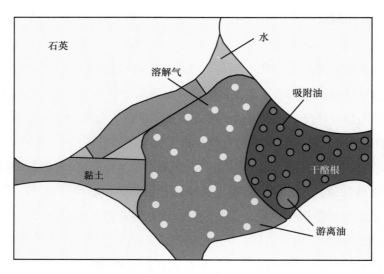

图 2-3-2　页岩油赋存状态（匡立春，2021）

目前，国内外页岩有效孔隙度测量方法主要有核磁共振法、高压压汞法、液体饱和法、氦气法等，总孔隙度测量除上述方法外，还有 GRI 颗粒测试法。

核磁共振法可以在常压和围压条件下测量孔隙度，高场核磁共振可以识别区分纳米至微米级孔隙中的不同组分流体，但流体的磁共振信号转化为体积需要复杂的配套实验来校正，孔隙度测量的准确性还存在争论。研究认为核磁共振技术的有效孔径探测下限在2~5nm，其测定的包含全部流体的孔隙度被认为更接近总孔隙度值。想要通过核磁共振法获得准确的总孔隙度，依赖于被测样品孔隙流体保存的完整性，通常保压取心可以保存绝大部分流体，但轻烃散失仍无法避免。后期也采用加压或渗吸饱和的方法还原孔隙流体，但可能导致黏土矿物发生膨胀，核磁信号产生偏移。

在高压压汞法测试中，汞分子受颗粒表面作用力影响无法进入页岩颗粒的微纳米孔隙。高压导致原生微裂缝的增大或产生次生裂缝，导致泥页岩有效孔隙度测量结果偏高。若不能完全处理残留在样品中的汞和外源液体，样品就不能进行其他项目的分析。

部分研究人员曾提出利用去离子水饱和完整样品的水饱和法页岩总孔隙度测量方法，该方法证实了柱塞样在页岩总孔隙度测量上的可行性，但同样会导致次生微裂缝的产生和黏土膨胀（图 2-3-3），增大了孔隙度检测值，误差较大。

氦气法测量泥页岩孔隙度具有快速、无损、经济等特点，是近些年来行业内普遍采用的测试方法。随着非常规勘探从页岩气拓展到页岩油领域，只有明确不同类型孔隙流体对页岩孔隙度的贡献，才能对样品进行科学地前处理，除去特定油水组分，获得准确的有效孔隙度。

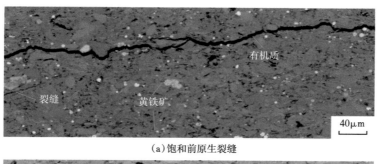

（a）饱和前原生裂缝

（b）饱和后产生的膨胀缝

图 2-3-3 20MPa 高压饱和产生的黏土膨胀缝

GRI 颗粒测试法是氦气法的一种特殊形式，也是行业内普遍接受的页岩总孔隙度测量方法，但具有一定的局限性。古龙页岩采用了在 GRI 颗粒测试法基础上改进的气液联测总孔隙度测量方法，对页岩样品预处理和方法流程进行了完善，从而提供准确可靠的总孔隙度参数。

1. 技术关键

（1）明确不同类型孔隙流体对页岩孔隙度的贡献；

（2）采用更加科学的泥页岩前处理方法，除去特定流体，降低黏土损伤，测量有效孔隙度；

（3）改进 GRI 颗粒测试法，确定粒径筛分范围，建立气液联测总孔隙度表征技术。

2. 解决途径

1）通过原位扫描电镜，确定高温对黏土的伤害作用

国内外对页岩样品的烘干温度一直存在较大争议，且没有统一。页岩油储层岩心烘干温度的选择直接影响着孔隙度的测试结果。不同标准规定的烘干温度不同，GB/T 29172—2012《岩心分析方法》中规定页岩或者其他高含黏土岩石，采用可控干湿度烘箱（相对湿度 40%）或真空烘箱，烘干温度为 60℃，而 GB/T 34533—2017《页岩氦气法孔隙度和脉

冲衰减法渗透率的测定》中规定烘干温度为 105℃。近些年，还有部分研究人员通过实验证明达到或超过 120℃ 的温度才能完全除去页岩孔隙中的黏土束缚水，这样就造成了不同烘干温度得出的孔隙度测量结果差异明显。

选取同一深度液氮冷冻的古龙页岩保压平行样品，其中一块解冻恢复至室温后，用氦气法测量孔隙度和骨架体积，然后在不同的温度节点下进行 12h 的真空加热处理，分别测量每个节点处理后的孔隙度和骨架体积进行对比，结果显示：加热处理后孔隙流体逐渐散失，孔隙体积不断增大，骨架体积逐渐减小，孔隙度测量值逐渐增大（图 2-3-4）。

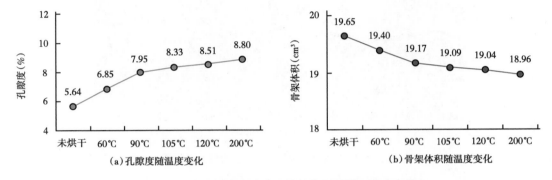

图 2-3-4　古龙页岩孔隙度和骨架体积随烘干温度变化图

另一块样品制备成扫描电镜专用样品，采用相同的处理方式，在镜下观察每个温度节点、相同位置的图像变化。通过扫描电镜不同倍数的原位图像对比发现：真空 60℃ 烘干条件下，黏土矿物几乎没有改变；超过 60℃ 的高温处理后，黏土因失水结构被破坏，形成了很多新的空间（图 2-3-5），证明古龙页岩的烘干温度不宜超过 60℃。

2）干馏—二维核磁分析划定页岩流体类型

常规砂岩中黏土矿物含量很低、无烃源岩特征，保压样品的原始二维核磁图谱中 1 区和 4 区未见到明显的干酪根和结构水信号，2 区和 5 区的束缚流体信号较弱，仅存在少量的毛细管水，T_2 截止值 30ms 以上的中大孔油水信号强烈，6 区游离水信号明显，油信号远高于水信号，与 75% 的含油饱和度分析结果相匹配 [图 2-3-6（a）]。

古龙页岩是细粒沉积的纯页岩，平均黏土矿物含量达到 40% 以上，保压岩心的原始二维核磁图谱中 1 区干酪根和 4 区羟基结构水信号明显，5 区黏土束缚水和毛细管束缚水信号强烈，6 区未见到中大孔隙中的游离水信号响应，2 区束缚油含量小于 3 区游离油含量 [图 2-3-6（b）]。

古龙页岩成熟度高、油质轻，在 60℃ 干馏处理后 3 区游离油和 2 区束缚油残余量很低，5 区毛细管束缚水信号减少，黏土束缚水大部分被保留下来，此时用氦气测得的是包含游离油、弱吸附油和毛细管水在内的有效孔隙度［图 2-3-6（c）］。

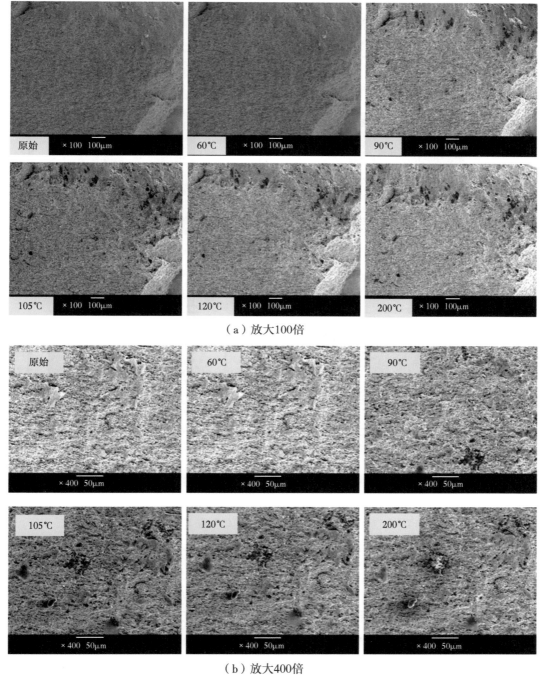

（a）放大100倍

（b）放大400倍

图 2-3-5　不同烘干温度样品的原位扫描电镜图像

在 315℃ 干馏处理后，除 1 区干酪根和 4 区羟基结构水外，其他流体信号几乎全部消失，此时用氮气测得的是包含有效孔隙流体和黏土束缚水在内的孔隙度，与页岩总孔隙度接近 [图 2-3-6（d）]，干馏温度达到 350℃，重烃开始裂解生油（图 2-3-7）。

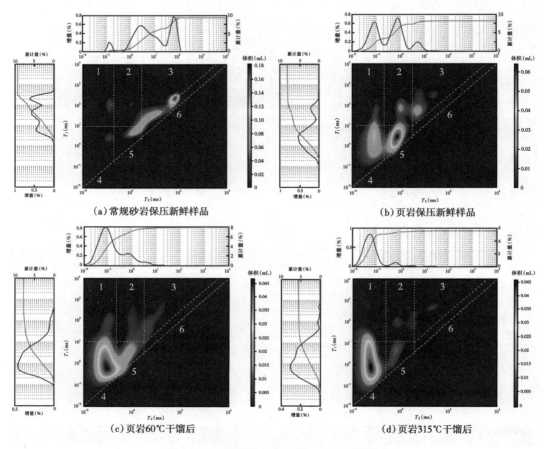

图 2-3-6　常规砂岩与页岩二维核磁图谱
1—固体有机质；2—吸附油；3—游离油；4—黏土结构水；5—束缚水；6—游离水

3）泥页岩岩心样品的清洗方法

古龙页岩样品含油较多，必须经过洗油处理，才可进行物性参数测定。洗油后样品的有效孔隙度平均提高 1.4%（图 2-3-8）。泥页岩清洗需要达到"除油控水"的最佳效果，采用常规的高沸点酒精苯（沸点 79℃）和甲苯（沸点 110.6℃）清洗页岩岩心，抽提蒸馏时易对页岩结构产生破坏，二丙酮、氯仿混合物等试剂对页岩中水的影响较大。综合研究后，二氯甲烷（沸点 40.1℃）清洗页岩样品的效果最好（表 2-3-1）。

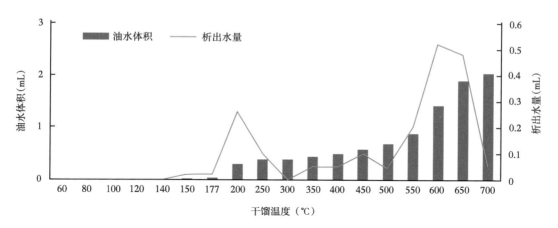

图 2-3-7　古龙页岩孔隙流体干馏析出曲线

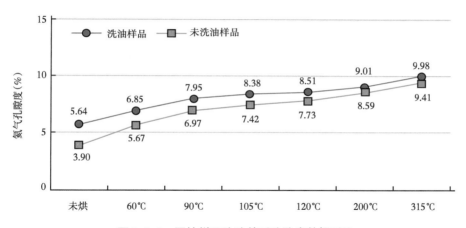

图 2-3-8　同块样品洗油前后孔隙度数据对比

表 2-3-1　不同岩心清洗试剂的参数对比表

溶剂	沸点（℃）	溶解性能
丙酮	56.5	油、水、盐
氯仿/苯甲醇（65：35 比例混合）	53.5	油、水、盐
甲醇	64.7	水、盐
四氯乙烯	121.0	油、水、盐
甲苯	110.6	油
二甲苯	138.0	油
二氯甲烷	40.1	油、极少量的水

通过不同试剂清洗前后热解 S_1 对比发现：单溶剂对比中二氯甲烷清洗效果最好，混合溶剂对比中二氯甲烷＋三氯甲烷混合溶剂清洗效果最好，考虑到三氯甲烷毒性对安全环保的影响，推荐采用二氯甲烷作为古龙页岩的清洗溶剂（表 2-3-2）。

表 2-3-2　泥页岩样品蒸馏抽提洗油

清洗溶剂	芳 1603-1			芳 1603-2		
	S_1（mg/g）	S_2（mg/g）	S_3（mg/g）	S_1（mg/g）	S_2（mg/g）	S_3（mg/g）
未清洗	3.86	37.55	0.01	5.83	70.48	0.19
酒精苯	1.08	36.28	0.22	2.66	75.95	0.16
二氯甲烷	0.37	30.55	0.12	0.67	88.31	0.30
二氯甲烷＋三氯甲烷	0.54	33.87	0.13	0.48	57.93	0.20
二氯甲烷＋丙酮	1.41	36.92	0.17	2.11	57.42	0.14

4）古龙页岩有效孔隙度样品烘干条件确定

选用古页 8HC 井页岩样品，经过岩心清洗后，在 60℃ 真空条件下分别烘干 4h、8h、12h、16h、20h、30h，二维核磁图谱（图 2-3-9）和 T_2 图谱（图 2-3-10）均显示烘干 8h 后，孔隙水（毛细管水）基本消失，而黏土束缚水和羟基结构水没有变化，因此确定 60℃ 真空烘干条件下 8h 为除去可动水的最佳时间。60℃ 真空烘干 12h 后，页岩样品质量几乎不再变化，剩余组分稳定，说明该条件下较长的烘干时间意义不大。

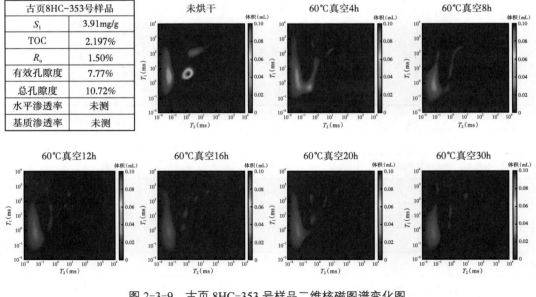

图 2-3-9　古页 8HC-353 号样品二维核磁图谱变化图

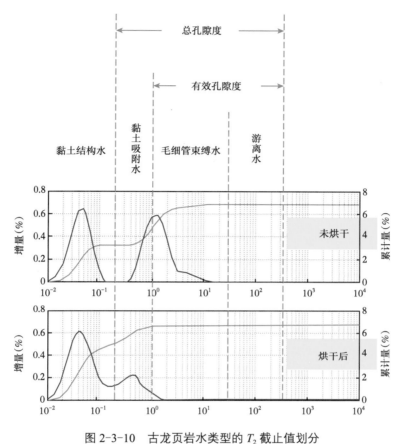

图 2-3-10 古龙页岩水类型的 T_2 截止值划分

5）古龙页岩总孔隙度颗粒筛分粒径的确定

大量古龙页岩粒度分析结果显示几乎不含有 500~1000μm 的粗砂（图 2-3-11）。选取古龙页岩样品开展不同粒径范围颗粒总孔隙度对比测试，结果表明总孔隙度随颗粒粒径的变小而增大，在 500~850μm 粒径以下总孔隙度值趋于稳定（图 2-3-12），与页岩标准规定的范围基本一致，综合页岩粒度分析结果，保证不破坏原始颗粒结构的情况下选择 500~850μm 颗粒。

3. 实验条件

（1）气源：氦气。

（2）测试压力：200~230psi。

（3）电磁阀压力：80~100psi。

（4）环境要求：20~35℃ 的稳定温度环境。

（5）孔隙度范围：0.05%~40%。

（6）电子天平量程：0~3200g，精度0.001g。

（7）密度计：精度0.001g/cm³。

（8）氦孔隙仪孔隙体积测量精度：0.02cm³。

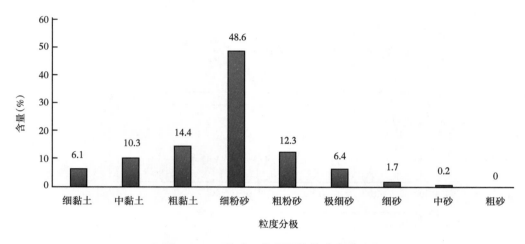

图 2-3-11　青山口组泥页岩粒度分布图

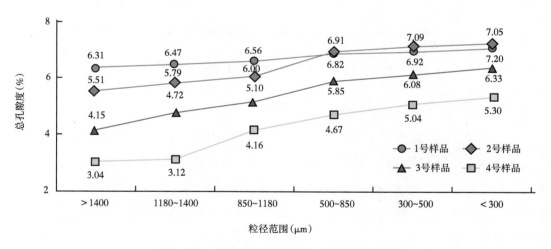

图 2-3-12　总孔隙度测量值与颗粒粒径关系图

4. 实验流程和步骤

（1）页岩有效孔隙度的实验流程（图2-3-13）和具体操作步骤如下：

①为制备好的柱塞或块状页岩样品编号，用布袋包裹后进行洗油处理，洗油时间60h；

②洗油后的样品放入烘箱以 60℃ 真空烘干 8h，除去毛细管束缚水和残留的洗油试剂；

③使用氦孔隙仪测量样品的骨架体积 V_g；

④标准柱塞样品使用游标卡尺测量长度和直径，计算总体积 V_b；

⑤不规则块状样品首先称量干样重 m_1，用密度计测量乙醇密度 ρ_a，然后将样品浸没在乙醇中，称量湿样在乙醇中的质量 m_2（图 2-3-14），利用阿基米德浮力法计算总体积 V_b；

⑥计算有效孔隙度 ϕ_e。

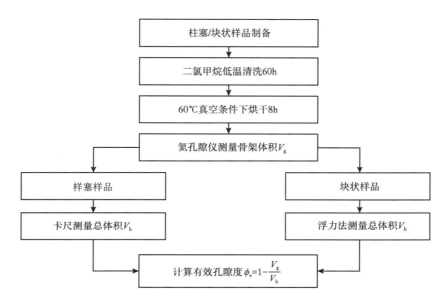

图 2-3-13　泥页岩有效孔隙度测试流程图

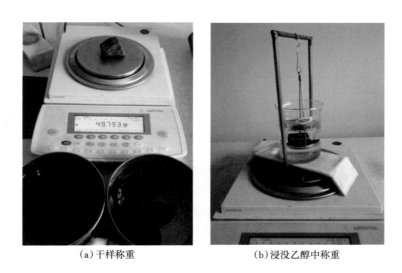

（a）干样称重　　　　　　　　（b）浸没乙醇中称重

图 2-3-14　不规则样品的干样称重和乙醇中称重

（2）改进后的页岩气液联测法可以使用同块样品获得有效孔隙度和总孔隙度，实验流程（图2-3-15）和具体操作步骤如下：

①为制备好的块状页岩样品编号，用布袋包裹后进行洗油处理，洗油时间60h；

②洗油后的样品放入烘箱以60℃真空烘干8h，除去毛细管束缚水和残留的洗油试剂；

③使用氦孔隙仪测量样品的骨架体积 V_g；

④利用阿基米德浮力法计算总体积 V_b，计算有效孔隙度 ϕ_e；

⑤将样品进行干馏处理，温度设置为315℃，时间为3h；

⑥干馏后的页岩样品未出现破损，称量干样重 m_1，计算岩石密度 $\rho_b = m_1/V_b$；

⑦使用颚式粉碎机将页岩样品破碎，使用标准筛筛分出 500~850μm 的颗粒，称量颗粒质量 m_2；

⑧用氦孔隙仪测量颗粒的骨架体积 $V_{g颗粒}$，计算颗粒密度 $\rho_{g颗粒} = m_2/V_{g颗粒}$；

⑨计算总孔隙度 ϕ_t。

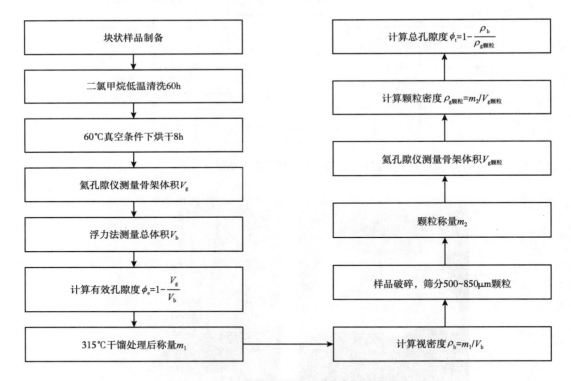

图 2-3-15　页岩气液联测法孔隙度测试流程图

5. 实验结果计算

（1）标准柱塞样品的有效孔隙度按式（2-3-1）计算：

$$\phi_e = \left(1 - \frac{V_g}{V_b}\right) \times 100\%$$（2-3-1）

式中　ϕ_e——有效孔隙度，%；

V_g——骨架体积，cm^3；

V_b——总体积，cm^3。

（2）块状样品的有效孔隙度按式（2-3-2）计算：

$$\phi_e = \left(1 - \frac{V_g \rho_a}{m_1 - m_2}\right) \times 100\%$$（2-3-2）

式中　ϕ_e——有效孔隙度，%；

V_g——骨架体积，cm^3；

ρ_a——乙醇密度，g/cm^3；

m_1——干样质量，g；

m_2——乙醇浸泡后湿样在乙醇中的质量，g。

（3）块状样品的总孔隙度按式（2-3-3）计算：

$$\phi_t = 1 - \frac{\rho_b}{\rho_{g颗粒}} = \left(1 - \frac{m_1 V_{g颗粒}}{m_2 V_b}\right) \times 100\%$$（2-3-3）

式中　ϕ_t——总孔隙度，%；

ρ_b——页岩视密度，g/cm^3；

$\rho_{g颗粒}$——页岩颗粒密度，g/cm^3；

$V_{g颗粒}$——页岩颗粒骨架体积，cm^3；

V_b——总体积，cm^3；

m_1——315℃干馏后的块状样品重，g；

m_2——页岩颗粒重，g。

二、实验结果

1. 准确性与重复性

准确性实验：标样检测绝对误差小于 0.09%，相对偏差小于 1.27%，符合行业内绝对误差小于 0.5%、相对偏差小于 5% 的要求（表 2-3-3）。重复性实验：重复性 RSD 小于 1.2%，符合高精度方法小于 5% 的要求（表 2-3-4）。

表 2-3-3　孔隙度准确性实验数据表

标样号	孔隙度标准值（%）	孔隙度测量值（%）	绝对误差（%）	相对偏差（%）
P6011	6.9	6.98	0.08	1.16
		6.95	0.05	0.72
P660	7.1	7.19	0.09	1.27
		7.12	0.02	0.28
P643	7.2	7.22	0.02	0.28
		7.27	0.07	0.97
P646	7.3	7.33	0.03	0.41
		7.32	0.02	0.27
P0551	7.4	7.37	0.03	0.41
		7.36	0.04	0.54

表 2-3-4　孔隙度重复性实验数据表

样品号	五次测量值（%）	平均值（%）	标准偏差（%）	重复性 RSD（%）
50	6.93	6.98	0.054	0.77
	6.96			
	7.03			
	6.94			
	7.05			
62	7.40	7.42	0.048	0.65
	7.49			
	7.36			
	7.44			
	7.42			
89	3.54	3.54	0.040	1.13
	3.53			
	3.60			
	3.55			
	3.49			

2. 实验室间比对

先后到中国海油天津实验中心、中国石油西南油气田分公司页岩气研究院（简称：西南页岩气院）和中国石油勘探开发研究院等进行页岩物性检测技术调研，中国石油大庆油田勘探开发研究院（简称：大庆研究院）与部分单位开展标样与平行样品对比分析工作，验证了检测方法和仪器的可靠性（图 2-3-16 和图 2-3-17）。

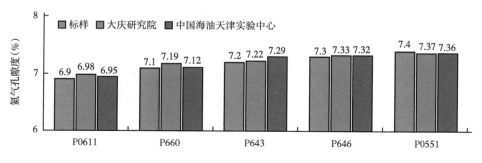

图 2-3-16　实验室间比对结果图（一）

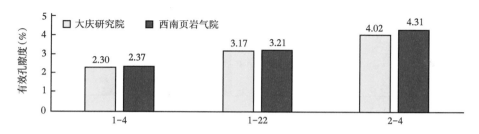

图 2-3-17　实验室间比对结果图（二）

三、技术应用

1. 为古龙页岩油储量提交提供可靠孔隙度参数

根据页岩油储量规范要求，支撑提交古龙页岩青一段 Q_1—Q_4 油层地质储量 $12.68×10^8t$，提交古龙页岩青二段 Q_9 油层探明储量 $2.04×10^8t$。

平面上储量区 Q_9 油层页岩岩心有效孔隙度分布在 6.2%~8.0% 之间，主体高于7.0%，与测井采用核磁变 T_2 截止值计算有效孔隙度相对误差为 7.3%，满足储量规范要求（图 2-3-18）。

2. 储量区孔隙度分布特征

古龙青山口组页岩累计完成有效孔隙度分析 2468 块、总孔隙度分析 2888 块，明确了不同岩性孔隙度分布特征。有效孔隙度：页岩＞纹层状页岩＞泥岩＞粉砂岩＞白云岩＞石灰岩，页岩与纹层状页岩有效孔隙度大于 6% 的比例分别为 87.5% 和 68.5%，总孔隙度：页岩＞纹层状页岩＞泥岩＞粉砂岩＞石灰岩＞白云岩，页岩与纹层状页岩总孔隙度大于8% 的比例超过 60%（图 2-3-19 和图 2-3-20）。

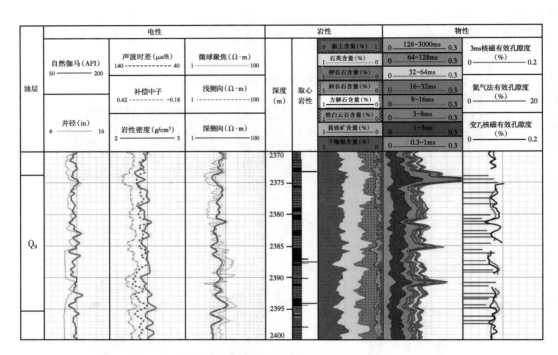

图 2-3-18　岩心与测井孔隙度对比图

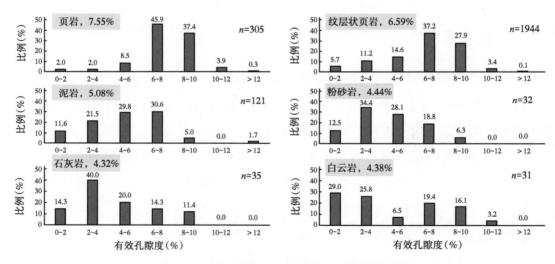

图 2-3-19　古龙页岩不同岩性有效孔隙度分布

　　单井纵向上随深度增加，演化程度增加，有机质生烃和溶蚀作用等产生孔隙及孔隙度增加，在页岩油有利勘探层段（R_o 为 1.0%~1.67%），总孔隙度和有效孔隙度呈现增大趋势，分别主要分布于 5%~12%、4%~10%（图 2-3-21）。

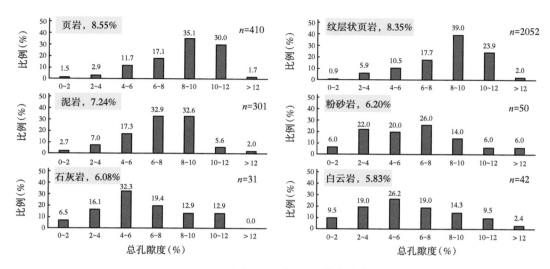

图 2-3-20　古龙页岩不同岩性总孔隙度分布

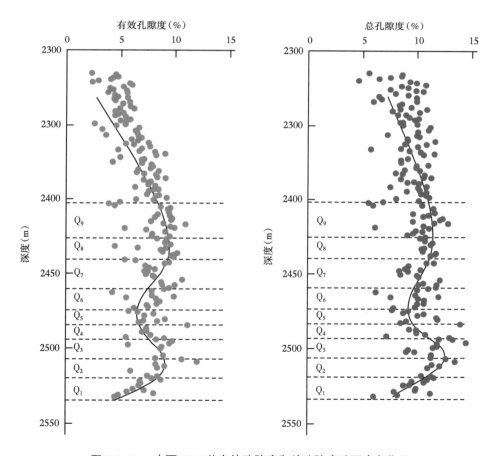

图 2-3-21　古页 8HC 井有效孔隙度和总孔隙度随深度变化图

第四节　页岩储层场发射电镜定量分析技术

针对致密及泥页岩储层样品孔隙结构复杂，微—纳米级孔隙、喉道、裂缝发育的特点，获得真实、高品质的图像质量，样品制备尤为重要。常规制备方法是选取表面平整、大小合适的自然新鲜断面，去油、固定后直接观察，自然断面可产生颗粒滑落、位移导致颗粒遮挡造成孔隙假象。本次研究建立了样品氩离子抛光制备方法及流程，在自然断面样品基础上，通过氩离子进行抛光处理，使样品表面光滑平整无损伤，提高了微纳米分析图像清晰度及质量。

目前有多种研究微—纳米孔隙的方法，但存在分辨率高（纳米级）、视域小（几十微米），视域大（毫米级）、分辨率低（微米级）的技术局限性（图 2-4-1），如何实现高精度（纳米级）、大视域（毫米级）全尺度分析，成为国际上亟待突破的瓶颈难题。

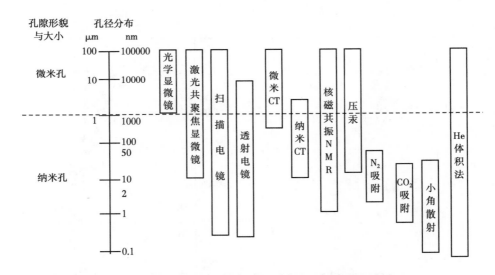

图 2-4-1　常用页岩储层孔隙分析技术的适用范围

一、实验方法

1. 技术关键

（1）提高样品平整度，确保样品表面光滑平整无损伤。

（2）大视域自动拼接。

（3）孔隙类型、数量、面积提取及定量。

2. 解决途径

（1）对样品进行氩离子抛光处理。

（2）编制大视域图像自动拼接软件及方法，将场发射电镜多个单图像自动拼接成大视域图像（视域面积 3mm×2mm，图 2-4-2）。

（3）建立人机交互、孔隙分类识别系统，实现孔隙类型、数量、孔径分布、高精度自动提取孔隙类型定量方法，实现了单技术孔隙结构全尺度连续表征（2~10μm），如图 2-4-3 所示。

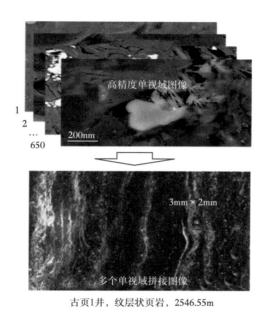

古页1井，纹层状页岩，2546.55m

图 2-4-2　单图像拼接成大视域图像示意图

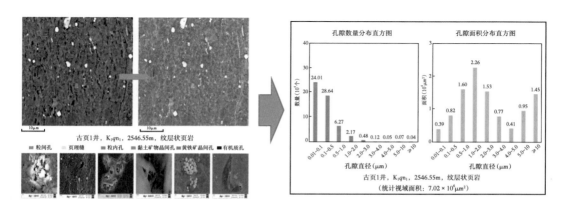

图 2-4-3　孔隙类型识别提取定量示意图

3. 实验流程及步骤

（1）样品切割。

使用岩心切割机对样品新鲜断面进行无水切割，制成15mm×15mm×（7~9）mm的块状样品。

（2）机械抛光。

①将500目的粗砂纸安装于岩石减薄仪上，对切割好的样品进行第一遍抛光，使样品长、宽、高分别减薄1mm；

②分别用1000目、2000目、4000目、7000目砂纸安装在岩石减薄仪上，依次进行抛光，每次使样品长、宽、高分别减薄1mm，样品长、宽、高控制在10mm×10mm×（2~4）mm；

③将机械抛光好的样品放入盛有酒精的超声波清洗仪中，清洗1.5min后取出；

④使用实体显微镜观察机械抛光后样品表面的性状，确保样品表面抛光平整。

（3）氩离子抛光。

①将机械抛光后的样品黏接在钛合金挡板上，放入氩离子抛光仪；

②根据岩性情况，设定氩离子抛光仪中的加速电压；

③对样品进行不同加速电压的氩离子抛光；

④对样品进行旋转均匀抛光，每降低1keV进行氩离子抛光1h。

（4）对氩离子抛光样品进行场发射电镜分析，得到单个图像。

（5）将多个单元视域拼接成大视域。

（6）人机交互识别孔隙类型，对其进行染色分类。

（7）对孔隙类型数量、面积进行定量。

二、技术应用

1. 松辽盆地北部青山口组页岩储集空间划分

通过对松北青山口组页岩进行岩心精细观察、薄片鉴定和高分辨率场发射电镜分析，并借鉴国内外关于页岩储层孔隙分类的主流观点，建立研究区青山口组页岩储集空间3级分类方案。首先根据形貌特征将页岩储层储集空间划分为基质孔和裂缝2类，再根据孔隙成因将基质孔细分为粒间孔、粒内孔、晶间孔、有机质孔4类，将裂缝细分为有机质收缩缝、构造裂缝和成岩裂缝3类，最后依据孔隙的保存状态和与基质颗粒的关系，进一步划分为12亚类孔隙类型（表2-4-1和图2-4-4）。

（1）粒间孔：主要发育在骨架矿物石英、长石、碳酸盐类、自生黄铁矿等刚性基质颗粒之间，或者形成于基质颗粒与周围黏土矿物之间［图 2-4-4（a），（b）］，形状多呈不规则多边形，孔径大小差异明显，通常为微米级，孔隙直径为 0.3~2μm，占页岩储集空间的 50%~65%，是最主要的孔隙类型。

（2）粒内孔：主要为长石颗粒溶蚀孔［图 2-4-4（c）］、方解石粒内孔，孔隙直径通常为 10~1000nm，在介屑、介形虫较发育的岩石中可见到生物体腔孔。

（3）晶间孔：主要包括伊利石、高岭石、绿泥石、伊蒙混层等黏土矿物晶间的孔隙和自生黄铁矿晶簇间的孔隙［图 2-4-4（d），（e）］。晶间孔虽然大量发育，但由于孔隙极其微小，孔隙直径多为 10~100nm，占泥页岩总储集空间的 5%~10%，对储集空间贡献有限。

（4）有机质孔：研究区层状页岩中有机质孔较发育，有机质内部呈海绵状孔隙或有机质团块内分布零星气泡状孔隙［图 2-4-4（f）］，这类孔隙占泥页岩储集空间的 10%~30%。

（5）有机质收缩缝：有机质收缩在其边缘形成的裂缝［图 2-4-4（h）］。

（6）构造裂缝：在构造应力作用下而形成的裂缝，一般延伸较远，多垂直或近垂直于岩层。井 A 可见岩心构造裂缝较发育，缝长 0.3~17m，但均已被钙质胶结物充填为无效储集空间，但是这些裂缝在开发时对增加诱导裂缝仍有重要的影响。

表 2-4-1　松辽盆地北部青山口组页岩储层孔隙类型及其特征表

类	亚类	孔隙类型	特征
基质孔	粒间孔	原生粒间孔	基质颗粒之间的原生孔隙或由成岩改造的粒间缩小孔隙
		粒间溶孔	基质颗粒表面孔被溶蚀使原生粒间孔扩大而形成的孔隙
		刚性颗粒边缘孔	多在自生石英或黄铁矿颗粒边缘形成的孔隙
	粒内孔	粒内溶孔	易溶蚀的矿物颗粒部分被溶蚀形成的孔隙
		生物体腔孔	生物体内的孔隙
	晶间孔	黏土矿物晶间孔	黏土矿物晶粒或晶片之间的微孔隙，在泥页岩储层中较为常见
		黄铁矿晶间孔	黄铁矿结晶过程中晶粒不紧密堆积形成的晶间孔隙，黄铁矿多以球粒状、草莓状集合体形式出现
	有机质孔	有机质孔	有机质团块内部或有机质生烃后内部残留的孔隙
裂缝	有机质收缩缝	有机质收缩缝	有机质收缩在其边缘形成的裂缝
	成岩裂缝	（纹）层间页理缝	层理或纹层面受力作用后由于不同岩性力学差异所形成的裂缝。沿层间（纹层）层面分布，一般较平直
		成岩收缩缝	成岩过程中由于岩石收缩，体积减小而形成的裂缝
	构造裂缝	构造裂缝	构造应力作用下形成的裂缝

（7）成岩裂缝：研究区页岩的成岩裂缝主要为（纹）层间裂缝［图 2-4-4（g）］和页理缝，占泥页岩储集空间的 10%~20%，是储集空间的重要组成部分。（纹）层间页理缝是

页岩中平行于纹层或层理面的微孔缝，通常发育在黏土层与碳酸盐层或粉砂层的接触面。由于不同岩性的岩层力学性质差异较大，在较小作用条件下就可产生裂缝。页理缝可分为无机成因和有机成因两种：低演化阶段层状藻与矿物结合，成熟度增加，藻类生烃收缩，在有机质内部或与其他矿物接触面形成有机页理缝；页理缝即黏土矿物收缩缝 [图 2-4-4（i）]，是中成岩 A_2 期以后，黏土矿物伊蒙混层和伊利石转化（温度大于 105℃），层状黏土矿物沿页理收缩所形成的。页岩中各种成因形成的层间缝、页理缝一般顺层理发育，可以成为储层中油气的横向运移通道，对于页岩油的产出具有重要意义。

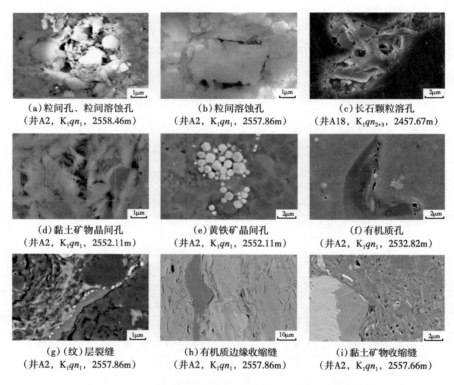

（a）粒间孔、粒间溶蚀孔
（井A2，K_1qn_1，2558.46m）

（b）粒间溶蚀孔
（井A2，K_1qn_1，2557.86m）

（c）长石颗粒溶孔
（井A18，K_1qn_{2+3}，2457.67m）

（d）黏土矿物晶间孔
（井A2，K_1qn_1，2552.11m）

（e）黄铁矿晶间孔
（井A2，K_1qn_1，2552.11m）

（f）有机质孔
（井A2，K_1qn_1，2532.82m）

（g）（纹）层裂缝
（井A2，K_1qn_1，2557.86m）

（h）有机质边缘收缩缝
（井A2，K_1qn_1，2557.86m）

（i）黏土矿物收缩缝
（井A2，K_1qn_1，2557.66m）

图 2-4-4　松辽盆地北部青山口组页岩储集空间类型

2. 孔缝组合构成页岩储层主要储集空间及渗流通道

页岩孔隙结构全尺度定量分析技术结合岩心观察和薄片鉴定技术，将松辽盆地古龙地区青山口组页岩储集空间分为有机质收缩缝、粒间孔、有机质孔、粒间溶孔、粒内孔、生物体腔孔、黏土矿物晶间孔、黄铁矿晶间孔、（纹）层间裂缝、构造裂缝等。

（1）页岩不同岩相主要储集类型。

古龙地区主要发育纹层状页岩、层状页岩、粉砂质岩、灰质岩、云质岩 5 种岩性，其中页岩占 90% 以上，分别对 5 种岩性进行孔隙表征并指出有利岩性。

①纹层状页岩：孔隙分布不均，以有机质收缩缝、粒间（溶）孔为主，其次为有机质孔（图 2-4-5）。纹层状页岩面孔率为 4%，孔隙定量分析表明，其孔隙相对发育（孔隙数量 $5.186×10^5$ 个），在数量上以纳米孔隙为主，占孔隙总量的 94.3%，孔径多小于 500nm；在总面孔率占比中，微米孔隙为 80.9%，反映微米级孔隙对储集空间的贡献较大。根据不同岩性总孔隙度、有效孔隙度统计，纹层状页岩总孔隙度平均为 8.2%，有效孔隙度平均为 6.1%，物性相对较好，为有利储集岩性。

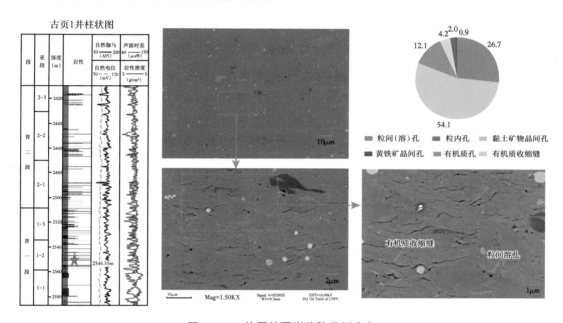

图 2-4-5 纹层状页岩孔隙类型分布

②层状页岩：孔隙分布相对均匀，孔隙类型以有机质孔、有机质收缩缝为主，其次为粒间（溶）孔、黏土晶间孔（图 2-4-6），面孔率为 5%，孔隙相对最发育（孔隙数量 $9.552×10^5$ 个），在数量上以纳米孔隙为主，占孔隙总量的 95.6%，且孔径多小于 500nm；不同孔径的分布面积表明，微米级孔隙面孔率占比为 43.7%，与纹层状页岩相比，微米级孔隙对储集空间的贡献略差。根据不同岩性总孔隙度、有效孔隙度统计，5 种岩性中层状页岩物性最好，总孔隙度平均为 9.09%，有效孔隙度平均为 6.9%。

③粉砂质岩：孔隙类型主要发育粒间孔、粒间溶孔、粒内孔、晶间孔，少见有机质孔。粉砂岩多呈薄层、条带、团块的形式分布于页岩层系中，面孔率小于 1.5%，孔隙发育较差（孔隙数量 $1.312×10^5$ 个），在数量上以纳米孔隙为主，占孔隙总量的 90.9%，孔径主要为 10~100nm；不同孔径的分布面积表明，粉砂岩微米孔隙面孔率占比为 47.7%，微

米级孔隙对储集空间的贡献略差。根据不同岩性总孔隙度、有效孔隙度统计，粉砂岩物性中等，总孔隙度平均为 5.6%，有效孔隙度平均为 4.6%。

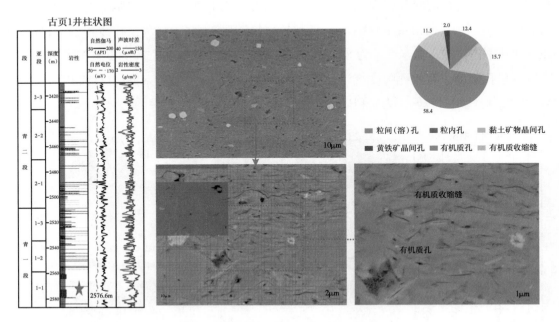

图 2-4-6　层状页岩孔隙类型分布

④灰质岩：孔隙类型主要发育介屑体腔孔，少量介屑间微孔。介屑灰岩面孔率多小于 1.5%，孔隙定量分析表明，孔隙发育较差（孔隙数量 $1.088×10^5$ 个），在数量上以纳米孔隙为主，占孔隙总量的 86.7%，孔径主要为 10~100nm，部分介屑体腔孔孔径可达到 1μm 以上；不同孔径的分布面积表明，介屑灰岩微米孔隙面孔率占比为 71.2%，微米级孔隙对储集空间的贡献大于纳米孔隙。根据不同岩性总孔隙度、有效孔隙度统计，介屑灰岩物性较差，总孔隙度平均为 5.8%，有效孔隙度平均为 3.4%。

⑤云质岩：孔隙类型以泥粉晶的白云石颗粒间孔为主，黏土矿物常充填于白云石颗粒间形成少量微小的黏土矿物晶间孔。云质岩面孔率多小于 1%，岩性致密，孔隙定量分析表明，孔隙发育差（孔隙数量 $1.73×10^4$ 个），在数量上以纳米孔隙为主，占孔隙总量的 88.7%，孔径主要为 10~100nm；不同孔径的分布面积表明，云质岩微米孔隙面孔率占比为 63.1%，微米级孔隙对其储集空间的贡献大于纳米孔隙。根据不同岩性总孔隙度、有效孔隙度统计，云质岩物性最差，总孔隙度平均为 4.8%，有效孔隙度平均为 2.6%。

（2）页岩页理极其发育。

页岩岩心精描页理密度 1000~3000 条/m，青一段底部密度最大为 2000~3000 条/m，使水平渗透率是垂直渗透率的 10~78 倍。页岩孔隙以微纳米级孔为主，孔缝组合构成页岩油渗流通道和规模聚集的储集空间。

3. 页岩储集空间有利岩相

对松辽盆地北部青山口组不同岩性的页岩储集性分析（图 2-4-7 和图 2-4-8）可知，纹层状页岩和层状页岩物性相对较好，面孔率高，为最有利的储集岩性，在孔隙数量上均

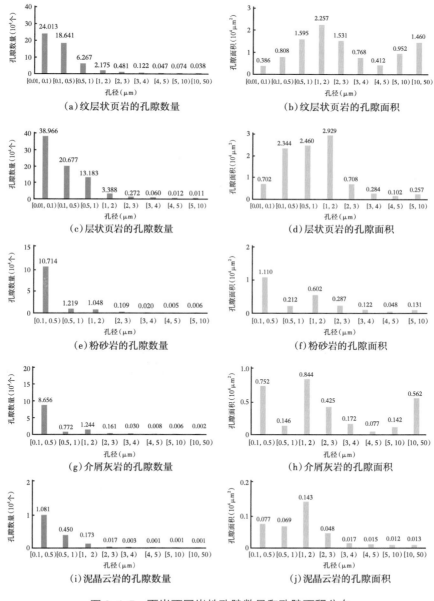

图 2-4-7 页岩不同岩性孔隙数量和孔隙面积分布

以纳米孔隙为主，平均为95%，但在孔隙面积上，微米孔隙平均为62.3%，揭示微米孔隙数量少，但对储集空间的贡献大。纹层状页岩孔隙分布不均，层状页岩孔隙分布较均匀。纹层状页岩和层状页岩主要储集空间为孔缝组合，反映原始沉积条件、成岩作用及有机质热演化对微—纳米级孔隙和裂缝发育及分布影响较大。

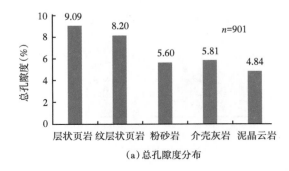

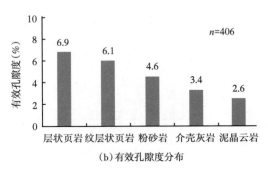

（a）总孔隙度分布　　　　　　　　　　　　（b）有效孔隙度分布

图 2-4-8　古龙页岩不同岩性孔隙度分布

4. 页岩油致密砂岩储层孔隙类型受沉积相控制

页岩油致密砂岩储层从三角洲内前缘、三角洲外前缘到湖相区，微纳米孔比例由最大20%增大到80%，大中小孔比例由最大70%降低到1%（表2-4-2）。

表 2-4-2　松辽盆地页岩油致密砂岩不同沉积相孔隙特征

孔隙分类	孔隙半径（μm）	三角洲内前缘			三角洲外前缘			湖相区		
		孔隙类型	孔隙数量（%）	孔隙图像	孔隙类型	孔隙数量（%）	孔隙图像	孔隙类型	孔隙数量（%）	孔隙图像
大孔	＞20	原生粒间孔	1~5		生物体腔孔有机质孔	5		生物体腔孔有机质孔	0.5	
中孔	10~20	原生粒间孔粒间溶孔	15~20		有机质孔铸模孔生物体腔孔	2		生物体腔孔有机质孔	1	
小孔	2~10	粒间溶孔粒内溶孔	50~70		粒间孔粒内溶孔有机质孔	5~10		粒间孔粒内溶孔有机质孔	1	
微米孔	0.5~2	粒间孔粒内溶孔晶间孔	5~20		粒间孔粒内溶孔	20~45		粒间孔粒内溶孔	20~35	
纳米孔	＜0.5	晶间孔粒间孔	3~5		晶间孔粒间孔	40~55		粒间孔晶间孔	65~80	

第五节　页岩高压压汞分析技术

　　毛细管压力曲线测定是研究泥页岩孔隙结构特征的重要方法和手段，所测毛细管压力曲线可以确定泥页岩岩心的孔隙半径、分选系数、孔喉比、排驱压力和歪度等微观孔隙特征参数，为泥页岩储层评价、储量计算、开发方案设计等提供重要的基础资料。

一、实验方法

　　测定岩石毛细管压力曲线的方法很多，目前最常用的主要有三种：压汞法、离心法、半渗透隔板法。这三种方法的基本原理相同，即岩心中饱和润湿相流体，当外加压力克服某毛细管喉道的毛细管力时，非润湿相便进入该孔隙，从而将其中的湿相驱出，但这三种方法在实验时所用的流体及加压方式不同，时间长短也不同。受限于泥页岩储层孔喉半径小、连通性差，且在流体注入的过程中固、液两相之间存在较大的毛细管阻力，离心法和半渗透隔板法因其测试时间长、实验压力低、制样过程繁琐等因素难以满足检测的需求。高压压汞最大进汞压力可达 200MPa，所测孔喉下限 0.003μm，可以满足泥页岩毛细管压力曲线检测的需要，并且制样过程简单，颗粒状、柱塞状样品均可，测试时间短，测定一次为 1~2h，因此高压压汞分析技术已在泥页岩储层孔隙结构特征研究方面取得了广泛的应用。

1.技术关键

　　（1）样品处理：泥页岩样品需要经过更长的烘干时间以去除样品中的水分，在准备样品的过程中，需要烘干至少 8h。另外还需要根据样品的形状进行不同程度的改造，例如柱塞状样品要在顶部进行一定程度的研磨，使其获得一个小角度的倾斜面，以便在低压饱和汞阶段使汞更充分地对样品进行包裹。

　　（2）汞的处理：汞在使用前应清洗干净，保证汞中无机械杂质和氧化膜。可以用酒精、丙酮或高锰酸钾进行清洗。

　　（3）更长的压力平衡时间：在压汞实验中，常规样品每个压力点的平衡时间为 30s，但对于泥页岩储层，其孔隙大小和孔隙连通性的特征通常是微、纳米级别的，为了使汞更充分地注入孔隙，平衡压力时间需要调整至 60s 以上。这样设置还可以最大限度地减小样品的蠕变和压缩，使样品在达到平衡状态时能够更好地保持其原始的孔隙结构特征，提高实验的准确性。

（4）准确的温度控制：汞对温度极其敏感，不同温度对压汞实验的结果有较大影响，因此，在进行压汞实验时需要保持 25℃ 左右的恒定温度。通常情况下，压汞实验会在恒温条件下进行，每次实验前会根据温度设置好汞的密度参数，并在实验过程中对温度进行严格控制与记录。

（5）数据处理和分析：压汞实验完成后，需要对所得数据进行处理和分析，如毛细管压力曲线、孔喉分布图的绘制；孔隙半径、分选系数、孔喉比、排驱压力和歪度等微观孔隙特征参数的计算。同时，与其他实验数据、岩心分析数据等进行综合分析，以获得更全面准确的储层孔隙结构信息。

2. 实验分析条件

（1）气源：氦气或氮气。

（2）测试压力范围：真空至 228MPa。

（3）低压分辨率：0.01psi。

（4）高压分辨率：0.1psi。

（5）环境要求：25℃ 的恒温环境。

（6）电子天平量程：0~3200g，精度 0.001g。

（7）水银体积分辨率：小于 0.1μL。

（8）孔隙半径测试范围：0.003~6μm。

（9）样品尺寸：最大可测 2.5cm×2.5cm 的圆柱体，不规则的岩石或粉末样品。

3. 实验流程和步骤

实验流程和操作步骤：

（1）清点样品数量并编号，放入烘箱以温度 60℃ 烘干 8h，除去水分；

（2）刷去已烘干样品表面粉尘，按编号排好放在样品盘中，用电子天平称量每块样品烘干后的质量；

（3）利用公式计算样品的孔隙体积，根据被检测样品的孔隙体积数值选择适当的膨胀剂，膨胀剂的毛细管体积利用率应控制在 25%~75% 之间，称量空膨胀计的质量；

（4）将被检测样品装入选择好的相对应的膨胀剂内，涂真空脂密封，将密封好的膨胀计安装到检测仪器的低压仓内开始低压测试；

（5）对已经完成低压检测的膨胀计进行称重，记录膨胀计、汞、样品的总质量；

（6）将称重完的膨胀计装入高压检测站，加入适量高压油，缓慢旋紧密封舱，开始高压测试；

（7）完成高压测试后，取出膨胀计，将含汞样品装入废固品容器内保存，清理膨胀计残留的汞和真空脂，清理后将膨胀计放入超声波清洗机内进行进一步清洗；

（8）清理台面汞珠，整理仪器，结束实验。

4. 实验结果计算

目前处理压汞法岩石毛细管压力曲线数据的方法有多种，但最主要的可归纳为两种方法，第一种是正态分布方法，其处理方法是将岩石的孔隙和喉道假想为相互连接的理想模型，其公式主要源于粒度分析推导出的经验公式。第二种数据处理方法是矩法，该方法基于毛细管压力对应升降高度的平均值、方差和其他矩来计算孔喉分布信息。本节主要采用正态分布法处理数据。

（1）计算岩心含汞饱和度。

在压汞、退汞实验中，采用膨胀计来计量进入岩心的汞体积，膨胀计为一根不锈钢管，内有铂金丝。汞在管内体积的变化必然会改变铂金丝的电阻大小。因此事先经过标定的膨胀计便可以根据电阻的变化来测得每个压力点的进汞量。

$$\Delta S_{\text{Hg}} = \frac{\left[(B_{i+1} - B_i) - (K_{i+1} - K_i) \right] \times \alpha}{V_{\text{p}}} \times 100\% \qquad (2-5-1)$$

$$S_{\text{Hg}} = \sum_{i=1}^{n} \Delta S_{\text{Hg}} \qquad (2-5-2)$$

式中　　ΔS_{Hg}——汞饱和度增量，%；

　　　　S_{Hg}——累计汞饱和度，%；

　　　　α——仪器的体积常数，即压汞仪单位测量值所代表的体积变化；

　　　　B_i，B_{i+1}——压力由 p_i 升至 p_{i+1} 时的进汞量，mL；

　　　　K_i，K_{i+1}——压力为 p_i，p_{i+1} 时，空白实验体积的测量值，mL；

　　　　V_{p}——样品总孔隙体积，mL；

　　　　n——所测压力点数量。

（2）绘制毛细管压力曲线。

以毛细管压力的对数为纵坐标，累计汞饱和度为横坐标，在半对数坐标图上绘制毛细管压力与汞饱和度的关系曲线。毛细管压力曲线平缓段的延长线与饱和度为零的纵坐标线的交点对应的压力 p_{T} 称为排驱压力。对于泥页岩来讲，储层的非均质性强，孔隙喉道分布不均（图 2-5-1），毛管压力曲线如图 2-5-2 所示。

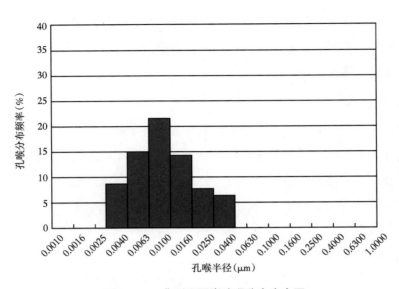

图 2-5-1　典型泥页岩孔喉分布直方图

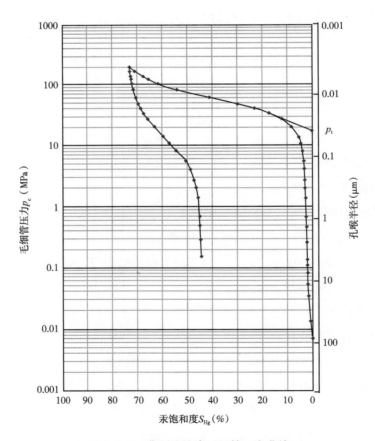

图 2-5-2　典型泥页岩毛细管压力曲线

（3）计算毛细管压力对应的孔隙半径。

$$p_c = \frac{2\sigma\cos\theta}{r_c}$$ （2-5-3）

式中　　p_c——毛细管压力，MPa；

σ——流体界面张力，N/m；

θ——汞对岩石的润湿接触角，（°）；

r_c——毛细管半径，μm。

对汞来说，则有：

$$p_c = \frac{0.735}{r_c}$$ （2-5-4）

（4）根据进汞毛细管压力曲线绘制孔隙大小分布柱状图。

以孔喉半径 r 为横坐标，以对应的汞饱和度增量 ΔS_{Hg} 为纵坐标作直方图。

（5）反映孔隙大小的参数。

①岩石的最大孔喉半径：

$$r_{max} = \frac{0.735}{p_T}$$ （2-5-5）

式中　　r_{max}——岩石的最大孔喉半径，μm；

p_T——排驱压力，MPa。

②汞饱和度中值压力 p_{50}。

指进汞饱和度为 50% 时所对应的毛细管压力，当孔隙中存在油、水两相时，用于衡量油的产能大小。排驱压力 p_T 越小，p_{50} 也越低。p_{50} 越大，则表明岩石致密程度越高，偏向于细歪度，虽然仍能出油，但生产能力很小；p_{50} 越小，则表明岩石对油的渗滤性能越好，具有高的生产能力。

③中值半径 r_{50}：与饱和度中值压力相对应的喉道半径即为饱和度中值喉道半径，简称中值半径。该数值反映了总的孔隙喉道大小受到岩石的物理、化学成因及随后的任何变化的影响。

$$r_{50} = \frac{0.735}{p_{50}}$$ （2-5-6）

式中　　p_{50}——汞饱和度中值压力，MPa。

④孔隙喉道半径的 ψ 值：

$$\psi = -\log_2 D_i = \dfrac{\ln 500 \big/ R_i}{\ln 2} \qquad (2\text{-}5\text{-}7)$$

式中　D_i——第 i 点的孔隙喉道直径，μm；

　　　R_i——第 i 点的孔隙喉道半径，μm。

⑤半径均值 D_m：表示全孔喉分布的平均位置，均值越大，则总的孔隙喉道的平均值越小，越偏于细歪度毛细管压力曲线的形态，窄喉道在整个孔隙喉道中占优势，不利于储集及渗滤油气。

$$D_m = \dfrac{\psi_{16} + \psi_{50} + \psi_{84}}{3} \qquad (2\text{-}5\text{-}8)$$

式中　ψ_i——在正态概率曲线上累计水银饱和度为 $i\%$ 时所对应的 ψ 值。

（6）反映孔喉分选特征的参数。

①分选系数 S_p：这是样品中孔隙喉道大小标准偏差的量度，它直接反映了孔隙喉道分布的集中程度。在总孔隙中，具有某一等级的孔隙喉道占绝对优势时，表明其孔隙分选程度好。S_p 值越小，孔隙分布越均匀，$S_p \geqslant 0$。储层孔隙喉道分选性好，则驱油效率高。

$$S_p = \dfrac{\psi_{84} - \psi_{16}}{4} + \dfrac{\psi_{95} - \psi_5}{6.6} \qquad (2\text{-}5\text{-}9)$$

②歪度 S_{kp}：量度孔隙喉道大小分布的不对称性。S_{kp} 值在 $-1\sim1$ 之间变化，$S_{kp}=0$，孔隙分布曲线对称，$S_{kp}>0$ 为粗歪度，$S_{kp}<0$ 为细歪度。对于储油性能来说，歪度越粗越好。

$$S_{kp} = \dfrac{\psi_{84} + \psi_{16} - 2\psi_{50}}{2(\psi_{84} - \psi_{16})} + \dfrac{\psi_{95} + \psi_5 - 2\psi_{50}}{2(\psi_{95} - \psi_5)} \qquad (2\text{-}5\text{-}10)$$

③峰态 K_p：量度频率曲线的陡峭程度，也就是量度频率曲线分布两个尾部（前、后尾部）孔隙喉道直径的展幅与中央部分展幅的比值。$K_p=1$，孔隙分布曲线为正态分布，$K_p>1$ 为有峰曲线，$K_p<1$ 为平缓或多峰曲线。

$$K_p = \dfrac{\psi_{95} - \psi_5}{2.44 \times (\psi_{75} - \psi_{25})} \qquad (2\text{-}5\text{-}11)$$

④孔隙分布峰位 R_v 和孔隙分布峰值 R_m：在孔隙大小分布曲线上最高峰相对应的孔隙半径为孔隙分布峰位 R_v，其孔隙大小分布最高峰之峰值为孔隙分布峰值 R_m。

⑤渗透率分布峰位 R_f 和渗透率分布峰值 F_m：在渗透率分布曲线上最高峰相对应的孔隙半径为渗透率分布峰位 R_f，其渗透率贡献最高值为渗透率分布峰值 F_m。

⑥相对分选系数 D：表征孔隙大小分布的均匀程度。定义为分选系数 S_p 与均值 D_M 的比值，其物理意义相当于数理统计中的变异系数。

$$D = S_p / D_M \qquad (2-5-12)$$

（7）反应孔喉连通性、控制流体运动特征的参数。

①退汞效率 W_e：是指做退汞实验时退出的汞体积与注入的汞体积的比。

$$W_e = \frac{S_{max} - S_{Hgr}}{S_{max}} \times 100\% \qquad (2-5-13)$$

式中　W_e——退汞效率，%；

　　　S_{max}——最大进汞饱和度，%；

　　　S_{Hgr}——残余汞饱和度，%。

②结构系数 τ：它表征了真实岩心与假想的等长和等截面积平行管柱状毛细管束模型之间的差别，它的数值是影响这种差别的各种因素的度量，表示流体在孔隙中渗流迂回程度，系数越大，孔隙弯曲迂回的程度越强烈。

$$\tau = \overline{R}^2 \phi / 8K \qquad (2-5-14)$$

式中　τ——结构系数，表示孔道的弯曲程度与连通状况；

　　　ϕ——孔隙度，%；

　　　$\overline{R}$——表征孔喉半径的加权平均值，μm；

　　　K——渗透率，mD。

③特征结构参数 C：特征结构参数与相对渗透率曲线关系十分密切，因此它可以作为描述渗流特征的结构参数。特征结构参数越大，说明孔隙相对分选得越好，孔隙尺寸之间的差异越小。

$$C = 1 / D\tau \qquad (2-5-15)$$

④均质系数 α：表示主要渗滤孔道集中程度。

$$\alpha = \overline{R} / R_{max} \qquad (2-5-16)$$

式中　$\overline{R}$——平均孔隙半径，μm；

　　　R_{max}——最大孔隙半径，μm。

⑤最小非饱和孔喉体积 S_{min}：当注入水银的压力达到仪器最高压力时，没有被水银浸入的孔喉体积百分数。表示仪器最高压力时所对应的孔喉体积占整个岩样孔隙体积的百分数。S_{min} 越大表示小孔隙喉道越多。S_{min} 值实际上是反应岩石颗粒大小、均一程度、胶结类型、孔隙度、渗透率的一个综合指标。

$$S_{min}=100-S_{max}　　　　（2-5-17）$$

⑥J 函数：因为小岩心所得出的毛细管压力，仅仅是储层的一点，要得到代表整个地层的毛细管压力，必须将所有从个别井岩心所得到的资料加以平均和综合，考虑到油层的非均质性，为了表征一个油层的毛细管压力特征，同时要考虑到其孔隙度和渗透率的变化，才能更好地进行油层评价和对比，为此提出了 J 函数的概念。

$$J_i = 2\left(\frac{\sqrt{\frac{K}{\phi\times10}}}{R_i}\right)　　　　（2-5-18）$$

式中　J_i——第 i 点的 J 函数；

　　　R_i——第 i 点的孔喉半径，μm；

　　　K——渗透率，mD；

　　　ϕ——孔隙度，$\%$。

⑦渗透率贡献值 K_j：某一喉道半径所能提供的渗透率百分数。

$$K_j = \frac{\int_{S_j}^{S_{j+1}} r(S)^2\,dS}{\int_0^{S_{max}} r(S)^2\,dS}　　　　(2-5-19)$$

式中　K_j——渗透率贡献值，$\%$；

　　　S——汞饱和度，$\%$；

　　　$r(S)$——喉道半径分布函数中某一喉道半径，μm。

二、实验结果

按照仪器 AutoPore9505 毛细管压力曲线检测仪器设备校验规程，采用 Micromeritics 公司为 AutoPore9505 压汞仪推荐的校验标准样品、校验方法、校验软件和校验技术要求对仪器进行校验。实验结果表明：总侵入体积检测值与标准值差值为 ±0.03mL/g，孔隙直径中值检测值与标准值差值为 ±0.0005，满足测试的重复性和准确性要求。

三、技术应用

1. 页岩毛细管压力曲线主要特征

2022 年高压压汞分析技术在松辽盆地齐家古龙地区、长垣南、三肇和川渝区块等泥页岩勘探中应用分析 17 口井 418 块样品，结果显示松辽盆地泥页岩储层毛细管压力曲线整体偏向右上方（图 2-5-3），有明显细歪度特征，排驱压力一般在 3MPa 以上，毛细管压力曲线直线段较短且斜率较高，说明泥页岩储层孔隙喉道分布有较强的非均质性，孔隙连通性较差。

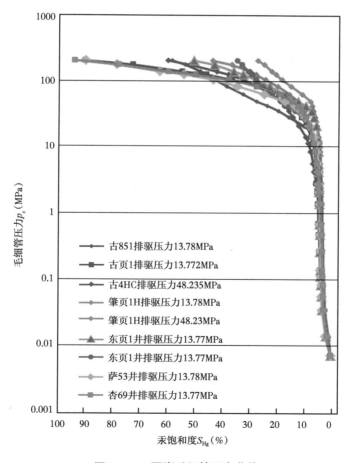

图 2-5-3　页岩毛细管压力曲线

2. 页岩孔喉分布特征

松辽盆地北部泥页岩主要发育微米、纳米级孔喉，从孔喉分布图（图2-5-4）能看出孔喉半径主要分布在4~60nm之间，孔喉分布形态呈明显的S形峰态，表明松辽盆地北部泥页岩储层的孔隙结构较为复杂，具有较强的非均质性。

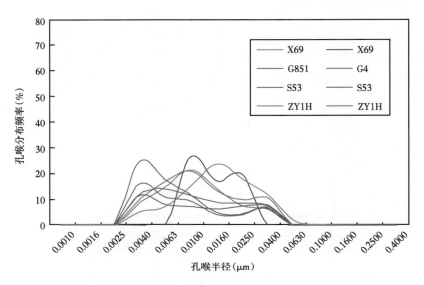

图 2-5-4　页岩孔喉分布图

3. 页岩孔喉特征参数

对部分页岩样品的分析结果表明，松辽盆地页岩储层主要发育100nm以下的纳米级孔喉，平均孔喉半径在9~27nm之间，孔喉分布呈细歪度特征，孔隙弯曲迂回程度较大，排驱压力较高。长垣地区的页岩储层孔喉发育情况整体要好于三肇、齐家—古龙地区（表2-5-1）。

表 2-5-1　松辽盆地北部部分地区页岩孔隙结构特征参数

| 地区 | 样品数量 | 平均渗透率（mD） | 平均孔隙度（%） | 孔喉半径（µm） | | | 渗透率分布 | | 歪度 | 结构系数 | 特征结构参数 | 最大进汞饱和度（%） | 排驱压力（MPa） |
				最大	中值	平均	峰位（µm）	峰值（%）					
长垣	11	0.50	8.04	0.097	0.020	0.027	0.07	50.61	−0.20	0.08	3.47	73.99	12.02
三肇凹陷	8	0.72	4.85	0.067	0.019	0.010	0.05	57.24	−0.37	0.04	6.65	69.74	15.70
齐家—古龙凹陷	136	0.06	5.41	0.041	0.007	0.009	0.03	62.16	−0.55	0.10	1.63	80.83	25.87

第六节　页岩低温吸附分析技术

岩石孔径分布是指岩石储层中孔洞缝尺寸分布情况，是岩石孔隙结构的重要参数，它直接影响着储层的储集性、含油性、可动性。近几年，页岩油革命推动了油气勘探开发的转型。页岩相比于传统的常规岩性，具有孔隙结构更小、连通性更差的特点，面对页岩油勘探步伐加快，对页岩纳米孔径分布认识不清，因此储层微观孔隙结构的精确表征技术成为页岩油气开发的重点与难点，急需开展页岩孔径分布测定方法，满足页岩储集性、含油性、可动性研究的需求。

一、实验方法

国际纯粹与应用化学联合会（IUPAC）将孔隙分为三类：微孔（小于 2nm）、中孔（2~50nm）和大孔（大于 50nm），多项研究已经证明页岩气和页岩油藏中存在大量较小的孔（小于 100nm）。由于页岩油气储层非均质性强、孔隙分布呈现多种尺度特征。技术进步使表征全孔径孔隙结构成为可能，并且可以分为三种不同的方法：（1）二维图像法，如光学显微镜、原子力显微镜、透射电镜等。（2）基于图像分析的数值三维模拟方法，如微米 CT、纳米 CT、电镜、小角度中子散射（SANS）。（3）流体侵入方法，如二氧化碳法、氮气吸附和高压压汞法，其中高压压汞法适用于大孔表征。比较这三种不同的方法，第一种方法主要是用来描述岩石的矿物组成及孔隙结构的定性描述，不适合作为孔径分布的定量研究，第二种方法中的纳米 CT（计算机断层扫描）通过 X 射线对样品进行扫描，有成像直观、可进行三维重构等优点，但其最大的劣势就是其受限于分辨率，精度有限，小角度中子散射法（SANS）可以测量 1~100nm 的连通孔隙，还可以得到闭孔信息，因此会使得孔隙度测量值较大。不同方法得到的孔径范围是有限的，不能对样品的孔隙结构进行一个全孔径分布的描述，本次研究主要就是将测量微孔的 CO_2 吸附、测量介孔氮气吸附和测量宏孔高压压汞法统一去表征样品的全尺度孔隙结构特征。

1. 技术关键

（1） CO_2 吸附技术。

（2） N_2 吸附技术。

2. 解决途径

（1）建立 CO_2 吸附技术。

选择合适的吸附剂，通常为多孔吸附剂，例如活性炭、分子筛、氧化锆等。这些吸附剂具有高度选择性，能够吸附 CO_2 而排斥其他气体。将含有 CO_2 的气体混合物通过吸附装置，其中装有选择性吸附剂。气体在吸附剂表面上发生选择性吸附。在一定的温度和压力下，CO_2 分子被吸附到吸附剂表面上。这个过程通常在相对较低的温度下进行，以提高吸附效率。当吸附剂饱和时，需要进行脱附以释放吸附的 CO_2。这通常通过升高温度或降低压力来实现。在脱附过程中，从吸附剂中释放的 CO_2 被收集，得到纯净的气体，这可以通过适当的收集系统实现。

（2）建立 N_2 吸附技术。

氮气吸附技术使用一种选择性吸附剂，通常是活性炭、分子筛或其他吸附剂。这些吸附剂具有特定的孔隙结构和表面化学性质，使其能够选择性地吸附氮气而不吸附其他气体。混合气体通过吸附器（也称为吸附罐或吸附柱）中的吸附剂，氮气被吸附，而其他气体通过。在一定的温度和压力下，氮气分子被吸附到吸附剂的表面上。这个过程通常发生在较低的温度，以增加吸附效率。当吸附剂饱和时，需要进行脱附（解吸），以释放被吸附的氮气。通常通过升高温度或降低压力来实现。在脱附过程中，从吸附剂中释放的氮气被收集，从而得到纯净的氮气，这可以通过适当的收集系统实现。

3. 实验条件

（1）检测范围：比表面积大于 $0.05m^2/g$。

（2）孔径分布：0.35~300nm。

（3）相对压力：0.05~0.35MPa。

（4）样品要求：粒径 250~425μm，质量 3g。

（5）环境检测温度：20~25℃。

（6）检测湿度：50%~60%。

4. 实验流程和步骤

（1）对样品进行粉碎、洗油、称量预处理；

（2）打开测试仪器麦克 ASAP2460；

（3）打开氮气、氦气气瓶，气瓶出口压力为 0.1MPa；

（4）将样品转移到分析口，加入液氮，进行分析；

（5）数据整理。

二、实验结果

1. CO_2吸附技术

从低压CO_2吸附实验相对压力和吸附量的关系图可以看出（图2-6-1），样品的吸附量基本相似，但是C32井吸附量明显大于其他样品，这表明C32井样品的微孔最为发育。

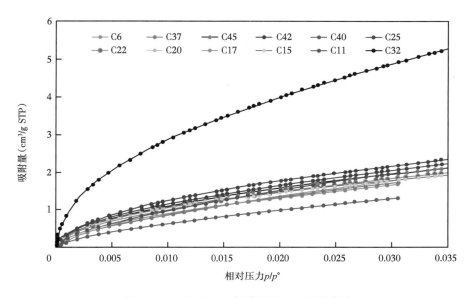

图2-6-1　研究区页岩样品的CO_2吸附曲线

2. N_2吸附技术

在相对压力极低（小于0.01）时，氮气填充微孔，形成单层吸附。随着相对压力增加，吸附曲线的末端出现向上翘的特征，指示多层吸附的开始，代表研究区的样品含有微孔、中孔和大孔。当相对压力继续增大且大于0.8时，孔隙中的气体开始发生毛细管冷凝现象。当相对压力接近于1时，氮气完全填充孔隙后，相对压力开始减小，脱附曲线开始形成，最终和吸附曲线形成回滞环（图2-6-2）。研究区12块样品的回滞环类型基本相似，整体反映出H3（平板狭缝结构、裂缝和楔形结构）和H4（平板狭缝结构、裂缝和楔形结构）混合型。

三、技术应用

全尺度孔隙结构特征表征主要就是将测量微孔的CO_2吸附、测量中孔氮气吸附和测量大孔高压压汞法拼接在一起，关键是数据交接处线性回归处理。查阅前人文献发现大多数氮气和压汞全孔径分布都是直接在 50nm 处进行分割，小于 50nm 使用氮气测量数据，大于 50nm 使用压汞测量数据直接进行合并，这样不可避免会产生一个明显的断层。也有文献发现重合处各个孔径对应的氮气数据和压汞数据成比例，直接按比例调整。但是本次研究分别以氮气所测量的 6~40nm 各个孔宽对应的孔体积数据为横坐标，以压汞所测量的 6~40nm 各个孔宽对应孔体积数据为纵坐标，对研究区的 12 块样品作线性回归曲线，发现相关系数在 0.1566~0.0024 之间，平均值为 0.058，相关性极小，因此这种方法不适合页岩。

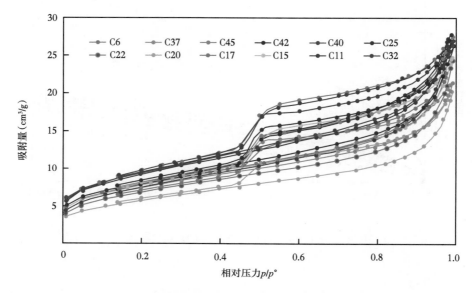

图 2-6-2　研究区页岩样品的氮气吸附脱附曲线

研究以 N_2 为准整体化一法校正，其原理就是对于重合的 6~40nm 的压汞测量孔体积数据进行累加求和之后减去氮气测量的孔体积累加求和，得到两者的差值，之后计算差值在压汞累计求和数据中的占比，最后对于所有大于 40nm 的压汞的数据乘以（1-ϕ），得到统一化后数据。以 6~40nm 的氮气数据为准，去校正大于 40nm 的压汞数据，全孔径分布测得的总孔体积比氮气所测的总孔体积小 15.7%，方差为 10%；以 6~40nm 的压汞数据为准，去校正小于 6nm 的 CO_2 数据，全孔径分布测得的总孔体积比氮气所测的总孔体积小 23.0%，方差为 20%。最终确定以氮气数据为准，去校正大于 40nm 的压汞数据。

研究区应用了 12 口井（图 2-6-3），以 6~40nm 的氮气数据为准，去校正大于 40nm 的压汞数据，全孔径分布测得的总孔体积比氮气所测的总孔体积小 15.7%，方差为 10%。

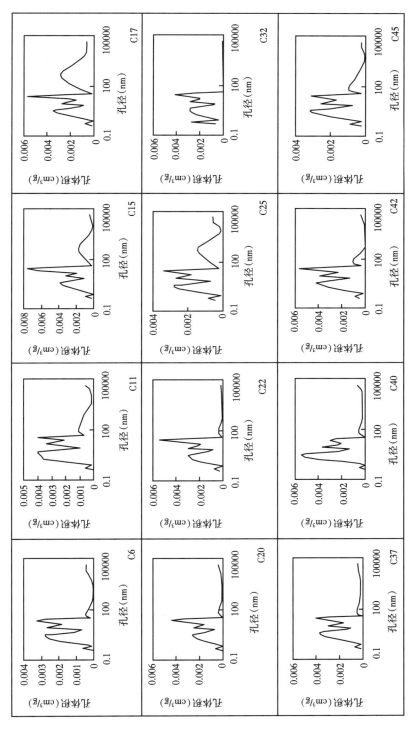

图2-6-3 研究区页岩样品的CO₂吸附曲线

第七节　页岩地层条件下孔隙度与渗透率分析技术

孔隙度作为页岩油储量提交的关键参数之一，其测试结果直接决定了页岩油储量的大小，但由于古龙页岩油地层埋深大、地层压力高、地层温度高，与常规砂岩油藏明显不同，因此准确获得页岩在地层高温高压条件下的孔隙度对于页岩油储量提交意义重大。目前常规实验技术难以对地层高温高压条件下孔隙度进行准确表征，因此针对这一技术难点，研发设计了地层高温高压条件下气测孔隙度和渗透率分析技术。

一、实验方法

通过调研发现，目前国内没有完全满足地层高温高压条件下孔隙度、渗透率分析设备，大部分设备只能满足上覆压力，而孔隙流体压力和温度达不到分析需求。为此，研制地层高温高压条件下孔隙度与渗透率分析设备，建立地层高温高压条件下孔隙度与渗透率分析技术，满足古龙页岩的分析需求。

1. 技术关键

（1）高温高压孔隙度、渗透率设备研制。

（2）高温高压孔隙度、渗透率计算方法。

2. 解决途径

1）高温高压孔隙度、渗透率设备研制

实验设备为自主研发设计的地层高温高压孔隙度测量仪（图 2-7-1），由于古龙页岩青一段最大埋藏深度约为 2500m，其上覆压力大约为 60MPa；静水压力 25MPa，但由于古龙页岩储层为超压储层，地层压力系数一般大于 1.2，最高可达 1.6，平均为 1.4，则地层压力为 35MPa 左右；依据古龙页岩油井古页 2HC 井等 4 口井的高压物性分析资料，地层温度介于 90~115℃ 之间，因此，确定了研发设计仪器的实验参数为：上覆压力为 0~70MPa、孔隙压力为 0~40MPa，温度为室温至 100℃，上述三个指标完全满足了古龙页岩地层高温高压条件下孔隙度的测试需求。

2）高温高压孔隙度、渗透率计算方法

建立了高温高压下的页岩孔隙度、渗透率计算方法。

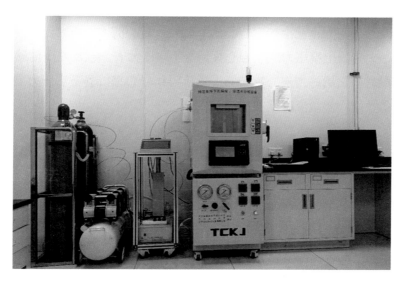

图 2-7-1 地层高温高压条件下孔隙度、渗透率测量仪

3. 实验条件

（1）气源：氦气。

（2）孔隙压力：0~40MPa。

（3）上覆压力：0~70MPa。

（4）测试温度：室温至 100℃。

（5）孔隙度范围：1%~40%。

（6）渗透率检测范围：10^{-5}~10mD。

4. 实验流程和步骤

（1）渗透率实验流程和操作步骤：

①将岩心长度为 L、横截面积为 A 的圆柱形岩样，放入到岩心夹持器岩样室中；

②开启上覆压力泵，将上覆压力室的上覆压力增加至所需上覆压力值，并保持压力恒定；

③启动恒温箱，将温度设置为所需的实验温度，预热装置各部位温度直至恒定；

④打开气瓶控制阀，启动空压机和气体增压泵，调节孔隙压力至所需的压力值；

⑤打开岩心夹持器管线的控制阀，使管线、定容器和岩心夹持器中的岩样室饱和气体，观察岩心夹持器上端压力表和岩心夹持器下端压力表，直至压力稳定；

⑥关闭岩心夹持器上端和下端连接管线的阀门，打开下端定容器排气的控制阀，调节

下游调压控制阀，使岩样上下端压力产生压力差；

⑦关闭排气的控制阀，让上端定容器的气体经过岩心流入到下端定容器，每隔一段时间自动记录岩心夹持器上端压力表、岩心夹持器下端压力表，以及差压传感器的值；

⑧经过一段时间之后，当岩心夹持器上端压力和岩心夹持器下端压力差小于设置的值以后，停止采集数据，实验流程结束；

⑨计算岩心渗透率。

（2）孔隙度实验流程和操作步骤：

①将岩心装入夹持器之中；

②打开围压泵，将围压增加至所需要的值；

③打开气体增压泵，将孔隙压力增加至所需要的值；

④打开加热器，将温度设定为所需要的值；

⑤等待温度和气体压力完全达到平衡，记录平衡时的气体压力，为 p_2；

⑥关闭上端缓冲罐和岩心夹持器之间的阀门，给上端缓冲罐的压力升高 1MPa 左右，等待气体压力完全稳定，记录平衡时的气体压力，为 p_1；

⑦打开上端缓冲罐和岩心夹持器之间的阀门，由于上端缓冲罐气体压力高，会向夹持器中的岩心进行自然渗透，直至达到完全平衡，记录平衡时的气体压力，为 p_3；

⑧此时，第一个孔隙压力的孔隙度测量流程结束，继续测量下一个孔隙压力的孔隙度值；

⑨由于此时气体已经达到平衡，记录气体压力即可，为 p_2；

⑩重复步骤⑥和步骤⑦，记录 p_1 和 p_3，依次类推，继续测量不同的孔隙压力的孔隙度值。

二、实验结果

1. 准确性和重复性实验

采用标准样品（图 2-7-1）开展高温低压和高温高压对比实验。首先，采用孔隙度标准值为 16.30% 和 32.54% 的标准样品在围压 10MPa、孔隙压力 5MPa、温度 30℃ 条件下开展实验，实验结果表明（图 2-7-2），标准孔隙度为 16.30% 的标样，3 次测量的结果分别为 16.23%、16.55% 和 16.38%，孔隙度的绝对差值为 0.07%~0.25%，均小于 0.5% 且重复性好。标准孔隙度为 32.54% 的标样，3 次测量的结果分别为 32.40%、32.62% 和 32.84%，孔隙度的绝对差值为 0.08%~0.30%，同样是均小于 0.5% 且重复性好。因此，研发设备在低温低压条件下孔隙度测试结果准确。

采用孔隙度标准值为 32.54% 的标准样品在围压 50MPa、孔隙压力 30MPa、温度 60℃ 的高温高压条件下开展实验，结果表明（图 2-7-3），3 次测量的结果分别为 32.37%、32.31% 和 32.42%，孔隙度的绝对差值为 0.17%~0.23%，同样是均小于 0.5% 且重复性好。因此，研发设备在高温高压条件下测试结果准确。

综合来说，研发的设备分析结果可靠，为后续大量实验研究奠定了坚实的技术基础。

图 2-7-2　标准样品图

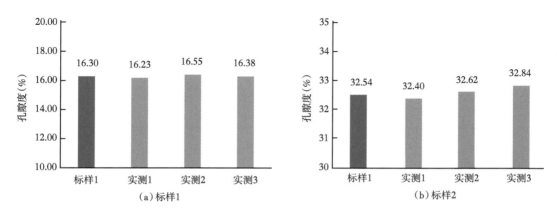

图 2-7-3　低压孔隙度对比图

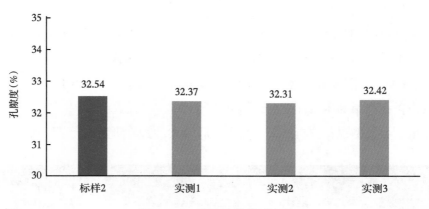

图 2-7-4　高压孔隙度对比图

2. 比对实验

用 CMS-300 覆压孔隙度和渗透率测量仪参加由国家地质实验测试中心组织的"油气地质样品能力验证计划项目"，采用标准样品通过对比国内十几家单位测试结果来验证仪器的准确性。从实验结果来看，CMS-300 覆压孔隙度和渗透率测量仪的检测结果为"满意"，实验数据可靠。因此以 CMS-300 测试结果为基准，开展常温常压对比实验，验证自主研发设备的准确性。

从实验结果（表 2-7-1）可以看出，在上覆压力 10MPa、孔隙压力 1.5MPa、室温测试条件下，纹层状页岩绝对差值为 0.20%、粉砂岩绝对差值为 0.21%、碳酸盐岩绝对差值为 0.17%、粗砂岩绝对差值为 0.32%，不同岩性的孔隙度绝对值差值均小于 0.5%，检测结果准确可靠，充分证明了自主研发设计仪器的可靠性和准确性。

表 2-7-1　实验对比样品统计表

井号	岩性	上覆压力（MPa）	孔隙压力（MPa）	温度（℃）	孔隙度（%）		
					新研发仪器	CMS-300	绝对差值
古页 2HC	纹层状页岩	10	1.5	25	7.27	7.47	0.20
乌 68	粉砂岩	10	1.5	25	2.36	2.57	0.21
古城 601	碳酸盐岩	10	1.5	25	2.22	2.05	0.17
宋深 10	粗砂岩	10	1.5	25	9.62	9.30	0.32

三、技术应用

1. 地面常温常压孔隙度与地层高温高压条件下孔隙度对比

地面常温常压孔隙度测量是在无围压、孔隙压力 1.5MPa、室温条件下进行的，采用的方法是氦气法，基于波义耳定律；地层高温高压孔隙度是在围压 50MPa、孔隙压力 35MPa、温度 100℃ 条件下测量的，模拟的是地层温压条件下的孔隙度。实验结果表明（图 2-7-5），不同岩性的地面孔隙度均小于地下孔隙度：其中页岩的差异最大，为 3.17%~4.00%；粉砂质页岩次之，为 1.58%~1.60%；石灰岩和白云岩最小，为 1.12%~1.58%。由此可以看出，在地层高温高压条件下孔隙度确实是要高于常规地面常温常压条件下的孔隙度，颠覆了以往认为的地面孔隙度大于地下孔隙度的传统认识。

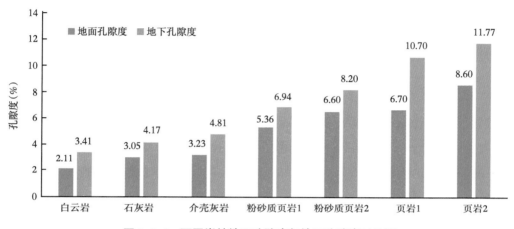

图 2-7-5 不同岩性地面孔隙度与地下孔隙度对比图

2. 地面常温常压渗透率与地层高温高压条件下渗透率对比

地面常温常压渗透率测量是在围压 1.5MPa、孔隙压力 0.02MPa、室温条件下进行的，采用的方法是稳态法；地层高温高压孔隙度是在围压 50MPa、孔隙压力 35MPa、温度 100℃ 条件下测量的，模拟的是地层温压条件下的渗透率。实验结果表明（图 2-7-6），不同岩性的地面渗透率均高于地下渗透率，在上覆压力作用下，造成微裂缝、矿物接触面闭合和孔喉的逐渐关闭和缩小，导致渗透率急剧减小。

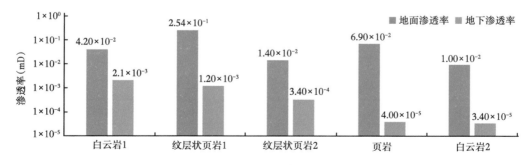

图 2-7-6 不同岩性地面渗透率与地下渗透率对比图

第八节　页岩粒度分析技术

泥页岩属于陆源碎屑岩，碎屑岩颗粒结构包括粒度、颗粒形貌（圆度、球度、形状），以及颗粒的表面特征等，而颗粒的粒度（即大小）是碎屑颗粒最主要的结构特征。泥页岩在沉积过程中，经历机械压实、压溶作用，由原始的松散软泥状态被压实固结成为泥页岩，造成颗粒缝合接触，而且在成岩过程中，存在较强烈的胶结作用，发生于成岩过程的各个阶段，使得碎屑颗粒十分固结，因此，传统的粒度分析方法无法适应泥页岩的分析，急需开展泥页岩颗粒解散方法研究，建立一套适合泥页岩的粒度分析法。

一、实验方法

通过优化各项流程，去除泥页岩样品中的有机质及胶结物，开展液氮冻融循环、球磨机解散条件优选、超声波振荡处理时间优选等实验，来验证并达到解散泥页岩样品的目的。在颗粒解散的基础上制备泥级颗粒悬浮液，开展激光法粒度测试，将粒度数据细分，建立起适合泥页岩的粒度精细分析技术。

1. 技术关键

（1）页岩颗粒解散技术。

（2）页岩粒度细分及测试技术。

2. 解决途径

1）样品前处理

样品的前期处理包括粉碎、热解除油、去除碳酸盐胶结物等过程。热解除油是将样品放入热解炉中，设置350~400℃条件，热解时间为4h，达到去除样品中的油和有机质的目的，从镜下原位图像及全岩矿物分析可见（图2-8-1），该温度下页岩颗粒不会被破坏，全岩分析（表2-8-1）也表明，矿物组分没有明显变化。热解对页岩的颗粒大小影响不大。

表2-8-1　热解前后岩石矿物成分对比表　　　　　单位：%

矿物成分	石英	长石	方解石	铁白云石	黄铁矿	黏土
热解前含量	32.9	27.0	3.8	1.7	2.8	31.9
热解后含量（400℃）	33.6	25.9	4.0	1.3	2.1	33.1

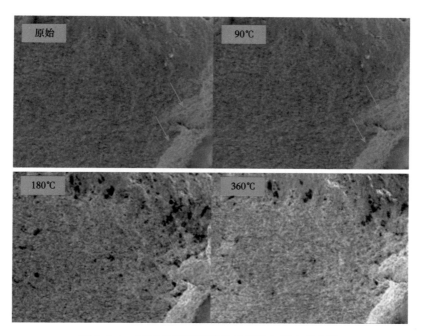

图 2-8-1 不同热解温度样品的原位扫描电镜实验

2）抽真空饱和蒸馏水—液氮冻融循环

泥页岩粒度解散技术的关键在于液氮的冻融循环。将抽真空饱和蒸馏水后的样品置于液氮中约 5min，产生的冰冻力使页岩产生大量的微裂缝，循环反复达到解散颗粒的目的。通过实验，明确冻融循环次数对解散页岩颗粒的影响，验证冻融作用对泥页岩颗粒解散的实际效果。

选择古页 19 井岩性均匀的纯泥页岩样品，开展了 10 次冻融循环实验，未解散的团块采用手工研磨处理后采用激光法粒度测试（表 2-8-2 和图 2-8-2）。

表 2-8-2 冻融循环条件下页岩粒度中值实验结果表

冻融次数（次）	0	1	4	5	6	7	8	9	10
粒度中值（μm）	3.85	3.66	3.76	3.65	3.79	3.41	3.12	3.15	3.05

实验结果表明：泥页岩样品冻融循环次数对颗粒解散影响较大，从测试结果可见，冻融循环 8 次后处理的样品，产生更多的细组分，说明颗粒解散更充分，颗粒解散效果较好。至少需要开展 8~10 个冻融循环，激光法粒度测试数据趋于稳定，颗粒解散才能达到较好效果。

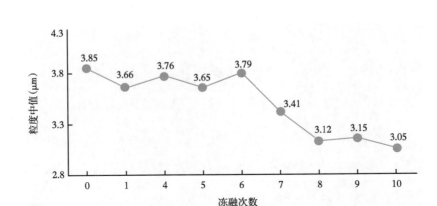

图 2-8-2　古页 19 井 111 号样品冻融循环后样品粒度中值变化图

3）球磨条件优选实验

冻融后，采用球磨机解散聚集团块。球磨机的研磨过程是一个复杂的物理化学过程。在球磨机研磨过程中，岩石样品的质量、强度、硬度、直径大小，球磨机的填充率、转速、磨矿浓度等因素之间存在复杂的耦合关系，并对球磨机的研磨效果有重大影响。因此采用球磨机开展泥页岩颗粒解散研究，有必要开展样品质量、实验参数研究，以明确最佳实验条件。通过控制变量，开展了泥页岩样品的质量、球磨时间、球磨频率等参数优选实验。

（1）开展手工研磨解散泥页岩颗粒重复性实验。

同一实验人员 3 次研磨相同样品测量结果的平均粒径之差在 $0.010\phi \sim 0.105\phi$ 间，表明手工研磨数据重复性较好，数据具有可靠性，实验结果见表 2-8-3、表 2-8-4、图 2-8-3 和图 2-8-4。

表 2-8-3　页岩粒度测试重复性实验对比数据

次数	各粒径区间的体积分数（%）									平均粒径（ϕ）	平均粒径差（ϕ）
	125~149μm	105~125μm	88~105μm	74~88μm	62.5~74μm	31.2~62.5μm	15.6~31.2μm	7.8~15.6μm	3.9~7.8μm	<3.9μm	
第1次	0	0	0	0	0	0.71	7.68	13.04	20.33	58.23	8.255	0.010~0.105
第2次	0	0	0	0	0	1.00	8.84	14.52	20.81	54.84	8.150	
第3次	0	0	0	0	0	1.35	8.73	13.96	20.78	55.19	8.160	

不同实验人员手工研磨相同样品，粒度测试结果的平均粒径之差在 $0.007\phi \sim 0.112\phi$ 间，频率累积分布重合较好，表明不同实验人员手工研磨测试结果重复性好，数据具有可靠性。

表 2-8-4　不同实验员页岩粒度测试重复性实验对比数据

| 实验员 | 各粒径区间的体积分数（%） | | | | | | | | | 平均粒径（ϕ） | 平均粒径差（ϕ） |
	125~149μm	105~125μm	88~105μm	74~88μm	62.5~74μm	31.2~62.5μm	15.6~31.2μm	7.8~15.6μm	3.9~7.8μm	<3.9μm	
实验员 1	0	0.03	0.03	0.04	0.10	1.32	5.84	14.31	24.62	53.71	8.124	
实验员 2	0	0	0	0.01	0.05	1.02	5.32	14.03	23.67	55.91	8.223	0.007~0.112
实验员 3	0	0	0	0	0.02	1.31	6.52	14.94	24.23	52.99	8.111	
实验员 4	0	0.02	0.09	0.17	0.27	3.36	7.41	13.44	20.28	54.95	8.118	

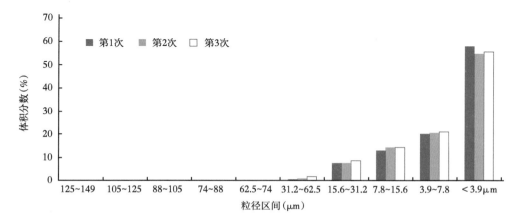

图 2-8-3　同一实验人员手工研磨泥页岩粒度测试频率分布图

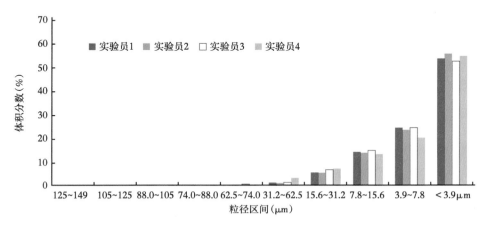

图 2-8-4　不同实验人员手工研磨泥页岩粒度测试频率分布图

（2）开展球磨机解散泥页岩颗粒实验，明确最佳球磨条件。

泥页岩手工磨样获得的实验数据准确，但是效率较低，至少需要有经验的实验人员

0.5h 以上才可以完成一块泥页岩样品的颗粒解散工作，给科研生产工作带来巨大工作量，所以有必要以手工磨样为基准，开展球磨机解散页岩颗粒实验条件的优选。

①球磨条件样品质量优选实验。

选取不同质量泥页岩样品进行球磨实验，分别取 0.06g、0.08g、0.10g、0.12g、0.14g、0.16g、0.18g、0.20g 样品，在一定球磨频率（10Hz）、一定球磨时间（3min）、超声振荡（20min）条件下，开展球磨样品质量优化实验。

从不同质量泥页岩粒度测试频率曲线（图 2-8-5）可见，样品量为 0.14~0.20g 时，球磨解散测试的粒度分布稳定，数据重复性好，当样品量小于 0.14g 时，球磨解散测试的粒度分布不稳定，数据差异大。

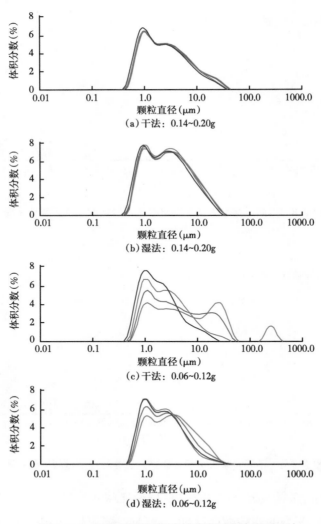

图 2-8-5 不同质量泥页岩粒度测试频率曲线图

②球磨条件参数优选实验。

选取一定质量（0.14g）泥页岩样品，开展湿法球磨实验，以球磨频率、球磨时间为变量，开展球磨条件的优选实验。

通过不同球磨条件下粒径的变化和频率分布曲线对比分析（图2-8-6），球磨条件为频率10Hz，时间3min与手工研磨匹配最好，确定为最佳球磨条件。

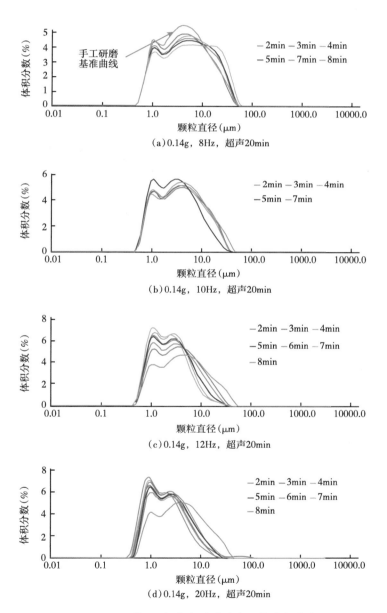

图2-8-6 不同时间和频率条件球磨实验粒度频率曲线图

③超声波振荡实验。

超声波解散原理主要依赖于液体的超声空化作用，当超声波传入液体时，液体介质中的超声波会产生交替的高压（压缩）和低压（稀释）循环，机械应力干扰产生使粒子聚合的静电力（如范德华力），液体中的超声波空化引起高速的液体射流，这样的射流在颗粒之间以高压挤压液体，并将它们彼此分离开来，较小的颗粒随着液体喷射而加速并高速碰撞（图 2-8-7）。

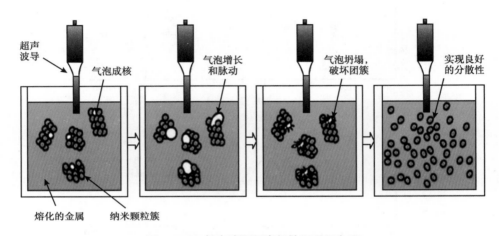

图 2-8-7　超声波泥页岩解散原理示意图

泥页岩样品颗粒较细，在测试的过程中会由于布朗运动而发生团聚，为此，开展超声波振荡对泥页岩颗粒解散的效果实验，以样品质量 0.14g、球磨频率 10Hz、时间 3min 为定量，以超声振荡解散时间作为变量，开展实验研究以验证超声时间对泥页岩颗粒解散的影响。

由实验结果可知（图 2-8-8），应用超声波振荡处理泥页岩样品，对泥页岩颗粒解散有着显著效果，超声波振荡处理的时间不应少于 20min。

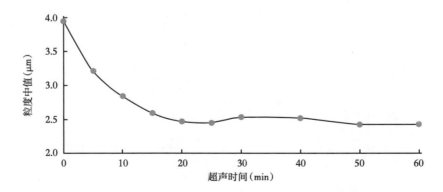

图 2-8-8　超声波泥页岩解散时间与粒度中值关系图

由以上实验建立页岩颗粒解散流程，如图 2-8-9 所示。

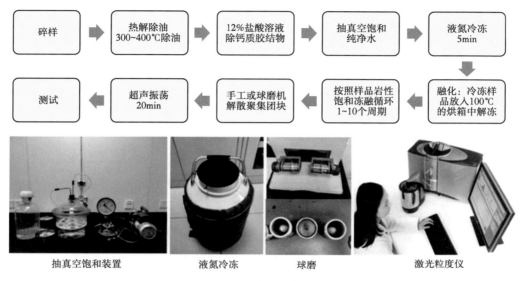

图 2-8-9 页岩颗粒解散流程

3. 实验流程和步骤

（1）样品前处理。

①样品前期粉碎：用颚式破碎机将样品粉碎成 1.5~2.5mm 的颗粒。

②热解处理：将样品放入热解炉中，设置 350~400℃ 条件，热解时间为 4h，去除样品中的油和有机质。

③酸处理：加入过量的 10%~15% 盐酸溶液，去除碳酸盐胶结物，直至无气泡产生。酸处理后的样品，加水反复冲洗，直至 pH 试纸显示为中性。样品放入恒温烘箱内，在 105℃ 条件下烘干 4h 自然冷却后取出。

（2）抽真空饱和蒸馏水—液氮冻融循环。

①样品抽真空处理：将处理好的干燥样品放入样品杯中，并放置于样品室容器内，封口处涂抹真空密封胶或凡士林，如图 2-8-10 和图 2-8-11 所示，关闭截止阀 1、截止阀 2，打开阀门 1、阀门 2、阀门 3，打开真空泵开关，待真空压力表读数降至 -0.1MPa 后，关闭阀门 3，确认样品室内压力无变化，保持样品室内压力在 -0.1MPa 条件下至少 2h，使岩石孔隙及裂缝中气体可以充分排出。

②样品饱和蒸馏水：在储水室内注入适量脱气蒸馏水，打开截止阀 2，使蒸馏水缓慢进入样品室中，直至进入样品杯内样品中，样品杯内蒸馏水水位略高于样品即可，迅速关

闭截止阀 2，打开真空泵，打开阀门 3，使样品室内压力维持在 -0.1MPa，保持至少 4h。随后关闭真空泵，打开截止阀 1，待样品室内压力与外界大气压力平衡后，打开样品室取出样品。

图 2-8-10　真空饱和装置实物图

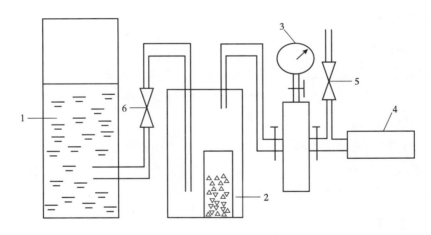

图 2-8-11　真空饱和装置示意图

1—蒸馏水；2—样品室；3—真空表；4—真空泵；5，6—截止阀

③样品液氮冷冻：将取出的样品置于铁制容器内，置于液氮中约 5min，使得饱和蒸馏水样品冷冻，通过蒸馏水冰冻所产生的冰冻力，使泥页岩中产生大量的微裂缝，以达到颗粒解散的目的。

④样品解冻：将冷冻样品放入 100℃ 烘箱中解冻，直至样品干燥后取出，待下一步实验。

综上，完成①～④步骤，为泥页岩样品解散的一个冻融循环。针对泥页岩样品冻融 8 次循环以上。

（3）球磨解散，球磨条件为频率 10Hz，时间 3min。

（4）超声波振荡处理 20min。

（5）激光粒度测试。激光法粒度数据的获取是以上述的页岩颗粒解散方法为基础，将解散处理后的样品制成悬浮液，加入激光粒度分析仪进行测试。

①启动 Mastersizer3000 激光衍射粒度分析仪，预热 30min，打开计算机，运行操作软件。

②选择测量系统，本文采用湿法测量自动模式或手动模式。

③在设置窗口里依次设置标识、颗粒类型、物质、分散剂、测量时间、测量次数等参数，在附件里设置泵入速度、搅拌速度、超声强度等参数。

④将待测样品按仪器负载量加入样品池中。

⑤按开始键进行测试，仪器自动测试，得出粒度分布结果。

可得到相应的 C 值、M 值、平均粒径、标准偏差、偏态和峰态等参数，以及累积概率分布曲线。

二、实验结果

1. 建立粒度细分分级标准

常规粒度数据将粉砂划分为粗粉砂和细粉砂 2 个粒级（表 2-8-5），小于 3.9μm 的粒级称为泥，不再细分。现将粉砂粒级细分为粗粉砂、中粉砂、细粉砂和极细粉砂 4 个粒级（表 2-8-6），泥级颗粒细分为粗泥、中泥、细泥和极细泥 4 个粒级，更适合泥页岩细粒沉积岩颗粒结构特征的研究。

表 2-8-5　泥页岩旧粒度分级表

粒度分级		分级界限	
大类	小类	颗粒粒径（μm）	颗粒粒径（ϕ）
粉砂	粗粉砂	31.25~62.50	4~5
	细粉砂	3.90~31.25	5~8
泥	—	＜3.90	＞8

注：来源于 SY/T 5434—2018《碎屑岩粒度分析方法》。

表 2-8-6　泥页岩新粒度分级表

粒度分级		分级界限	
大类	小类	颗粒粒径（μm）	颗粒粒径（ϕ）
粉砂	粗粉砂	31.25~62.50	4~5
	中粉砂	15.62~31.25	5~6
	细粉砂	7.81~15.62	6~7
	极细粉砂	3.90~7.81	7~8
泥	粗泥	1.95~3.90	8~9
	中泥	0.98~1.95	9~10
	细泥	0.49~0.98	10~11
	极细泥	< 0.49	> 11

2. 泥页岩粒度分布

采用泥页岩颗粒解散及颗粒分布测试技术，测试了古页 8HC 井 126 块样品粒度分布，分析结果表明（图 2-8-12 至图 2-8-14）：古页 8HC 井页岩颗粒粒径主要分布在 0.98~31.2μm。Q_1—Q_4 层泥级颗粒含量占 37.80%，其中，以粗泥粒和中泥粒（0.98~3.9μm）为主，占 34.44%，细泥和极细泥粒（小于 0.98μm）较少，占 5.37%；粉砂颗粒以极细粉砂和细粉砂（3.9~15.6μm）为主，分别占比 19.83% 和 16.94%；中粉砂和粗粉砂（15.6~62.5μm）占比 23.54%，砂含量极少，为 1.9%。Q_5—Q_6 层泥级颗粒含量占 32.0%，也是以粗泥粒和中泥粒为主，占 27.39%；粉砂颗粒占比 63.8%，极细粉砂、细粉砂和中粉砂均占 17% 左右，砂含量为 4.2%。Q_7—Q_9 层泥级颗粒含量占 34.5%，粗泥粒和中泥粒占 28.92%；粉砂颗粒占比 62.8%，砂含量为 2.7%。

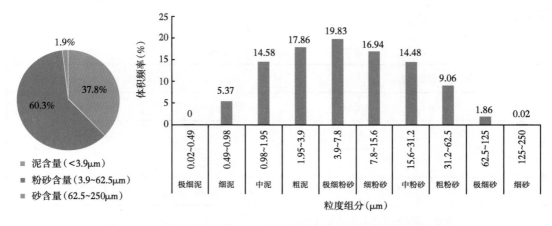

图 2-8-12　古页 8HC 井 Q_1—Q_4 层页岩颗粒组分和粒度分布直方图

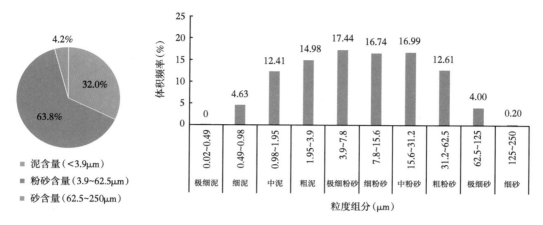

图 2-8-13　古页 8HC 井 Q_5—Q_6 层页岩颗粒组分和粒度分布直方图

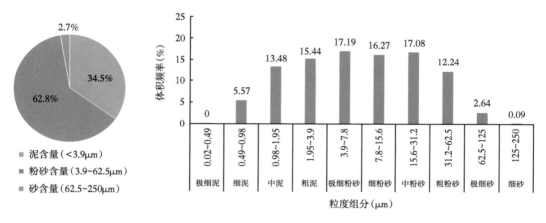

图 2-8-14　古页 8HC 井 Q_7—Q_9 层页岩颗粒组分和粒度分布直方图

三、技术应用

对比分析不同井不同油层粒度数据，明确古龙页岩纵向粒度分布特征，给出基于粒度证据的古龙凹陷沉积过程粒度变化规律。

（1）对比从北到南古龙凹陷 11 口井 1664 块样品粒度数据（图 2-8-15）。Q_7—Q_9 油层组粒度中值略高，古页 2HC 井、古页 8HC 井趋势较为明显。Q_4—Q_6 中部油层组粒度中值略有降低，古页 7 井粒度较高。从古页 6HC 井向古页 4HC 井，粒度由粗变细；向古页 19 井粒度变粗。Q_1—Q_3 油层组粒度中值均较低。粒度总体呈旋回变化。

（2）对比从西向东古龙井—三肇 8 口井 654 块样品粒度数据（图 2-8-16）。西部英 X58 井的粒度最粗，中值大于 10μm。粒度呈旋回变化。从西部英 X58 井向中部古页 19 井，粒度由粗变细，向东古页 37 井变粗，到肇 2911 井变细，再往东部肇页 1H 井变粗。

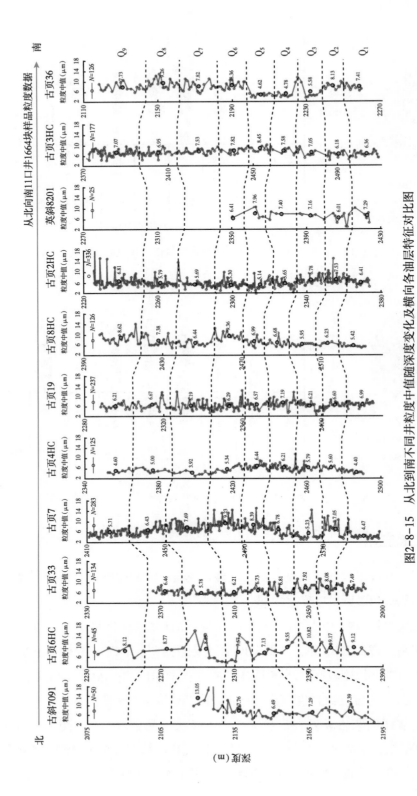

图2-8-15 从北到南不同井粒度中值随深度变化及横向各油层特征对比图

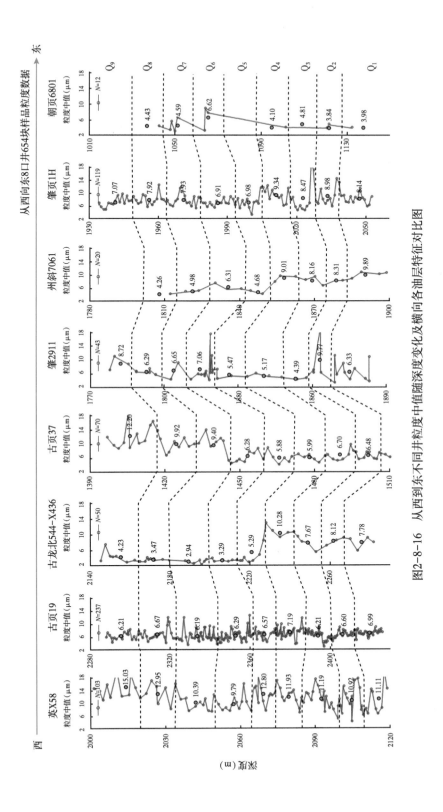

图2-8-16 从西到东不同井粒度中值随深度变化及横向各油层特征对比图

第九节　页岩孔隙结构二维核磁分析技术

孔隙结构制约着油气在储层中的储集能力和流动能力，是研究泥页岩储层的关键要素，也是当前研究的重点和难点问题。采用核磁共振实验方法对泥页岩孔隙结构进行精确表征，核磁共振计算的孔径分布与多尺度联合法的孔径分布比例在介孔、大孔阶段具有较好一致性，核磁共振法在泥页岩储层孔隙结构精细表征方面更具特色。

一、实验方法

核磁共振技术是利用氢原子核自生的磁性及外加磁场的相互作用，通过测量岩石孔隙流体中氢核的核磁共振弛豫信号的幅度和弛豫速率来探测岩石孔隙结构和孔隙流体等有关信息。氢核弛豫信号的幅度与地层孔隙度成正比，其弛豫速率或横向 T_2 弛豫时间与孔隙大小和流体特性（如黏度）相关，在一定的储层流体饱和状态和测量条件下，核磁共振测量结果可以被用于进行被测多孔介质孔隙结构的评价。一般而言，当孔隙流体为单相的润湿相流体时，相对于表面弛豫时间，体积弛豫时间较大，可忽略。如亲水的岩石或岩石样品，当孔隙空间完全被地层水溶液饱和时，其横向弛豫结果仅取决于岩石表面弛豫和扩散弛豫。当施加静磁场为均匀磁场或梯度磁场较小且 CPMG 测试序列回波间隔足够短时，扩散弛豫也可以被忽略。

1. 技术关键

核磁共振 T_2 时间与孔隙半径转换—间接法。

2. 解决途径

（1）孔隙半径与弛豫时间 T_2 转换—间接法。

对岩心样品进行核磁共振实验通常使用的是核磁共振 T_2 谱（CPMG 测试）测量法，岩心孔隙流体的 T_2 谱可近似表示为：

$$\frac{1}{T_2} = \frac{1}{T_{2B}} + \rho_2 \frac{S}{V} \qquad (2-9-1)$$

式中　T_{2B}——流体自身固有的弛豫时间，ms；

ρ_2——流体所处孔隙的表面弛豫率，μm/ms；

S/V——流体所处孔隙的表面积与体积之比，1/μm。

忽略流体自身固有的弛豫时间时，则有：

$$\frac{1}{T_2} = \rho_2 \frac{S}{V} \qquad (2\text{-}9\text{-}2)$$

假设孔隙由理想的球体组成，则 $S/V=3/r_c$；假设喉道由理想的圆体组成，则 $S/V=2/r_c$，则公式（2-9-2）改写为：

$$\frac{1}{T_2} = \frac{1}{\rho_2} \frac{r_c}{F_s} = k \times r_c \qquad (2\text{-}9\text{-}3)$$

式中 F_s——孔隙形状因子，对于球形孔隙 $F_s=3$，对于喉道 $F_s=2$；

       r_c——孔隙半径。

由公式（2-9-3）可知，T_2 值与孔隙半径成正比。

将核磁共振横向弛豫时间任意时刻 T_2 信号累计值与高压压汞曲线进行拟合，选取多组插值与压汞孔隙半径进行分段拟合，求得横向弛豫时间与孔隙半径的关系。

（2）孔隙半径与弛豫时间 T_2 转换——直接法，适用于疏松岩心，利用水分子与岩心表面接触角，以及不同离心力核磁 T_2 截止值计算。

3. 实验流程和步骤

实验流程和操作步骤：

（1）在全直径样品上钻取 2.5cm×2.5cm 柱塞样品，称重、编号；

（2）将样品洗油烘干；

（3）根据样品所在地区的地层水资料，配制与地层水矿化度基本相同、水中阴阳离子基本一致的碳酸钠、碳酸钙型模拟地层水，若岩心含有高水敏矿物，可选用煤油饱和；

（4）饱和后称量样品质量；

（5）将样品进行核磁 T_2 谱测试；

（6）将样品除油烘干后采用压汞法测定毛细管压力曲线；

（7）孔隙半径与弛豫时间 T_2 转换。

二、实验结果及应用

基于高压压汞孔喉半径分布与核磁共振 T_2 谱分布对标拟合（图 2-9-1 和图 2-9-2），得到古龙页岩转换系数平均值为 15nm/ms，为研究页岩不同孔径中油水分布数量提供依据。

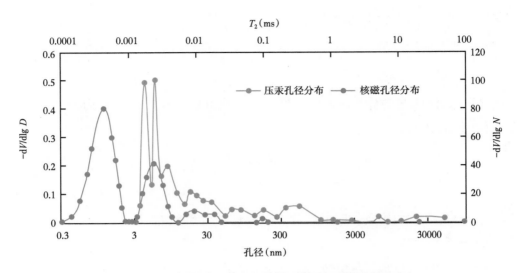

图 2-9-1　古页 8HC 井 179 号样品核磁与压汞孔径分布

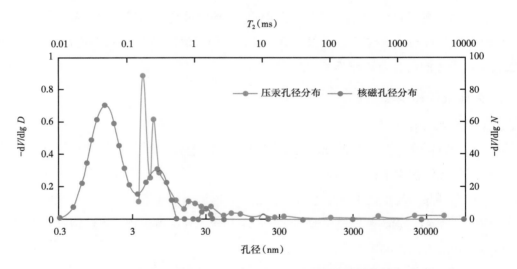

图 2-9-2　古页 8HC 井 111 号样品核磁与压汞孔径分布

第十节　页岩 CT 分析技术

近年来，X 射线断层成像技术（Radiation X-Ray Computed Tomography，X-CT）在非常规储层微观孔隙结构表征中逐渐成为重要的测试分析手段，它是利用锥形 X 射线对 360° 旋转的样品扫描获得岩心二维图片，通过建模程序将若干二维图片进行叠加重构获得三维孔隙结构，并提取孔隙网络模型用于数字化分析和流动模拟。相较于其他分析方法，

CT分析技术能够对岩心样品进行快速无损扫描，通过CT扫描得到的数字岩心可以对储层微观孔隙特征进行直观展示和量化表征。

一、实验方法

目前，岩心CT扫描分析实验参考石油行业标准SY/T 7410.1—2018《岩石三维孔隙结构测定方法 第1部分：CT扫描方法》，但该标准并未对泥页岩样品扫描进行特殊说明。泥页岩储层微纳米级孔隙发育、微裂缝分布不规则、矿物组分十分复杂，扫描区域的微观非均质性对图像数据质量影响极大，且数字化分析结果受限于CT扫描精度，提升扫描精度对样品尺寸要求较高，很难通过数字岩心对泥页岩孔喉大小及连通性进行精准表征。本节实验方法对泥页岩样品制备和扫描流程进行了优化，提高了CT扫描精度，进而提供了更为准确的泥页岩微观孔隙结构分析结果。

1. 技术关键

（1）页岩样品的制备。
（2）页岩样品的夹持固定方法。

2. 解决途径

（1）改良了微岩心样品制备方法（图2-10-1和图2-10-2）。针对现有CT扫描岩心制备过程中样品易破碎、断裂、裂缝扩张等改变岩心样品原始状态的问题，设计了一种适用于制备泥页岩微岩心的磨削装置及制备方法。通过调整电动机转速、模组滑台运动、更换不同目数磨头，可以实现岩心自动磨削、表面研磨等操作，从而降低了微岩心样品加工直径，提升了泥页岩岩心样品的CT扫描分析精度。

图 2-10-1　微岩心磨削装置

图 2-10-2　制备得到的岩心样品

（2）设计页岩样品夹持装置（图 2-10-3 和图 2-10-4）。针对 CT 扫描过程中样品夹持易倾斜、偏轴的问题，设计一种微岩心夹持装置，通过微调弧形角度台、XY 平移台分别解决微岩心环扫过程中的倾斜、偏轴等问题，可以提高体素分辨率与灰度阈值范围，从而提升了数字岩心微观结构表征的扫描精度和准确性。

图 2-10-3　微岩心夹持装置　　　　　图 2-10-4　夹持装置装配效果

3. 实验分析条件

（1）页岩岩心样品尺寸：ϕ（1~3mm）×5mm。
（2）扫描设备：高精度数字岩心综合实验分析系统（GE Phoenix v|tome|x s 240/180）。
（3）扫描电压、电流：根据样品进行调整。
（4）数字岩心分析软件：PerGeos v2023.2。

4. 实验流程和步骤

（1）样品制备。
挑选规整且满足长度需求的岩心，确定扫描目标选区，利用线切割将包含目标区域的部分切为直径 1cm、长度 2cm 左右近柱状岩心，按照 4~5 次磨削工序，分别调整磨削量、进给速度、磨削电动机转速、磨头夹具目数，制备满足精度需求的岩心样品。

（2）样品扫描。
调整样品夹持状态，扫描过程中控制电子束射线源电压电流、探测器曝光时间、样品位置，扫描投影图像数量不低于 1200 张。

（3）数据重构。
将 CT 扫描原始数据采用 GE 的 Phoenix Datosx 软件进行数字重建。计算消除样品扫描过程中物理偏移对扫描精度的影响。分别选择 X、Y、Z 方向投影图像，逐步进行图像偏移校准，重构后图像无环状或线状伪影，边缘轮廓无重影，特征矿物、孔隙边缘清晰明显，否则需重新重构或者重新采集。

（4）数据处理。

利用 PerGeos 分析软件对重构数据进行分区提取，采用非局部均质滤波或高斯平滑算法进行滤波与图像增强。滤波后，对岩心模型中的孔隙、基质、矿物采用分水岭算法进行灰度特征提取与图像分割，并基于区域划分进行孔隙大小、连通性、配位数等参数计算。

5. 实验结果计算

使用数字岩心数据处理软件 PerGeos 对重建好的三维数字模型进行分析处理，展示三维内部视图，提取样品孔隙并计算孔隙度；提取喉道中线计算孔喉模型并分析，各流程处理结果如图 2-10-5 至图 2-10-12 所示。

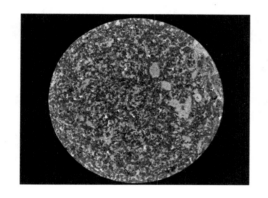

图 2-10-5　原始图像

图 2-10-6　子域选区

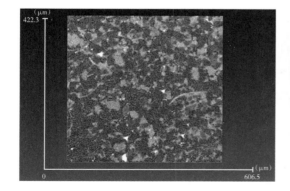

图 2-10-7　孔隙阈值分割

图 2-10-8　孔隙提取

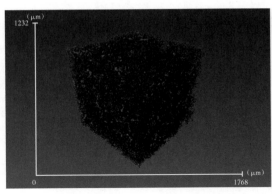

图 2-10-9　连通孔隙空间

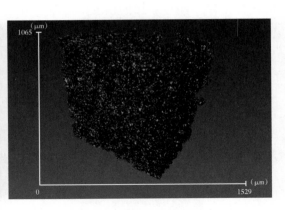

图 2-10-10　独立孔隙划分

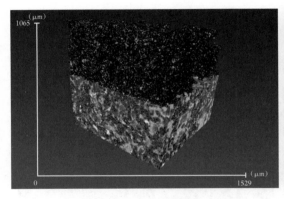

图 2-10-11　孔隙划分分段显示模型

图 2-10-12　孔喉网络（球棍）模型

最终，通过计算得到孔隙喉道等效半径、孔隙度、模拟渗透率等参数。

二、实验结果

影响 CT 扫描分析的主要因素包括页岩样品微观非均质性、射线源电子束不稳定性、探测器失准、目标选区不合理、图像处理不当等。对于同一个试样两次分析处理计算的孔隙度、孔隙连通率、孔隙直径分布相对偏差不超过 10%。

三、技术应用

采用 CT 扫描技术对 8 块长垣夹层型页岩样品进行分析，具体样品数据信息与扫描参数见表 2-10-1。

表 2-10-1　长垣夹层型页岩样品 CT 扫描参数表

井号	样号	样品深度（m）	岩性	层位	岩样长度（cm）	岩样直径（cm）	曝光时间（ms）	分辨率（μm）
杏 67	X67-1	1241.62	粉砂岩	K_1qn_{2+3}	3.65	0.21	1000	1.41
杏 67	X67-8	1257.64	纹层状页岩	K_1qn_{2+3}	3.57	0.19	1000	1.38
杏 67	X67-16	1258.39	页夹砂	K_1qn_{2+3}	3.65	0.21	1000	1.38
杏 69	X69-43	1337.03	砂岩	K_1qn_{2+3}	3.69	0.19	1000	1.69
杏 69	X69-C3	1317.95	页岩	K_1qn_{2+3}	3.65	0.23	1000	1.76
杏 69	X69-C4	1323.95	砂岩	K_1qn_{2+3}	3.03	0.21	1000	1.68
萨 53	S53-C1	1922.34	页岩	K_1qn_{2+3}	3.25	0.22	1000	1.73
萨 53	S53-C2	1908.64	砂岩	K_1qn_{2+3}	3.67	0.22	1000	1.73

孔隙提取结果如图 2-10-13 至图 2-10-20 所示。

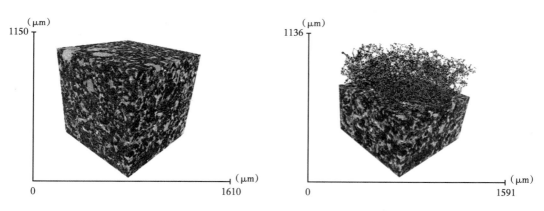

图 2-10-13　X67-1 号岩心孔隙提取与孔喉模型（分段）

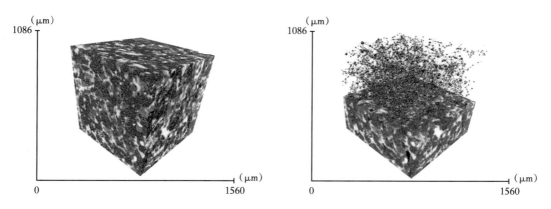

图 2-10-14　X67-8 号岩心孔隙提取与孔喉模型（分段）

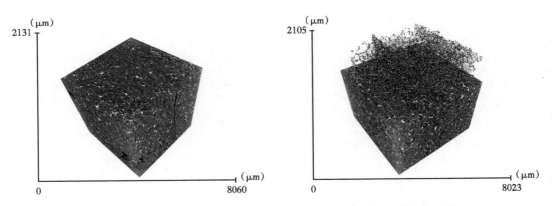

图 2-10-15　X67-16 号岩心孔隙提取与孔喉模型（分段）

图 2-10-16　X69-43 号岩心孔隙提取与孔喉模型（分段）

图 2-10-17　X69-C3 号岩心孔隙提取与孔喉模型（分段）

图 2-10-18　X69-C4 号岩心孔隙提取与孔喉模型（分段）

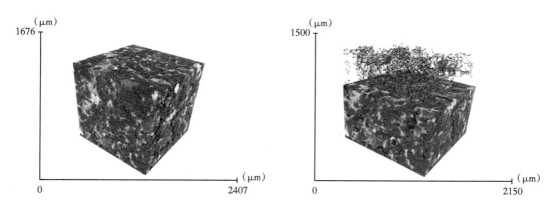

图 2-10-19　S53-C1 号岩心孔隙提取与孔喉模型（分段）

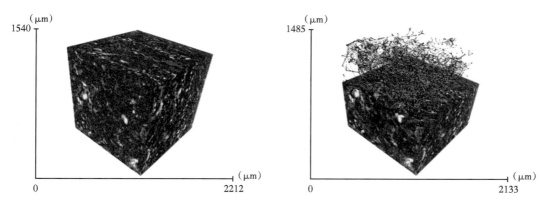

图 2-10-20　S53-C2 号岩心孔隙提取与孔喉模型（分段）

1. 页岩总孔隙度与连通性分析

通过阈值分割与孔隙提取，计算得到 8 块样品的计算孔隙度与连通孔隙百分比（表 2-10-2），其中杏 67 井三块岩心埋深相近、孔隙度与连通孔隙百分比较为接近；萨 53 井两块岩心样品深度为 1900m 以下，扫描精度下连通孔隙较少；杏 69 井 X69-C3、X69-C4 两块岩心选区内矿物、介壳质含量较高，计算孔隙度较低。

表 2-10-2　页岩孔隙度分析结果

井号	样号	层位	计算孔隙度（%）	连通百分比（%）
杏 67	X67-1	K_1qn_{2+3}	10.41	81.42
杏 67	X67-8	K_1qn_{2+3}	11.42	87.67
杏 67	X67-16	K_1qn_{2+3}	11.55	77.58
杏 69	X69-43	K_1qn_{2+3}	10.05	95.44
杏 69	X69-C3	K_1qn_{2+3}	5.48	92.38
杏 69	X69-C4	K_1qn_{2+3}	5.86	61.65
萨 53	S53-C1	K_1qn_{2+3}	9.89	73.61
萨 53	S53-C2	K_1qn_{2+3}	10.61	75.36

2. 页岩孔隙、喉道半径分析

通过提取孔隙网络模型，计算得到 8 块样品的等效孔隙半径、喉道半径分布（图 2-10-21 至图 2-10-28），扫描精度下，杏 67 井三块岩心夹砂含量较高，连通孔隙半径以 6~25μm 为主、喉道半径分布较为相似；萨 53 井两块岩心连通孔隙半径分布较为集中、喉道半径分布相似；杏 69 井三块岩心因选区内微观非均质性较强，孔隙、喉道半径分布差异较大。

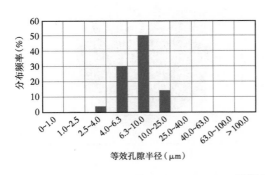 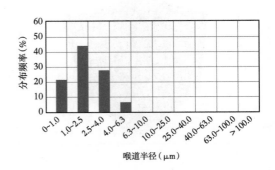

图 2-10-21　X67-1 号岩心等效孔隙半径、喉道半径分布

X67-1 岩心孔隙半径集中在 4~10μm，喉道半径集中在 1~4μm，平均配位数为 5.58。

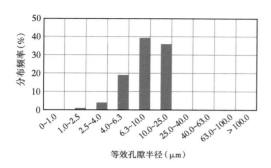 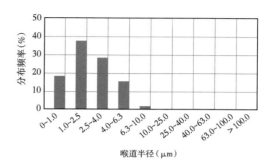

图 2-10-22　X67-8 号岩心等效孔隙半径、喉道半径分布

X67-8 岩心孔隙半径集中在 6~25μm，喉道半径集中在 1~4μm，平均配位数为 7.18。

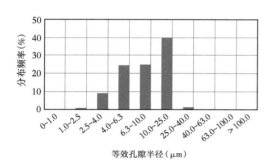 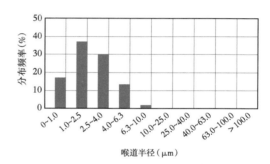

图 2-10-23　X67-16 号岩心等效孔隙半径、喉道半径分布

X67-16 岩心孔隙半径集中在 4~25μm，喉道半径集中在 1~4μm，平均配位数为 7.46。

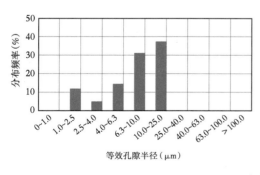 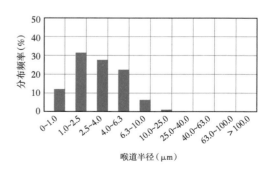

图 2-10-24　X69-43 号岩心等效孔隙半径、喉道半径分布

X69-43 岩心孔隙半径集中在 6~25μm，喉道半径集中在 1~4μm，平均配位数为 8.37。

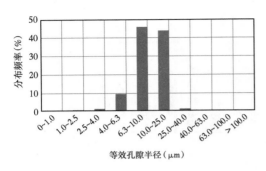
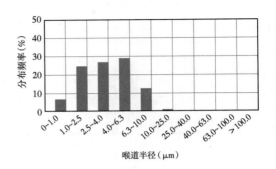

图 2-10-25　X69-C3 号岩心等效孔隙半径、喉道半径分布

X69-C3 岩心孔隙半径集中在 6~25μm，喉道半径集中在 1~6.3μm，平均配位数为 6.08。

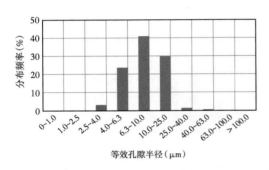
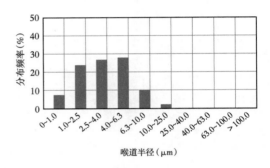

图 2-10-26　X69-C4 号岩心等效孔隙半径、喉道半径分布

X69-C4 岩心孔隙半径集中在 6~25μm，喉道半径集中在 1~6.3μm，平均配位数为 7.05。

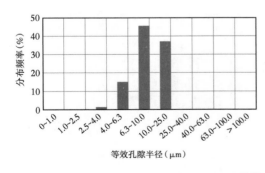
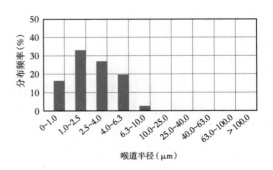

图 2-10-27　S53-C1 号岩心等效孔隙半径、喉道半径分布

S53-C1 岩心孔隙半径集中在 6~25μm，喉道半径集中在 1~4μm，平均配位数为 4.85。

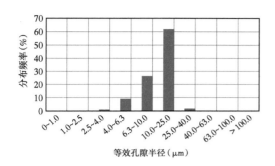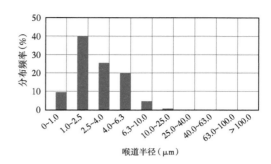

图 2-10-28   S53-C2 号岩心等效孔隙半径、喉道半径分布

S53-C2 岩心孔隙半径集中在 10~25μm，喉道半径集中在 1~4μm，平均配位数为 5.97。

第三章　含油性评价技术

含油性是指页岩中赋存的油气数量，反映页岩中石油含量及性质特征，含油性受页岩有机质、岩性、物性、孔隙结构、裂缝发育程度等因素影响。通过建立页岩低温干馏法和二维核磁法油水饱和度、轻烃及含油量恢复分析技术等，测定页岩含油饱和度、游离烃含油量及含油率等核心储量参数，开展微米—纳米级孔隙、厘米—毫米级不同尺度样品含油性定量表征，为页岩油"甜点"层和"甜点"区评价、储量提交及勘探开发提供支撑。

第一节　页岩含油饱和度低温干馏法分析技术

页岩含油饱和度是岩石中原油体积与岩石孔隙体积的比值，是目标区块地质储量计算与拟合的重要参数，综合反映了储层的岩性、物性、胶结等分布情况，是油藏地质评价中的重要参数，对储量计算、评价开发效果等具有重要意义，它直接影响着油藏的勘探和开发策略。

目前常用的方法包括乙醇萃取法、蒸馏抽提法、常压干馏法、核磁共振法等。蒸馏抽提法是抽提岩心中的水，通过测定含水饱和度而确定原始含油饱和度，是国内外通用的方法。原理为称取含油岩样质量后，将其放入扎克斯抽提器中，加热抽提器中的溶剂，使岩样中的水分蒸馏出来，经冷凝管冷凝后汇集在集液管中，最后读出水的体积，具有方法简单、操作容易等优点，但蒸馏抽提法实验设备组件多，密封性不容易保证，尤其是外界环境空气湿度较大时，准确性不高。此外其存在分析流程长，检测速度慢（致密岩心 2~3 周），致密岩心中水分蒸出率低，所用试剂毒性大等不足。

常压干馏法通过对岩心加热使其流体组分蒸发，再冷凝收集岩心流体，直接读出岩心的油水含量，其操作过程中不借助于化学试剂，具有分析成本低的优点。但其加热温度范围为常温至 650℃，但温度超过 177℃，黏土矿物（蒙皂石）会析出水，干酪根和沥青也会裂解生成新的烃类，导致含油含水偏高，测得的油水体积需要校正，另外加热过程中岩心原有的孔隙结构会遭到破坏，需要平行样品标定孔隙度。

核磁共振法是通过对岩心施加外部磁场，并配合应用一定的脉冲和梯度场来识别岩心中不同含氢流体的组分及含量。核磁共振技术用于地层评价已有几十年的历史。诸如岩石孔隙、孔隙度、渗透率、可动流体体积、束缚流体体积、多孔结构和其他与储层物理性质相关的地质信息等流体特征都可以直接通过分析流体内包含在孔隙中的氢原子核的 NMR 信号直接获得，但油水的磁共振信号转化为体积需要复杂的配套实验来校正，另外各个油区页岩油储层孔隙结构不同，流体类型也不同，所对应的 T_2 时间也不一致，需要针对不同地区页岩油样品建立其特有的二维核磁共振流体识别图版，才能更加准确分析赋存流体类型及含量，因此二维核磁共振法大多偏向于页岩流体赋存特征及可动性研究方向，大规模应用于实验生产分析还存在一定的难度。

含油饱和度通常通过实验室分析岩心样品来获得，目前常用的方法包括蒸馏抽提法、常压干馏法、核磁共振法等，但是页岩中流体种类复杂，Cao 等认为非黏土基质的孔、洞、缝包含自由水 / 毛细管束缚水、游离气、油，黏土孔隙包含黏土束缚水，干酪根孔隙（有机孔）包括吸附气、游离气、油。由于方法原理的局限性，以上方法应用于实验生产的过程中，在流体定性与定量方面都存在一定的困难。为满足泥页岩油储层评价和含油性特征评价的需要，急需一套高效、准确的页岩含油饱和度实验测定方法，为页岩油藏储量评估与开发效果预测提供可靠数据支撑。

一、实验方法

1. 技术关键

（1）不同类型孔隙流体对油水饱和度的贡献。

（2）采用更加科学的方法，确定合适的实验条件，建立页岩含油饱和度表征技术。

2. 解决途径

从页岩流体种类及赋存状态入手，以多温度下流体可动性研究为手段，创新原有实验方法，重新厘定实验条件，优选实验试剂，建立适用于页岩的含油饱和度检测方法。

（1）选用氯化钙作为吸附剂，对岩心中的水分进行测定。

氯化钙作为干燥剂，广泛应用于工业和实验室领域，其吸水效果极强，吸水质量比 1∶1.97，同时氯化钙不吸油，吸烃率几乎为零（表 3-1-1）。通过吸水实验结果，表明氯化钙的吸水率极强，加入水全被氯化钙吸收；在 60℃ 真空烘干条件下（有效孔隙度实验条件），加入水基本可以完全回收，回收率达到 100%（表 3-1-2）。

（2）真空 60℃ 作为实验条件，二维核磁验证岩心低温干馏可行。

二维核磁结果表明，真空低温干馏后页岩散失水主要为毛细管水，黏土束缚水得以保留，两块样品岩心失水分别为 0.299g、0.332g；真空低温干馏氯化钙吸水量分别为 0.282g、0.284g，证明低温干馏法测试页岩含水量可行（图 3-1-1）。

表 3-1-1　氯化钙颗粒原油吸附结果表

瓶号	60℃ 加热前（g）		60℃ 加热后（g）		差值（g）	
	氯化钙质量	油量	氯化钙质量	油量	氯化钙质量	油量
1	6.126	22.481	6.126	22.477	0	0.004
2	7.620	31.77	7.622	31.768	0.002	0.002
3	5.510	25.171	5.509	25.169	-0.001	0.002
4	8.354	23.168	8.353	23.164	-0.001	0.004

表 3-1-2　氯化钙颗粒低温吸附水量结果表

瓶号	60℃ 加热前（g）		60℃ 加热后（g）		回收率（%）
	氯化钙质量	加水量	氯化钙质量	散失水量	
1	6.011	0.052	6.063	0.052	100.00
2	16.845	0.115	16.959	0.114	99.13
3	4.280	0.146	4.425	0.145	99.32
4	8.563	0.282	8.844	0.281	99.65
5	24.173	0.447	24.621	0.448	100.22
6	18.383	0.532	18.915	0.532	100.00
7	19.000	0.625	19.625	0.625	100.00
8	27.655	0.695	28.350	0.695	100.00

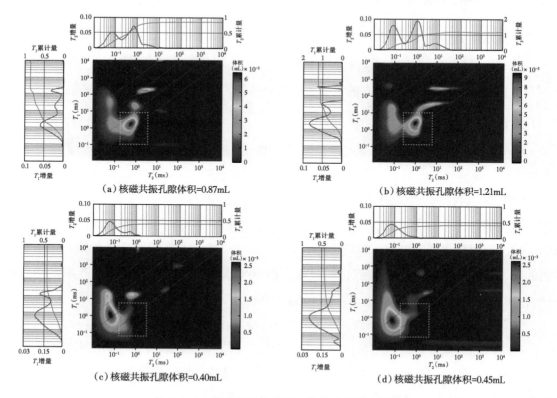

（a）核磁共振孔隙体积=0.87mL　（b）核磁共振孔隙体积=1.21mL

（c）核磁共振孔隙体积=0.40mL　（d）核磁共振孔隙体积=0.45mL

图 3-1-1　岩心低温干馏后二维核磁图谱对比图

3. 实验条件

（1）吸附剂：无水氯化钙。

（2）吸附温度：60℃。

（3）真空度：-0.1MPa。

（4）电子天平量程：0~3200g，精度 0.001g。

4. 实验流程和步骤

页岩含油饱和度的实验流程和具体操作步骤如下（图 3-1-2）：

（1）取冷冻的新鲜岩心 20~30g，编号、称重、记录；

（2）将岩心放入盛有一定量氯化钙的密闭罐中，自然解冻吸附 1h；

（3）将盛有岩心的密闭罐放入真空干燥箱中，抽真空至 -0.1MPa，然后升温至 60℃，加热 2h 后分别称量岩心和密闭罐质量；

（4）将岩心洗油烘干处理，称量岩心质量；

（5）氯化钙增量即为岩心中水含量，新鲜岩心与洗油烘干岩心质量差减去水量即为岩心中水含量；

（6）计算油水饱和度。

图 3-1-2　真空低温干馏法岩心油水饱和度测定流程图

5. 结果计算

岩心的油水饱和度按公式（3-1-1）、公式（3-1-2）计算：

$$S_{\mathrm{w}} = \frac{m_2 - m_1}{V \rho_{水}} \times 100\% \tag{3-1-1}$$

$$S_{\mathrm{o}} = \frac{(m_3 - m_4)\rho_{水} - (m_2 - m_1)\rho_{油}}{V \rho_{油}\rho_{水}} \times 100\% \tag{3-1-2}$$

式中　S_{w}——含水饱和度，%；

　　　S_{o}——含油饱和度，%；

　　　V——孔隙体积，cm^3；

$\rho_{水}$——水密度，g/cm^3；

$\rho_{油}$——油密度，g/cm^3；

m_1——吸附前氯化钙质量，g；

m_2——吸附后氯化钙质量，g；

m_3——原始岩心质量，g；

m_4——洗油烘干后岩心质量，g。

二、实验结果及技术应用

2023 年完成 G2HC 井和 G18 井样品含油饱和度分析 54 块（表 3-1-3 至表 3-1-6），G18 井青一段页岩含油饱和度为 23.67%~60.59%、平均为 43.35%，G18 井、G2HC 井青二＋三段页岩含油饱和度分别为 26.66%~80.76% 和 47.01%~75.46%、平均为 42.92% 和 58.84%，G18 井嫩二段页岩含油饱和度为 25.61%~82.55%、平均为 63.66%。可见，不同井页岩含油饱和度呈现非均质性分布，G2HC 井青二＋三段页岩含油饱和度总体高于 G18 井，G18 井嫩二段油页岩含油饱和度总体高于青一段和青二＋三段。

表 3-1-3　G18 井嫩二段油水饱和度对比数据表

深度 （m）	岩性	有效孔隙度 （%）	真空低温干馏法	
			水饱和度（%）	油饱和度（%）
1872.4	黑褐色油页岩	5.33	43.76	56.24
1872.8	黑褐色油页岩	5.98	25.72	74.28
1873.3	黑褐色油页岩	6.16	21.36	78.64
1874.8	黑褐色油页岩	6.33	35.39	64.61
1875.8	黑褐色油页岩	5.96	17.45	82.55
1882.3	灰黑色泥页岩	5.45	74.39	25.61
平均值		5.87	36.34	63.66

表 3-1-4　G18 井青二＋三段油水饱和度数据表

深度（m）	岩性	有效孔隙度 （%）	真空低温干馏法	
			水饱和度（%）	油饱和度（%）
2359.1	黑灰色钙质纹层状页岩	6.96	66.36	33.64
2359.6	灰色介壳灰岩	7.61	58.99	41.01
2360.1	灰黑色纹层状页岩	7.61	73.34	26.66
2361.1	灰黑色纹层状页岩	6.48	63.75	36.25
2361.6	灰黑色纹层状页岩	7.28	67.21	32.79
2362.1	灰黑色纹层状页岩	7.64	55.68	44.32

续表

深度（m）	岩性	有效孔隙度（%）	真空低温干馏法	
			水饱和度（%）	油饱和度（%）
2362.6	灰黑色纹层状页岩	8.00	35.95	64.05
2364.1	灰黑色纹层状页岩	7.63	59.41	40.59
2364.6	灰黑色纹层状页岩	8.93	49.69	50.31
2365.1	灰黑色纹层状页岩	8.70	24.54	75.46
2365.6	灰黑色纹层状页岩	8.47	65.40	34.60
2366.1	灰黑色纹层状页岩	8.40	63.58	36.42
2368.2	灰色钙质灰质云岩	9.10	68.37	31.63
2407.3	灰黑色纹层状页岩	6.92	46.92	53.08
平均值		7.84	57.08	42.92

表 3-1-5 G18 井青一段油水饱和度数据表

深度（m）	岩性	有效孔隙度（%）	真空低温干馏法	
			水饱和度（%）	油饱和度（%）
2408.3	灰黑色纹层状页岩	8.88	44.66	55.34
2410.3	灰黑色纹层状页岩	9.37	45.73	54.27
2410.8	灰黑色纹层状页岩	7.93	56.08	43.92
2413.1	灰黑色纹层状页岩	7.93	69.24	30.76
2413.6	灰黑色纹层状页岩	7.93	58.44	41.56
2414.6	灰黑色纹层状页岩	7.49	66.62	33.38
2415.1	灰黑色纹层状页岩	7.84	68.54	31.46
2415.6	灰黑色纹层状页岩	8.89	40.26	59.74
2416.1	灰黑色纹层状页岩	9.94	54.07	45.93
2417.1	灰黑色纹层状页岩	7.81	67.08	32.92
2417.6	灰黑色纹层状页岩	7.01	76.36	23.64
2418.1	灰黑色纹层状页岩	7.01	75.39	24.61
2457.1	黑灰色含灰纹层状页岩	12.08	44.16	55.84
2460.1	灰黑色纹层状页岩	8.33	67.71	32.29
2460.6	灰黑色纹层状页岩	9.10	47.31	52.69
2462.1	灰黑色纹层状页岩	9.10	39.41	60.59
2462.6	灰黑色纹层状页岩	7.11	41.95	58.05
2408.3	灰黑色纹层状页岩	8.88	44.66	55.34
2410.3	灰黑色纹层状页岩	9.37	45.73	54.27
2410.8	灰黑色纹层状页岩	7.93	56.08	43.92
平均值		8.12	56.65	43.35

表 3-1-6　G2HC 井青二 + 三段油水饱和度数据表

深度（m）	岩性	有效孔隙度（%）	真空低温干馏法	
			水饱和度（%）	油饱和度（%）
2227.31	灰黑色纹层状页岩	7.52	19.24	80.76
2228.31	灰黑色纹层状页岩	6.81	45.83	54.17
2229.41	灰黑色纹层状页岩	6.75	52.99	47.01
2280.91	灰黑色纹层状页岩	7.69	46.56	53.44
平均值		7.19	41.15	58.85

第二节　页岩含油饱和度二维核磁分析技术

核磁共振技术是一种正在兴起的快速、无损的检测技术，具有无侵入、无损、测试速度快、灵敏度高、不需要对样品进行特殊预处理等优点。然而，受到页岩储层非均质性、纳米级孔隙、复杂的矿物组成成分、复杂特殊的孔隙结构、较高的有机质含量、超低的渗透率等因素的影响，基于二维核磁技术的页岩中流体识别存在一定难度。

一、实验方法

页岩中流体的准确识别一直是决定页岩油藏勘探与开发成败的关键因素。进行页岩含油饱和度的测量，首先要确定二维核磁共振实验下哪些信号代表什么组分。不同流体赋存机制不同，其自身性质也存在着差异，在核磁测试中，其横、纵向弛豫时间、扩散系数也就存在着差异。一般而言，束缚水纵、横向弛豫时间较短，表明其流体氢核扩散慢；毛细管水的 T_1、T_2 中等；同为烃类，油气之间及不同黏度、不同赋存状态的原油之间，其核磁共振特性也具有较大差异。以流体黏度的影响为例，伴随油样黏度降低，不同油样的横向弛豫时间 T_2 谱峰均表现出有规律地向右侧移动，即横向弛豫时间扩大。因此，不同流体核磁共振特征的差异性是进行流体识别、含量计算等工作的基础。

1. 技术关键

（1）页岩样品流体识别。

（2）保压岩心解冻条件。

（3）二维核磁法页岩含油饱和度计算。

2. 解决途径

（1）页岩样品流体识别。

古龙页岩中包含有干酪根等固体有机质、羟基结构水、小孔隙吸附油、中大孔隙游离油、束缚水、孔隙水，在二维核磁图谱中均有体现，需要进行不同含氢组分识别及定量，利用二维核磁共振计算含油饱和度时，黏土束缚水及毛细管水在 T_1—T_2 谱上分布在 0.2~3ms 之间，重合度较高，区分困难，二维核磁油水信号区的解译，对有效含油饱和度的计算具有重要意义。

对于干酪根提取物进行二维核磁测试，这部分固体有机质包括干酪根、重质油、沥青质等物质，统称为类固体有机质（图 3-2-1），核磁信号主要区域：$T_2 < 0.2\text{ms}$，$T_1 > 10\text{ms}$，$T_1/T_2 > 100$。

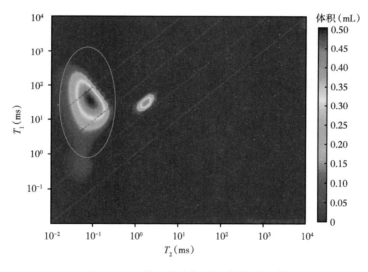

图 3-2-1　类固体有机质二维核磁图谱

羟基结构水以羟基形态存在，具有固定的配位位置（图 3-2-2），参与矿物晶格，通过 315℃ 高温处理，得不到羟基结构水信号区分布（图 3-2-3）。其核磁信号主要区域：$T_2 < 0.2\text{ms}$，$T_1 < 10\text{ms}$。

小孔隙吸附油主要吸附于干酪根等表面（图 3-2-4），赋存于极小空隙中，中大孔游离油主要赋存于较大孔隙、页理缝中，以相对自由形态存在，结合含吸附油干酪根及页岩饱和原油样品图谱（图 3-2-5），以及 7 块页岩样品热解数据，判别吸附油与游离油分界位置（T_2=8ms）。小孔隙吸附油核磁信号主要区域：$8\text{ms} > T_2 > 0.2\text{ms}$，$T_1 > 10\text{ms}$，$T_1/T_2 > 10$；中大孔游离油核磁信号主要区域：$T_2 > 8\text{ms}$，$T_1 > 10\text{ms}$，$T_1/T_2 > 5$。

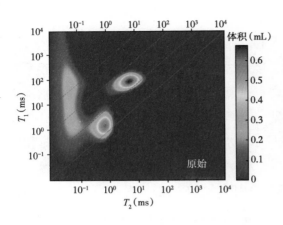

图 3-2-2 页岩新鲜样品结构水分布

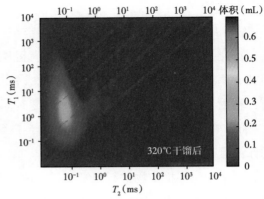

图 3-2-3 315℃ 处理页岩无结构水

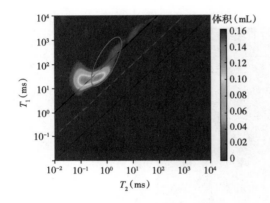

图 3-2-4 页岩含吸附油干酪根分布

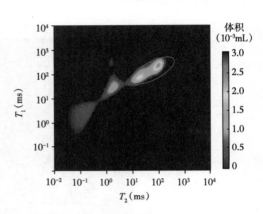

图 3-2-5 页岩样品饱和油分布

水信号识别，通过选取保压取心原始样品，经过洗油烘干，逐步渗吸水，可以发现，水信号主要区域：T_1/T_2=1~10，$T_2 > 0.2$ms 的位置，难点在于孔隙水与束缚水识别羟基（图 3-2-6）。

关于束缚水与孔隙水识别，首先要定义好二者：赋存于连通孔隙中，依靠毛细管力、较弱结合水等，在较低温度下在页岩中较快失水，称之为孔隙水；具有极性水分子吸附到黏土矿物表面，在一定温度下不易失去的水，称之为束缚水。通过在真空 60℃ 条件下，一定时间间隔连续监测，可以看出 6h 后，失水速度明显下降，可以判断 6h 之前失去的主要为孔隙水，6h 之后失去的主要为束缚水（图 3-2-7）。通过 T_2 谱对比，采用截止值方法，可以给出束缚水与孔隙水分界线，孔隙水：$T_2 > 0.8$ms，$T_1 < 10$ms，束缚水：0.8ms $> T_2 > 0.2$ms，$T_1 < 10$ms（图 3-2-8）。综上建立页岩二维核磁有机质、油、水分布识别图版（图 3-2-9）。

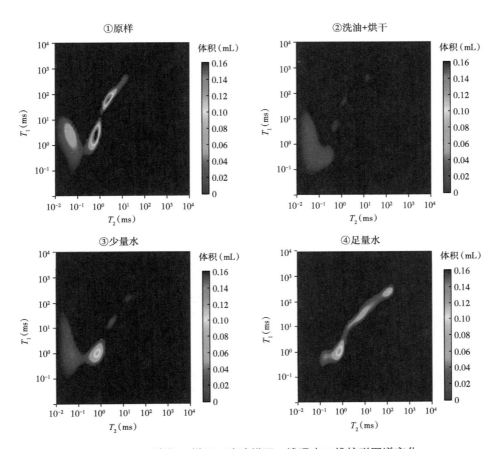

图 3-2-6　页岩保压样品—洗油烘干—渗吸水二维核磁图谱变化

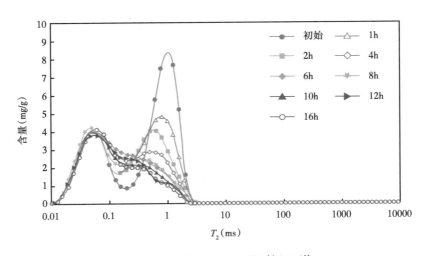

图 3-2-7　真空 60℃ 不同时间 T_2 谱

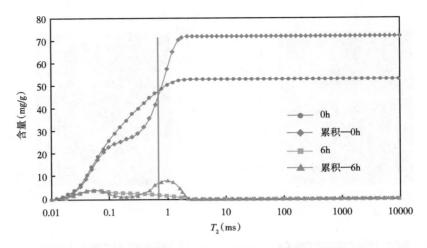

图 3-2-8　真空 60℃ 烘干 6h 前后 T_2 截止值计算

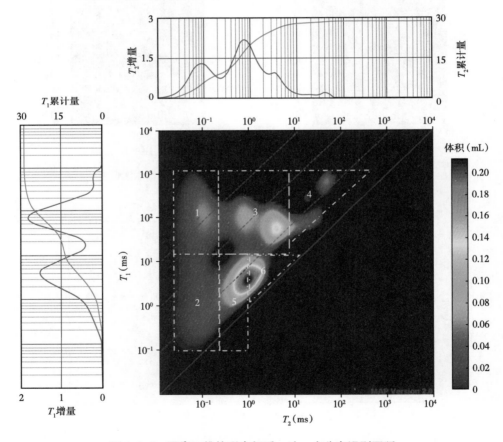

图 3-2-9　页岩二维核磁有机质、油、水分布识别图版

1—类固体有机质；2—羟基结构水；3—小孔（吸附）油；4—中大孔（游离）油；5—束缚水；6—孔隙水

（2）保压岩心解冻条件。

保压密闭冷冻岩心样品（-196℃），由于氢原子为冷冻态不能自旋，无法直接开展二维核磁分析。通过连续解冻监测实验，确认 20min 为最佳解冻时间（图 3-2-10 和图 3-2-11），可以获得最大流体量，近似恢复原始油气赋存状态。岩心解冻过程要在密闭条件下进行，避免由于低温吸收空气中水分。

（3）二维核磁法页岩含油饱和度计算。

在页岩样品流体识别基础上，准确识别各组分（图 3-2-12），通过有效孔隙及总孔隙下油水体积，得到有效含油饱和度及总含油饱和度。

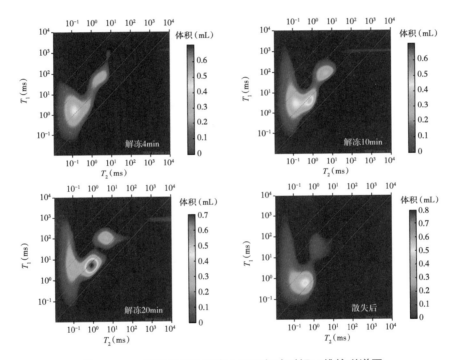

图 3-2-10　页岩保压冷冻岩心不同解冻时间二维核磁谱图

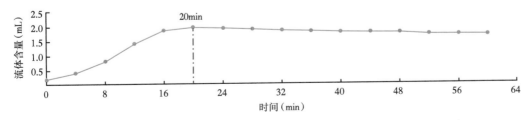

图 3-2-11　页岩保压冷冻岩心不同解冻时间核磁测试连续监测

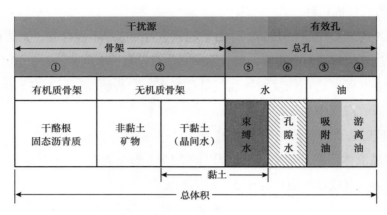

图 3-2-12　页岩各组分示意图

其中：

$$S_{o有效} = \frac{V_{(3+4)}}{V_{(3+4+6)}} \times 100\% \qquad (3\text{-}2\text{-}1)$$

$$S_{o总} = \frac{V_{(3+4)}}{V_{(3+4+5+6)}} \times 100\% \qquad (3\text{-}2\text{-}2)$$

式中　$S_{o有效}$——有效含油饱和度，%；

　　　$S_{o总}$——总孔含油饱和度，%；

　　　V——体积，cm^3。

3. 实验流程和步骤

实验流程和操作步骤：

（1）制备好的页岩岩心样品装入记有编号的样品袋中，并置于液氮容器内冷冻保存待测；

（2）佩戴好防低温手套，取出样品，用天平称样品质量；

（3）称完质量后迅速将样品置于密封样品瓶待测；

（4）20min 后，将样品进行二维核磁扫描；

（5）将原始数据进行反演；

（6）将反演后的数据进行计算得到各组分的含量；

（7）计算样品含油饱和度。

二、实验结果及技术应用

在古龙页岩油、夹层型页岩油等完成页岩样品二维核磁测试 236 块（表 3-2-1 和表 3-2-2），为页岩油储层评价、"甜点"优选及勘探发挥了强有力的支撑作用。

表 3-2-1 古龙页岩油页岩样品二维核磁法分析数据

序号	羟基结构水（mg/g）	类固体有机质（mg/g）	束缚水（mg/g）	孔隙水（mg/g）	小孔油（mg/g）	中大孔油（mg/g）	总流体（mg/g）	总孔含油饱和度（%）	有效含油饱和度（%）
1	13.29	5.71	6.35	8.26	5.10	7.14	45.84	45.58	59.70
2	48.15	8.12	26.25	15.08	10.93	5.57	114.09	28.53	52.25
3	31.17	14.48	23.30	14.24	14.65	3.59	101.43	32.71	56.17
4	27.00	9.52	11.11	16.84	8.27	5.93	78.66	33.69	45.75
5	30.55	8.17	18.81	11.21	13.65	3.61	85.99	36.50	60.62
6	35.96	12.60	22.56	16.63	15.72	3.73	107.20	33.17	53.90
7	43.84	12.36	26.57	18.52	14.88	5.67	121.84	31.31	52.59
8	3.81	2.59	2.74	3.14	3.31	2.97	18.56	51.65	66.65
9	41.53	11.47	23.86	19.34	13.91	4.60	114.70	29.99	48.90
10	26.57	9.40	14.48	15.11	10.09	5.83	81.47	34.98	51.30
11	29.98	9.92	13.00	21.26	8.36	5.48	88.00	28.77	39.43
12	28.91	8.54	16.97	16.60	11.32	5.23	87.64	32.99	49.93
13	17.22	13.76	12.14	9.64	13.28	5.14	71.18	45.82	65.64

表 3-2-2 夹层型页岩油页岩二维核磁法分析数据

序号	羟基结构水（mg/g）	类固体有机质（mg/g）	束缚水（mg/g）	孔隙水（mg/g）	小孔油（mg/g）	中大孔油（mg/g）	总流体（mg/g）	总孔含油饱和度（%）	有效含油饱和度（%）
1	12.12	5.72	38.57	42.97	1.24	1.03	101.65	2.71	5.01
2	17.76	7.68	66.89	20.86	4.07	1.79	119.04	6.26	21.92
3	11.37	4.69	42.92	27.07	1.33	1.13	88.51	3.39	8.32
4	7.79	0.52	16.89	9.14	0.65	0.51	35.50	4.26	11.24
5	13.18	16.13	41.28	39.27	2.71	0.30	112.89	3.61	7.13
6	14.64	14.38	46.93	31.56	1.88	0.77	110.17	3.27	7.75
7	10.94	3.58	27.70	26.70	1.09	0.64	70.65	3.09	6.09
8	15.53	21.63	46.73	29.94	9.12	2.71	125.65	13.37	28.32
9	7.43	4.21	18.90	17.87	3.36	0.94	52.71	10.46	19.38
10	5.83	7.61	16.90	10.03	7.53	1.56	49.45	25.23	47.53
11	14.16	27.88	47.21	24.46	12.71	2.24	128.66	17.26	37.94
12	15.04	48.13	26.44	37.03	18.86	3.78	149.28	26.30	37.95
13	12.85	27.75	33.46	50.64	11.26	4.36	140.33	15.67	23.58

第三节 页岩轻烃及含油量恢复分析技术

泥页岩储层储集性、含油性、流动性、可压性"四性"评价是非常规油气勘探开发的重要研究内容及基础，而含油性及流动性评价是勘探开发的关键，对实现非常规储层品质评价、储量和源储配置关系研究，优选泥页岩油"甜点"等勘探开发有重要意义。

目前，国内外泥页岩和致密砂岩含油性分析主要采用岩石热解分析技术，其中法国万奇公司生产的 ROCK-EVAL 生油岩评价仪处于国际领先水平，国内厂家有海城石油化工仪器厂、天津陆海石油设备有限责任公司、南通华兴石油仪器有限公司等，其生产的该类设备接近了国外同类技术指标；国内外泥页岩和致密砂岩中有机质及烃类精细组分分析采用毛细管气相色谱技术。可见，国内现有实验分析仪器设备及技术，只能实现泥页岩及致密砂岩含油量或烃类组分的单独分析，不能实现含油量与其烃类精细组分的同步实验分析，制约了泥页岩储层含油量及可动性的精确评价。同时，国际石油地质实验技术及设备向微量、定量、联用方向发展，因此，本节开展了泥页岩含油量与精细组分同步分析装置技术与轻烃及含油量恢复研究。

一、实验方法

1. 技术关键

（1）泥页岩含油量与精细组分同步实验分析装置。

（2）泥页岩轻烃及烃组分热释、冷冻富集保存及分析。

2. 解决途径

自主研制泥页岩含油量与精细组分同步实验分析装置。

（1）同步实验分析装置主要组成。

泥页岩含油量与精细组分同步实验分析装置采用模块化设计，主要由含油量检测单元、捕集与热释单元、精细组分检测单元、同步分析控制单元4部分组成（图3-3-1）。

含油量检测单元主要由进样器、热解炉、定量分流器、FID检测器、电子流量计、稳压阀组成；捕集与热释单元主要由六通阀、电磁阀、捕集管、冷阱与热释阱、电子流量计组成；精细组分检测单元主要由分析柱、FID检测器、电子流量计、稳压阀组成；同步分析控制单元主要由进样控制器、热解炉控制器、负压泵、六通阀控制器、捕集与热阱控制器、电磁阀控制器、分析控制和数据处理器及化学工作站组成，通过信号线、通信接口连接。

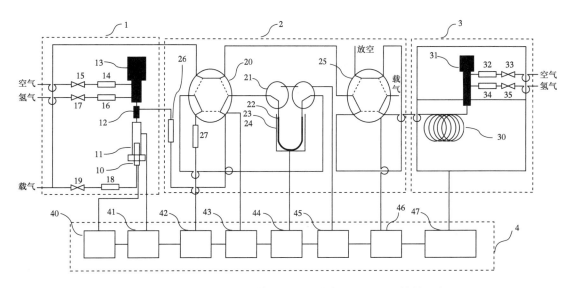

图 3-3-1　泥页岩含油量与精细组分同步实验分析装置结构示意图

1—含油量检测单元；2—捕集与热释单元；3—精细组分检测单元；4—同步分析控制单元
10，40—进样器控制器；11，41—热解炉控制器；12—定量分流器；13，31—FID 检测器；14，16，18，26，27，32，34—电子流量计；15，17，19，33，35—稳压阀；20，25，43，46—六通阀控制器；21，45—电磁阀控制器；22—捕集管；23—冷阱；24—热释阱；30—分析柱；42—负压泵；44—捕集与热阱控制器；47—分析控制和数据处理器及化学工作站

含油量检测单元通过定量分流器、捕集与热释单元的电子流量计、六通阀、电磁阀、捕集管、六通阀，与精细组分检测单元的分析柱、FID 检测器连接；同时，同步分析控制单元的分析控制和数据处理器及化学工作站连接精细组分检测单元，六通阀控制器、电磁阀控制器、捕集与热阱控制器、负压泵及捕集与热释单元，热解炉控制器、进样器控制器及含油量检测单元，实现对泥页岩含油量和精细组分同步检测过程的自动控制。

（2）同步实验分析装置的技术指标及功能。

①采用进样器、热解炉、定量分流器、FID 检测器及其对应独立的控制器作为含油量检测单元的套件，最高温度 800℃、控温精度 ±0.1℃，并由分析控制和数据处理器及化学工作站自动控制，可以实现泥页岩含油量或任意分段馏分含油量的测定；

②采用六通阀、负压泵、电磁阀、捕集管、冷阱与热释阱及其对应独立的控制器作为捕集与热释单元的套件，冷冻捕集最低温度 -196℃，最高热释温度 800℃、控温精度 ±0.1℃，并由分析控制和数据处理器及化学工作站自动控制，可以实现泥页岩含油量或任意分段馏分含油组分的捕集和热释；

③采用分析柱、FID 检测器及其对应独立的控制器作为精细组分检测单元的套件，并由分析控制和数据处理器及化学工作站自动控制，可以实现泥页岩含油量或任意分段馏分含油组分的精细分析；

④该装置解决了泥页岩及致密储层含油量及其精细组分的同步实验分析的难题，用于泥页岩及致密储层含油性与流动性评价、油源对比研究等，可为非常规泥页岩油和致密油"甜点"优选、形成机理研究提供地质实验新手段，以满足非常规油气精细勘探对地质实验技术需求。

（3）同步实验分析装置操作步骤。

①打开"泥页岩含油量与精细组分同步实验分析装置"的载气、电源和电脑开关，接通空气、氢气，分别设定其工作及分析参数，达到所有设定工作及分析参数值；

②将捕集管完全置于冷阱液氮中，称取毫克级样品，放入进样器中；

③启动分析，样品开始检测，控制和数据处理器及化学工作站自动控制、记录分析数据。

3. 实验分析条件

（1）泥页岩含油量分析条件。

热解炉初始热解温度 30℃，程序升温速率 25℃/min，热解炉热解终止温度 300℃，恒温 3min；载气氦气纯度 99.999%，工作压力 0.90~1.00MPa；燃气氢气纯度 99.999%，工作压力 0.20~0.30MPa；助燃气空气工作压力 0.50~0.60MPa；样品粉碎粒径 1~3mm，称样质量 50mg；外标法定量。

（2）泥页岩含油富集和热释条件。

采用液氮冷冻富集，液氮完全淹没捕集管，冷冻富集时间 15min。热释主要条件：热释温度 300℃、控温精度 ±0.1℃，热释时间 10min；捕集与热释单元管线、阀的温度 300℃。

（3）泥页岩含油量精细组分分析条件。

采用程序升温功能，控制和数据处理器及化学工作站，分析柱 50000mm×0.20mm；FID 检测器温度 320℃；柱温：35℃，恒温 5min，以 5℃/min 升温到 300℃，再恒温 30min；燃气：氢气，流量 45mL/min；助燃气：空气，流量为 450mL/min。

定性定量：标样及保留时间、文献定性，可得到泥页岩中 C_1—C_{40} 烃类数据、地质实验参数。

4. 实验流程及步骤

（1）采集泥页岩油勘探钻井取心的岩石样品（若要得到轻烃参数需要现场冷冻岩心样品），得到泥页岩实验样品；

（2）打开"泥页岩含油量与精细组分同步实验分析装置"的载气、化学工作站电源开关，接通空气、氢气，设定工作及实验分析条件参数；

（3）待装置达到工作及实验分析参数设定值，准确称取泥页岩标准物质进行实验分析，得到泥页岩标准物质含油量与精细组分同步实验分析数据；

（4）将步骤（1）称取的泥页岩样品，按与泥页岩标准物质相同的工作及实验分析条件参数分析，得到泥页岩含油量与精细组分同步实验分析数据；

（5）利用步骤（3）得到的泥页岩标准物质分析数据，对步骤（4）得到的泥页岩样品分析数据进行外标法定量，得到泥页岩含油量、精细组分含量等实验分析参数；

（6）利用步骤（5）得到的泥页岩含油量、精细组分组成等实验分析参数，进行泥页岩含油性和流动性评价。

二、实验结果

（1）不同粒径泥页岩含油量和精细组分特征。

块状（1~3mm）和粉末状（0.07~0.15mm）样品同步实验分析结果差别明显。A2 井 2580.87m 页岩现场冷冻样品含油量和精细组分同步分析表明，块状样品的含油量为 8.15mg/g、粉末状的含油量为 2.39mg/g，粉末状较块状样品的含油量损失 71%；块状样品同步分析的精细组分齐全、粉末状的 C_{10} 之前轻烃几乎全部损失，C_{11}—C_{13} 也有不同程度的损失（图 3-3-2）。

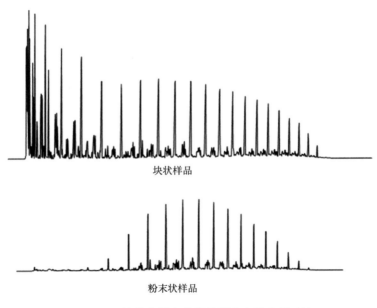

块状样品

粉末状样品

图 3-3-2　块状和粉末状样品同步实验分析对比

古龙页岩油地质实验技术与应用

（2）不同放置时间泥页岩含油量和精细组分特征。

从现场冷冻（液氮）与解冻不同放置时间泥页岩样品同步实验分析含油量结果（图3-3-3）看，A1井含油量在50h内从开始的9.05mg/g降低到5.3mg/g、损失41%，放置240h降低到4.5mg/g，损失50%，泥页岩含油量损失量随放置时间增长趋于变缓；从同步实验分析精细组分结果看，C_{12}之前轻烃放置50h几乎全部损失、C_{13}—C_{17}也有不同程度的损失。

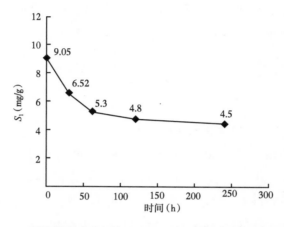

图3-3-3　泥页岩同步分析含油量样品不同放置时间实验分析结果

（3）不同岩相页岩含油量及精细组分特征。

页岩同步实验分析结果表明，不同岩性含油量和精细组分特征均有差别。井A2青一段2575~2581m井段不同岩相页岩含油量为1.59~4.36mg/g，其中2581m油页岩含油量为4.36mg/g，2580m层状页岩含油量为2.73mg/g，2579m含砂泥页岩含油量为1.90mg/g，2578m纹层状页岩含油量为1.68mg/g，2575m含泥介壳灰岩含油量为1.59mg/g。井A2青一段2575~2581m井段不同岩相页岩精细组分（图3-3-4）峰型及指纹均有不同程度差异，但油页岩与层状页岩、泥页岩与石灰岩峰型类似，碳数范围以石灰岩和油页岩最宽、泥页岩最窄、纹层状页岩中等。

三、技术应用

1. 泥页岩储层含油性评价

在物性相同或相近的储层条件下，泥页岩含油量数值越大、储层含油性越好。井A2青二+三段2140~2152m黑色泥页岩含油量最大为0.35mg/g、最小为0.04mg/g、平均为0.12mg/g，2315~2332m纹层状页岩含油量最大为1.07mg/g、最小为0.15mg/g、平均为 0.41mg/g，2440~2450m 纹层状页岩含油量最大为 3.25mg/g、最小为 0.45mg/g、平均为 2.22mg/g，可见青二＋三段不同井段、相同岩性含油量非均质性较强，随埋深增加含油性变好、纹层状页岩好于泥页岩。青一段 2557~2559m 油页岩含油量最大为 5.10mg/g、最小为 0.35mg/g、平均为 3.59mg/g，2563~2568m 黑色页岩含油量最大为 2.75mg/g、最小为 1.18mg/g、平均为 1.85mg/g，2569~2571m 油页岩含油量最大为 4.92mg/g、最小为 1.83mg/g、平均为 3.61mg/g，2571~2578m 黑色页岩含油量最大为 7.6mg/g、最小为 1.47mg/g、平均为 2.56mg/g。可见，青一段不同井段、相同岩性含油量非均质性较强，含油性随埋深增加变好、油页岩好于页岩。

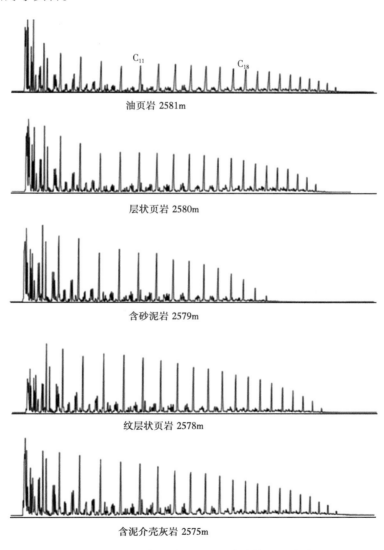

图 3-3-4　泥页岩同步分析不同岩性精细组分特征

2. 泥页岩储层流动性评价

在物性相同或相近的储层条件下，泥页岩油轻组分占比越大及重组分占比越小，则储层原油流动性越好。页岩样品同步实验分析精细组分结果表明，高成熟（R_o 为 1.58% 左右）不同岩相页岩含油组成以轻组分（C_1—C_{15}）为主、平均占总烃的 63.6%，其中油页岩的轻组分占 58.5%、层状页岩的占 65.7%、含砂泥页岩的占 65.9%，纹层状页岩的占 65.8%，介壳灰岩的占 62.2%，可见从不同岩相中原油分子组成判断流动性依次为含砂泥页岩＞纹层状页岩＞层状页岩＞介壳灰岩＞油页岩。需要说明的是，页岩含油组成中烃气（C_1—C_5）占比比较大，平均达 11.6%，其中介壳灰岩含气比例最大，为 15.5%，含砂泥页岩 15.4% 和层状页岩 15.3% 次之，油页岩为 12.8%，纹层状页岩最低，为 8.8%，反映页岩油保存能力较强。

3. 页岩油轻烃及含油量恢复

通过 18 口井 420 项保压（密闭）岩心页岩含油量测定结果，建立古龙页岩油轻烃恢复曲线（图 3-3-5），恢复松辽盆地主力凹陷区青一段页岩含油量，其主体分布于 4~15mg/g、平均 7.0mg/g，有利面积扩大 2.2 倍（图 3-3-6）。

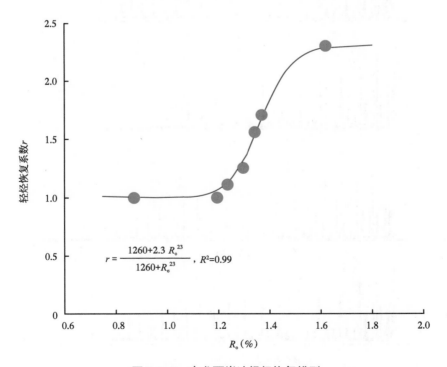

图 3-3-5 古龙页岩油轻烃恢复模型

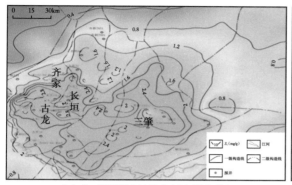 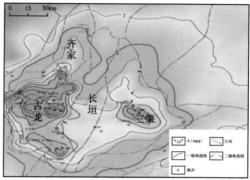

（a）青一段页岩含油量分布图（恢复前）　　　　（b）青一段页岩含油量分布图（恢复后）

图 3-3-6　古龙页岩油青一段含油量恢复前后分布对比图

第四节　页岩含气量测定装置研制及技术

页岩含气量是页岩油气储量的关键参数。页岩含气量测定方法有直接法和间接法，间接法主要是根据实验室样品的等温吸附曲线，在已知储层温压条件下分析页岩的含气量；直接法则是将出筒后的岩心尽快装罐，先后将其加热至地层流体温度或井底温度，使用计量装置获得解吸气量，通过解吸气量与时间的关系曲线回归出岩心从井底到井口的损失气量，然后粉碎样品得到井底温度下的残余气量，最后将损失气量、解吸气量、残余气量三者相加，得到储层页岩含气量。解吸气量可通过现场实测数据得到，通常"现场页岩含气量"是指解吸气量。

目前，国内页岩含气量现场测定方法主要有手动排水集气法、气体流量计法、pVT 定容法、燃烧法等 4 种方法，其中现场使用最为广泛的方法为手动排水集气法和气体流量计法。气体流量计法的优点在于设备体积小、自动化程度高，缺点则是由于体积计量受组分影响大，容易产生误差。手动排水采气法只需将水瓶、计量管与"U"形管相连，水瓶顶端接大气，打开进气阀待液面下降，待稳定后手动移动水瓶待其内液面与计量管液面齐平，记录下此液面对应的计量管上的刻度。该方法测定原理简单，设备成本较低，但是该测定方法连续操作时间较长，劳动强度过大，误差大。此外，随着古龙页岩油勘探开发的深入，为准确评价页岩油储层的含气量，减轻手动排水集气法的测试难度，研制了气体流量计法页岩含气量现场自动测定装置，开展了实验技术及应用研究。

一、页岩现场含气量测定装置研制

1. 装置原理及功能

（1）装置原理。

采用气体流量计法原理（图3-4-1）。通过测试装置获得页岩的解吸气量和残余气量，页岩气解吸主要采用自然解吸和加热解吸方式，由进口的高精度微量气体流量计计量气体含量，多次计量气体后得到总的解吸气量，再经过气体校正获得页岩单位质量气体含量。整个实验过程由电脑控制，全过程自动化，操作简单方便，可准确详细记录实验参数。本装置构思独特、结构新颖、计量精度高、操作方便。

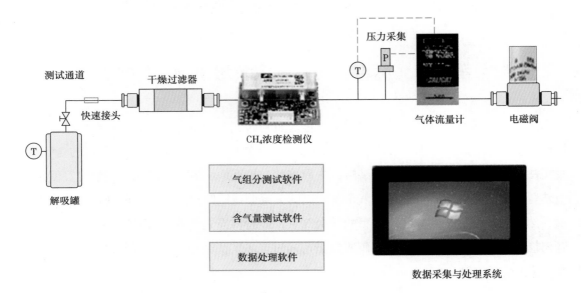

图3-4-1　页岩含气量测定原理流程示意图

（2）装置功能。

本装置与笔记本电脑通信连接自动采集解吸气体积数据；采用不同量程端的美国进口微量气体流量计，自动计量自然解吸和加热解吸的气体，并采用不同量程段的流量计确保测量的精度；各子系统采用包装箱固定，便于携带和现场操作计量；装置设计有薄形恒温快速系统，每组解吸罐独立包裹加热保温，装卸快速方便，保温效果好，能够满足模拟自然解吸方式；实验过程中可及时取气样、组分分析；测量过程采用笔记本工作站分组控制，分组采集处理数据，自动控制温度、自动记录各时刻的总排出量，通过软件对数据进行处理。

2. 装置结构

页岩现场含气量测定装置主要包括解吸罐、加热系统、气体流量检测系统、气体采集装置、数据采集处理系统。整个系统用管线和进口快速接头连接；整个系统密闭性为日泄流量小于 0.1kPa。各部分功能如下：

（1）解吸罐。

解吸罐主要是用于放置页岩类样品进行自然解吸，样品解吸罐配置加热装置。解吸罐的主要技术参数：规格为直径 12cm、高度 25cm；单个解吸罐不超过 2kg；耐温 150℃；密封胶垫为氟橡胶材质、最高耐温 200℃；可加热解吸罐为 8 个，材质为高强度薄壁钛合金材料；不带加热功能解吸罐数量为 10 个。

解吸罐特点：

①该装置结构紧凑，外形美观，设计有把手，便于携带。

②样品解吸罐材质采用优质高强度钛合金材料数控加工制作。

③样品解吸罐有快开结构，拆装较方便、快捷且密封性能好。

④罐盖采用特制材料，解决顶部散热问题，保温隔热。

（2）加热系统。

加热系统主要用于现场页岩样品解吸时的温度控制。加热系统的主要技术参数：加热速率大于 8℃/min；采用电加热，加热温度为常温至 150℃，温度精度 ±1℃；加热箱可放置 6 个加热样品解吸罐，长宽高不超过 70cm×40cm×40cm；加热功率 3kW、电压 220V；加热箱 2 套。

加热系统具有如下特点：

①该加热装置结构紧凑，外形美观，设有把手，便于携带，恒温控制机箱采用优质不锈钢制作，整体造型美观、结构轻巧；机箱两侧设有把手，方便携带到现场。加热箱采用 PLC 液晶显示屏显示和控制，不仅对解吸罐加热，还对解吸罐装载的箱体进行加热，从而形成一个恒温空间。

②加热箱包括 2 组恒温装置，有独立的加热、控温系统，可按需求选择放置 4 只样品解吸罐进行恒温控制。

③样品解吸罐采用外包式电加热控制，加热温度为室温至 150℃，带保温功能，具有加热快、保温好等优点。

④恒温控制系统均采用 PID 控温装置，控温精度较高。

（3）气体流量检测系统。

气体流量检测系统主要用于现场页岩样品解吸气含量测试。气体流量检测系统的主要技术参数：采用硅胶干燥气体，可更换，内部填料体积不小于 70mL；采用质量流量计计量气体，最大量程为 100mL/min，流量计精度 0.4%；压力传感器，最大量程为 0.5MPa，精度为 0.075%；气体流量检测系统装置长宽高不超过 38cm×50cm×28cm；质量 12kg；数量 2 套，每套可检测 8 个样品。

（4）气体采集装置。

采用流量计计量；数量 2 套，每套可采集 4 个样品。

（5）数据采集处理系统。

数据采集间隔时间设定范围：1~300s/ 次。数据采集软件可设定数据采集的时间间隔，具有记录数据采集时间、压力、温度、瞬时流量和累计流量的功能。实时数据采集处理软件中数据采集、打印、存储、查询、修改等功能齐全。同时采集后数据可以自动转换成 EXCEL 文件，原始数据报告自动生成，省时、省力、准确。采集后数据可以导入软件中进行数据处理，给出页岩解吸气量和残余气量。

二、页岩现场含气量分析技术

1. 实验方法

（1）技术关键。

①解吸罐气密性：解吸罐使用前应进行气密性检测，气密性需满足 0.3MPa 压力下，保持压力不变。

②装置密封性：页岩含气量测试系统使用前应进行气密性检测，气密性需满足 0.3MPa 压力下，保持压力不变。

③解吸气计量准确性：气体流量计量程 0~100mL/min，精度 ±0.4%，即每 100mL 气体误差为 ±0.4mL。

④解吸气量校正：由于解吸罐与岩心之间存在死体积，即使充填石英粉砂，死体积大幅度减小，也仍存在一定误差。其次，保压密闭取心，岩心均是在液氮冷冻条件下进行剖铣、切割、装罐，这样难免会混入一定氮气，对结果造成影响。解吸气量需要排除氮气、死体积的影响，校正得到真实解吸气量。

（2）解决途径。

①解吸罐气密性实验。对解吸罐进行气密性实验，2h 后压力变化均在 0.01MPa 以内，解吸罐气密性均符合要求。

②装置密封性实验。解吸罐加压到不低于 0.3MPa 后，与自动计量系统装置连接，关闭气体出口，2h 内通过数据采集及处理软件观察气体计量体积变化量，其应小于 5mL。

③解吸气计量准确性实验。通过对相同体积气体进行多次测量，对获得的结果进行统计计算。该测定仪器气体体积计量，相对标准偏差为0.897%，说明页岩气现场含气量测定仪测定精度高，能够满足页岩气现场含气量测定精度要求。

④解吸气量校正。岩心中气含量校正：从样品罐中收集计量获得的总气体体积，进行色谱分析，获得收集到气体中各组分含量。按照氧气和氮气比例，扣除其中空气含量及液氮挥发所产生的氮气量，获得岩心中挥发出天然气量，用挥发出天然气量除以岩心样品质量，获得单位质量岩心样品中天然气含量。

天然气中各组分含量：计量气体量扣除空气含量和液氮挥发所产生的氮气量，剩余气体量中岩心样品中挥发出天然气量，按照色谱分析结果中各个天然气组分含量比例，计算获得岩心样品中挥发出天然气中各组分气体含量百分比。

气体含量校正计算方法：校正后解吸气体含量：

$$V_j = V_T - (V_{N2} - V_{N1}) \tag{3-4-1}$$

收集气体中空气中氮气含量：

$$V_{N1} = V_{O_2}/R \tag{3-4-2}$$

式中　V_j——岩心中校正后解吸气体总含量，cm^3；

　　　V_T——岩心中解吸气体总含量，cm^3；

　　　V_{N2}——岩心中解吸气体中氮气总含量，cm^3；

　　　V_{N1}——收集气体中空气中氮气含量，cm^3；

　　　V_{O_2}——岩心中解吸气体中氧气总含量，cm^3；

　　　R——空气中氧气的体积分数，取20.93%。

（3）实验分析条件。

①恒温加热装置：电加热套，温度保持在150℃，精度±0.1℃。

②温度：30~50℃，精度±1℃。

③气压：60~500kPa，精度±1kPa。

④橡胶软管：内径3~6mm。

⑤电子天平：最大量程10kg，精度高于1g。

⑥干燥过滤器。

⑦气体收集：气样袋。

（4）实验流程及步骤。

①测试设备使用前，按照以下要求进行气密性检测，并记录：

（a）解吸罐气密性：使用加压工具加压到大于0.3MPa，2h内压力下降小于0.01MPa。

（b）自动计量系统：解吸罐加压到大于0.3MPa后，与计量系统连接，关闭气体出口，2h内通过数据采集及处理软件观察气体计量体积变化量小于5mL。

（c）设备准备：根据保压冷冻岩心样品气含量测定需要，准备好与样品数量一致的布袋和解吸罐数量、页岩气现场含气量测定装置与解吸罐之间连接管线、页岩气现场含气量测定装置、页岩气现场含气量测定装置辅助加热系统、扳手等工具。

（d）开机准备：打开页岩气现场含气量测定装置总电源和计算机电源开关，计算机正常运行状态下，点击页岩气现场含气量测定装置快捷键，进入页岩气现场含气量测定装置测定界面，按照页岩气现场含气量测定装置操作说明书进行操作，选择或添加相应实验类型、样品及测定参数等信息。点击进入数据采集，选择样品测定通道，并输入地层温度、井号、样品名称、测定时间间隔等信息，调节仪器零点（包括累计体积量和流量计流速值清零）。

②样品选取。采样要求：选择并量取合适的样品，擦拭干表面黏附物（如密闭液等）；时间要求：岩心在空气中暴露不超过30min，超过30min的样品应特别标注；规格要求：样品质量为0.5~1.2kg，以解吸罐容积的2/3左右为宜；选取样品完成后，记录样品相关地质资料、钻井液资料、时间参数、样品资料等数据。

③解吸气测试。装有页岩的解吸罐迅速置于实验台上，用软管将解吸罐与气体计量装置连接，开始采集数据，并记录环境温度和大气压力。解吸实验开始后，以不大于5min采样间隔测满1h，不大于10min间隔测满1h，不大于15min间隔测满1h，不大于30min间隔测满5h，连续解吸8h后，加热到地层温度2h，每隔一定时间采集实验数据，以连续24h解吸量不大于5mL为解吸终止点。

④称量样品质量。完成解吸后，等到样品冷却至室温，打开解吸罐，除去装样布袋，以及样品表面剩余钻井液和密闭液，用天平称量岩心样品质量并记录。

2. 实验比对

对页岩气现场含气量测定仪（气体流量计法）与煤层气含气量测定仪（体积法）进行对比实验。从对比实验结果（表3-4-1）看，相对偏差平均值为0.48%，说明本装置的气体流量计法与体积法测量气含量结果一致性较好，相对误差较小，能够满足页岩气现场含气量测定精度要求。

表 3-4-1　页岩气现场含气量测定仪对比实验结果

序号	页岩气现场含气量测定仪测量气体体积（mL）	煤层气含气量测定仪测量气体体积（mL）	差值（mL）	相对偏差（%）	相对偏差平均值（%）
1	185	185	0	0	
2	154	155	1.0	0.32	
3	136	137	1.0	0.37	
4	250	248	2.0	0.40	
5	388	387	1.0	0.13	
6	148	145	3.0	1.02	0.48
7	191	190	1.0	0.26	
8	151.5	149	2.5	0.83	
9	132	135	3.0	1.12	
10	141	140	1.0	0.36	

三、技术应用

1. 单井含气量评价

在古龙页岩油 A2 井和 A3 井、川渝合川 X3 井等应用，共完成 142 项块样品解吸气测试。从古龙页岩油 A3 井页岩含气量测定结果（表 3-4-2）看，含气量"甜点"层段的含气量在 1.10~4.29cm^3/g，由于保压效果良好，含气量测定效果好。

表 3-4-2　井 A3 保压取心含气量分析结果

样品编号	井深（m）	干样质量（g）	解吸气量（cm^3）	校正后解吸气量（cm^3）	单位质量解吸气量（cm^3/g）
1-13	2269.27	1451	4495	94.4	0.07
2-9	2275.04	1772	3575	3257.1	1.84
2-6	2276.15	1723	5625	3505.2	2.03
2-3	2277.25	1908	4360	3580.7	1.88
3-6	2305.74	1831	1015	153.4	0.08
4-6	2311.19	1444	4955	4815.0	3.33
4-5	2311.44	1635	5675	3818.0	2.34

- 123 -

续表

样品编号	井深 （m）	干样质量 （g）	解吸气量（cm³）	校正后解吸气量 （cm³）	单位质量解吸气量 （cm³/g）
6-1	2325.42	1596	840	751.1	0.47
7-4	2326.95	1298	1725	1631.9	1.26
7-3	2327.72	1177	2440	2401.2	2.04
7-2	2328.56	1610	3715	3613.7	2.24
7-1	2329.31	1042	2120	2065.4	1.98
8-5	2335.62	1397	750	637.5	0.46
8-4	2336.47	1520	1145	749.3	0.49
9-3	2341.71	1036	1065	972.8	0.94
10-6	2345.13	1053	2445	2285.0	2.17
10-3	2347.24	1054	3560	2453.2	2.33
10-2	2348.02	907	3940	3801.2	4.19
10-1	2348.85	1369	4925	4654.4	3.40
11-5	2350.60	886	1435	1359.9	1.53
11-4	2351.18	1249	2320	2236.9	1.79
12-4	2355.17	795	2565	2554.3	3.21
12-3	2355.81	995	1810	1771.7	1.78
12-2	2356.50	1005	2340	2323.4	2.31
12-1	2357.16	889	1110	1049.4	1.18

2. 古龙页岩不同油层组含气性评价

通过古龙页岩9口保压取心井含气量数据分析表明，Q_1—Q_4油层组页岩含气量平均为2.27cm³/g，Q_5—Q_9油层组页岩含气量平均为1.95cm³/g，Q_1—Q_4油层组含气性好于Q_5—Q_9油层组。

第五节　页岩储层纳米孔隙气分析技术

页岩储层含油气性评价是页岩油气勘探的重要基础。储层油气主要以游离和吸附状态存在，由于钻井取心脱离地下原始环境及降压脱气，尤其是长期放置岩心的游离油气极易散失，无法准确测定岩石含游离油气量，而岩石吸附气相对稳定，尤其是纳米孔隙气更不易散失和污染，对于定量评价页岩及致密储层含油气性有重要意义。

一、实验方法

1. 技术关键

（1）页岩储层纳米孔隙吸附气制备技术。

（2）页岩储层纳米孔隙气分析方法及精度。

2. 解决途径

（1）利用专利装置技术制备得到纳米级粒径样品。

（2）研制纳米孔隙吸附气提取装置，获得非常规储层纳米孔隙吸附气。

（3）自行研制色谱柱，采用填充柱气相色谱分析方法及外标法获得烃气量及组分。

（4）采用碳同位素法获得烃气组分碳同位素值。

3. 实验分析条件

（1）纳米级岩石样品制备。

采用自主研制的岩石纳米级样品制备装置，将样品密闭粉碎至纳米级粒径，得到纳米级岩石样品。

（2）岩石纳米孔隙吸附气的提取。

采用自主研制的岩石纳米孔隙吸附气提取装置（授权实用新型专利，2014204655192），将装置的水浴加热至 80℃，恒温，称取岩石纳米级样品 20g，置于脱附瓶中，密封，抽真空至 0.1MPa 保持 10min，关闭抽真空，打开止血钳滴入化学脱附溶液，至无气体产生，脱附20min 后加入高纯水，将气体流入碱液瓶，吸收气体中的二氧化碳至气体体积不再变化，将气体流入集气管，计量脱气体积，以备纳米孔隙吸附气烃类气相色谱和组分碳同位素检测。

（3）岩石纳米孔隙吸附气的烃类含量气相色谱检测。

采用安捷伦 7890A 气相色谱仪及化学工作站。气相色谱条件：自行配置填充柱：3m×2mm 不锈钢柱，OV-101 固定液与铬姆沙伯担体的配比为 1∶4；汽化室温度 150℃；检测器：FID、温度 180℃；柱温：50℃，恒温 0.5min，以 10℃/min 升温到 100℃，再恒温 5min；燃气：氢气，流量 45mL/min；助燃气：空气，流量为 450mL/min；载气：氮气，流速 40mL/min。

定量：采用 CH_4—C_5H_{12} 轻烷烃混合标准气外标法定量，获得岩石纳米孔隙吸附气烃组分含量（μL/kg）。

（4）岩石纳米孔隙吸附气烃类组分碳同位素检测。

采用 IsoPrism Ⅱ 同位素质谱仪及化学工作站。同位素质谱主要条件：氧化温度 820℃。气相色谱条件：安捷伦 6890 气相色谱仪；毛细柱：PLOT Q 30m×0.32mm×20μm；汽化室温度 210℃；柱温：40℃，恒温 0.5min，以 25℃/ min 升温到 240℃。

4. 实验流程及步骤

（1）利用岩石纳米级样品制备装置，将页岩岩心密闭粉碎至粒径为纳米级，获得非常规储层岩石纳米级样品。

（2）将得到的岩石纳米级样品称取质量 20g，利用岩石纳米孔隙气提取装置，在密闭、真空、加热条件下进行化学脱附，提取岩石纳米孔隙气气体样品。

（3）将得到的岩石纳米孔隙气气体样品，利用 OV-101 填充柱及程序升温气相色谱检测方法，获得岩石纳米孔隙气烃类分析原始数据。

（4）将得到的岩石纳米孔隙气气体样品，利用 PLOT Q 毛细柱及组分碳同位素检测方法，获得岩石纳米孔隙气烃类组分碳同位素分析结果。

（5）将得到的岩石纳米孔隙气烃类分析数据，利用轻烷烃混合标准气进行外标法定量，获得岩石纳米孔隙气烃类组分及总烃分析结果。

（6）将得到的岩石纳米孔隙气的分析结果，计算获得岩石纳米孔隙气甲烷干燥系数、湿度系数、平衡系数、特征系数、CH_4—C_5H_{12} 碳同位素等分析评价参数。

二、实验结果

1. 精确度实验

利用混合标准气样品进行纳米孔隙吸附气烃含量检测准确度实验，重复检测 5 次的相对误差最大为 1.77%、最小为 0（表 3-5-1），表明检测方法的准确度高。

表 3-5-1　准确度实验数据　　　　　　　单位：mol/mol

检测次数	CH_4	C_2H_6	C_3H_8	iC_4H_{10}	nC_4H_{10}	iC_5H_{12}	nC_5H_{12}
1	500.6	375.9	320.9	148.8	214.1	100.2	114.1
2	489.9	377.3	329.7	143.1	215.6	96.8	110.9
3	490.3	380.9	310.5	142.6	210.9	100.9	108.3
4	502.2	361.1	314.1	150.3	210.2	100.3	110.2
5	510.4	371.5	311.8	145.7	207.5	96.9	105.9
平均值	498.7	373.3	317.4	146.1	211.7	99.0	109.9
真值	498.7	373.4	317.4	145.6	211.7	97.3	110.6
相对误差（%）	0	0.02	0	0.34	0.02	1.77	0.65

同一样品重复分析的重复性好。如英 X55 井 2374.67m 样品重复分析的最大相对偏差为 9.99%、最小为 2.18%（表 3-5-2）。

表 3-5-2　岩石纳米孔隙吸附气含量重复性实验数据　　　　　单位：μL/kg

井	检测次数	CH$_4$	C$_2$H$_6$	C$_3$H$_8$	iC$_4$H$_{10}$	nC$_4$H$_{10}$	iC$_5$H$_{12}$	nC$_5$H$_{12}$	C$_6$H$_{14}$+	总烃
英 X55	1	328878.84	54330.97	13048.35	3270.51	3309.64	1621.08	1084.3	1277.58	406821.26
	2	321788.57	51500.85	13963.24	3485.19	3569.04	1492.82	981.08	1200.75	397981.54
相对偏差（%）		2.18	5.35	6.77	6.36	7.54	8.24	9.99	6.20	2.20

在相同纳米孔隙吸附气组分碳同位素分析条件下，同一岩石样品重复脱附及检测的重复性好。如英 X55 井 2374.67m 样品重复分析的测定偏差最大为 0.20‰、最小为 0.12‰（表 3-5-3）。

表 3-5-3　纳米孔隙吸附气组分碳同位素重复性数据　　　　　单位：‰

井	检测次数	CH$_4$	C$_2$H$_6$	C$_3$H$_8$	iC$_4$H$_{10}$	nC$_4$H$_{10}$	iC$_5$H$_{12}$	nC$_5$H$_{12}$
英 X55	1	−48.48	−28.80	−22.69	−24.36	−25.44	−24.73	−26.39
	2	−48.60	−28.97	−22.84	−24.55	−25.27	−24.93	−26.58
重复测定偏差（‰）		0.12	0.17	0.15	0.19	0.17	0.20	0.19

2. 纳米孔隙吸附气脱附条件实验

空白实验：将岩石纳米孔隙吸附气提取装置抽真空至 0.1MPa 保持 10min，关闭抽真空系统，20min 后真空表变化不超过 0.001MPa；在恒温（80℃）条件下，加入脱附溶液，待 20min 后，加入高纯水让气体流到碱液瓶中吸收，再流到集气管，用注射器取出气体，进行气相色谱检测，未检测出烃类组分。

脱附时间：同一岩石样品不同化学脱附时间实验结果（表 3-5-4）表明，脱附时间从 15min 到 20min 岩石纳米孔隙吸附气烃含量增加，20min 到 30min 脱附的烃含量基本不变，一般岩石纳米孔隙吸附气在 20min 内可脱附完全。

表 3-5-4　脱附时间实验数据　　　　　单位：μL/kg

井	时间（min）	CH$_4$	C$_2$H$_6$	C$_3$H$_8$	iC$_4$H$_{10}$	nC$_4$H$_{10}$	iC$_5$H$_{12}$	nC$_5$H$_{12}$	C$_6$H$_{14}$+	总烃
英 X55	15	303119.30	49781.90	10174.12	3000.84	2600.89	1710.32	921.15	1491.06	372799.58
2397.88m	20	311912.83	50769.37	11184.27	3071.73	2679.93	1738.23	923.09	1501.04	383780.49
介形虫层	30	312909.25	50491.69	10139.25	3046.07	2605.11	1749.93	930.00	1556.98	383428.28

脱附质量：同一岩石样品不同质量脱附实验结果（表 3-5-5）表明，脱附质量 10g、20g、40g 样品纳米孔隙吸附气的分析总烃的相对偏差最大为 0.20%，样品脱附质量重了

说明化学脱附剧烈、时间长、脱附溶液用量大，样品脱附质量轻了说明纳米脱附气烃浓度低、重组分不易检出，一般样品脱附质量为20g。若岩石样品中烃浓度很低可增加称样量，岩石样品中烃浓度很高可减少称样量，称样量范围一般为10~50g。

表3-5-5　脱附质量实验数据　　　　　单位：μL/kg

井	质量（g）	CH$_4$	C$_2$H$_6$	C$_3$H$_8$	iC$_4$H$_{10}$	nC$_4$H$_{10}$	iC$_5$H$_{12}$	nC$_5$H$_{12}$	C$_6$H$_{14}$+	总烃
英X55 2409.18m 泥页岩	10	26803.59	5259.37	1290.86	309.77	389.12	240.88	169.79	361.14	34824.52
	20	26710.95	5251.47	1304.39	317.75	400.61	243.40	171.45	364.79	34764.81
	40	26698.11	5244.33	1309.21	319.94	402.75	246.63	169.28	363.58	34753.83

脱附温度：同一岩石样品不同脱附温度实验结果（表3-5-6）表明，恒温50℃、80℃、90℃条件下纳米孔隙吸附气检测的烃含量随温度增加而增加，从80℃到90℃略有增加，综合考虑岩石样品所处地层温度、岩石纳米孔隙吸附气特征、水浴加热不易接近沸腾温度等因素，纳米孔隙吸附气脱附温度选择80℃。

表3-5-6　脱附温度实验数据　　　　　单位：μL/kg

井	温度（℃）	CH$_4$	C$_2$H$_6$	C$_3$H$_8$	iC$_4$H$_{10}$	nC$_4$H$_{10}$	iC$_5$H$_{12}$	nC$_5$H$_{12}$	C$_6$H$_{14}$+	总烃
英X55 2419.7m 粉砂岩	50	1511.29	302.66	103.46	73.35	30.39	5.55	7.30	2.42	2036.41
	80	1758.95	338.34	113.46	93.95	39.69	8.23	11.39	4.84	2368.86
	90	1761.92	341.02	115.88	95.44	42.57	9.78	12.89	5.92	2385.42

3. 纳米孔隙吸附气色谱分析条件实验

色谱柱选择及配制：由于纳米孔隙吸附气具有烃组分含量低（为10^{-6}级）、组分范围为CH$_4$—C$_6$H$_{14}$+的特征，同时考虑柱容量、样品分析时间等因素，一般不选用较长的毛细柱，而选择相对较短的填充色谱柱。根据纳米孔隙吸附气特征和担体6201、202、102、铬姆沙伯（chromosorbP）的涂渍量大小、分析适用特性，选择铬姆沙伯（chromosorbP）担体和OV-101、角鲨烷固定液，分别配制固定液与担体配比为1：4的OV-101和角鲨烷2种3m×2mm的填充柱，老化后在70℃恒定柱温和相同条件下用混合标准气检验，OV-101柱、角鲨烷柱的甲烷和乙烷分离效果相近，角鲨烷柱的正、异戊烷分离效果较差、分析时间较长；若采用升温分析则角鲨烷柱基线严重飘逸，角鲨烷柱不易采用程序升温及检测样品中己烷以上重烃组分，故选用 OV-101 填充柱。

不同载气流速：载气（氮气）流速 20mL/min、30mL/min、40mL/min、50mL/min、80mL/min 标准气实验分析结果表明，随流速增高甲烷与乙烷分离效果趋于变差、分析时间变短，考虑既能较好地分离纳米孔隙吸附气烃组分，又能较快地流出己烷以上重组分，选择载气流速 40mL/min。

不同柱温和升温速率：柱温 40℃、50℃、60℃、70℃、80℃、90℃ 标准气实验分析结果表明，40℃ 和 50℃ 低温时甲烷和乙烷分离效果好，80℃ 和 90℃ 高温时异戊烷和正戊烷分离效果好，随温度增加标准气分离效果总体变差、分析时间变短，90℃ 时甲烷和乙烷不能分离，40℃ 比 90℃ 的标准气的分析时间长一倍、异戊烷和正戊烷峰分离拖尾严重。根据以上不同柱温实验中标准气组分分离情况，再考虑岩样纳米孔隙吸附气的分析时间和最重组分庚烷沸点 98.5℃，选择 3 种不同升温速率及条件：

（1）柱温 50℃ 恒温 0.5min、以 5℃/min 升温到 100℃ 恒温 5min；

（2）柱温 50℃ 恒温 0.5min、以 10℃/min 升温到 100℃ 恒温 5min；

（3）柱温 50℃ 恒温 0.5min、以 20℃/min 升温到 100℃ 恒温 5min。

岩样纳米孔隙吸附气实验分析表明，3 种条件分析的甲烷和乙烷都完全分离，（1）较（3）的戊烷以上组分分离效果差、分析时间长，（3）较（2）戊烷以上组分分离效果差，综合考虑岩样纳米吸附烃气组分分离效果和分析时间因素，确定（2）为岩样纳米孔隙吸附气检测的柱温和升温速率条件。

4. 纳米孔隙吸附气组分碳同位素分析条件实验

（1）碳同位素分析柱的选择。

由于纳米孔隙吸附气烃含量低（为 10^{-6} 级）、主要组分为 CH_4—C_5H_{12}，用同位素仪中色谱分析柱将纳米孔隙吸附气烃组分分离成单体烃化合物，依次进入氧化炉中氧化生成二氧化碳并测定碳同位素组成，需要纳米孔隙吸附气烃组分完全分离且各组分分离的保留时间间隔要长，以有利于各单体烃化合物组分的氧化及碳同位素检测，因此，分析柱用毛细柱而不用填充柱，毛细柱需具有柱较长、内径较宽、液膜较厚，能够分离纳米孔隙吸附气中烃类、氧、氮、二氧化碳组分的特性，故选用毛细柱 PLOT Q 30m×0.32mm×20μm。

（2）碳同位素主要分析条件选择。

选择气相色谱仪的汽化室温度 210℃，保证纳米孔隙吸附气中所有组分处于汽化状态；柱温 40℃，恒温 0.5min，以 25℃/min 升温到 240℃，确保纳米孔隙吸附气中所有组分完全分离进入氧化炉氧化和组分碳同位素准确检测。质谱分析主要条件：采用IsoPrism Ⅱ同位素质谱仪及化学工作站，氧化炉氧化温度820℃，以保证纳米孔隙吸附气中单体烃化合物组分完全氧化生产二氧化碳。

三、技术应用

1. 页岩及致密砂岩储层富集层纳米孔隙气评价标准

根据12口井（10口页岩油井）459块纳米孔隙气分析数据，确定了页岩及致密砂岩储层富集层纳米孔隙气评价标准（表3-5-7），为页岩油富集层优选、含油气性评价提供实验依据。

表3-5-7　页岩及致密储层富集层纳米孔隙气评价标准

地区	油气类型	富集层类型	岩性	总烃（μL/kg）	演化程度	CH_4（%）	Wh（%）	Bh（%）	Ch（%）
齐家、古龙、三肇	页岩油	Ⅰ	页岩、粉砂岩、泥页岩	＞10000	低成熟	40~80	22~65	2~5	0.4~0.8
					成熟	30~85	26~45	3~11	0.5~0.9
					高成熟	55~98	2~40	12~118	0.6~1.2
		Ⅱ		5000~10000	低成熟	40~80	22~55	5~8	0.4~0.8
					成熟	30~85	26~45	6~11	0.5~0.9
					高成熟	55~98	2~40	11~85	0.6~1.2

注：Wh为烃温度参数，Bh为烃平衡参数，Ch为烃特征参数，下同。

2. 页岩及致密砂岩储层富集层纳米孔隙气组成特征

A2井评价青二段（2464~2510m）Ⅰ类富集层2层、青一段（2510~2580m）Ⅰ类富集层4层和Ⅱ类1层（表3-5-8），压裂日产油4.8t、日产气5172m³。A26井青二+三段2112~2200m总烃为498.5~12838.8μL/kg，平均为4042.3μL/kg，甲烷体积质量分数为44.5%~71.4%，Wh（烃湿度参数）为28.4%~51.9%、Bh（烃平衡参数）为2.0~7.5、Ch（烃特征参数）为0.5~1.4，纵向上含油特征呈非均质性，评价Ⅰ类2层和Ⅱ类富集层3层。C2井评价青二段、青一段Ⅰ类"甜点"层6层和Ⅱ类5层，青一段含油性好于青二段，压裂日产油1.64m³，展示松北页岩油整体分布的场面。

表 3-5-8　A2 井页岩及致密储层纳米孔隙气分析评价结果

编号	层位	深度（m）	岩性	总烃（μL/kg）	CH₄组分含量（μL/kg）	CH₄体积质量分数（%）	Wh（%）	Bh（%）	Ch（%）	富集层
3-20	K₁qn₂₊₃	2464.39	灰黑色页岩	41751.34	34853.47	83.48	15.73	16.57	0.87	I 类
3-23	K₁qn₂₊₃	2472.99	灰黑色页岩	76989.56	71385.92	92.72	7.28	43.11	0.82	
3-24	K₁qn₂₊₃	2484.49	灰黑色页岩	13409.41	12564.86	93.70	6.30	35.67	0.81	
1-3	K₁qn₂₊₃	2492.19	灰黑色页岩	46913.29	45292.35	96.54	3.46	117.92	0.68	I 类
3-27	K₁qn₂₊₃	2502.41	粉砂岩	134576.85	130395.01	96.89	3.11	105.36	1.12	
3-28	K₁qn₂₊₃	2506.41	泥灰岩	68971.88	63767.89	92.45	7.55	36.51	0.94	
1-4	K₁qn₁	2512.41	灰黑色页岩	9408.85	6567.24	69.80	30.20	85.55	0.51	II 类 57 号层
3-29	K₁qn₁	2526.41	灰黑色页岩	5093.78	4887.17	95.94	4.06	108.24	0.56	
3-30	K₁qn₁	2531.02	灰黑色页岩	82572.03	80935.76	98.02	1.98	63.78	0.87	I 类 59 号层
1-5	K₁qn₁	2535.02	灰黑色页岩	83171.65	79706.74	95.83	4.17	107.94	0.70	
3-31	K₁qn₁	2540.02	介壳灰岩	82444.75	79058.22	95.89	4.11	76.12	1.04	I 类 61~62 号层
3-32	K₁qn₁	2545.22	灰黑色页岩	36204.69	32891.65	90.85	9.15	97.04	0.75	
1-6	K₁qn₁	2549.96	灰黑色页岩	11957.95	10730.73	89.74	10.26	36.38	0.58	I 类 63 号层
3-33	K₁qn₁	2552.66	灰黑色页岩	39932.85	38092.51	95.39	4.61	89.54	0.68	
3-34	K₁qn₁	2559.66	灰黑色页岩	62551.27	60387.01	96.54	3.46	51.32	0.86	I 类 65 号层
3-35	K₁qn₁	2561.96	灰黑色页岩	18076.12	17431.80	96.44	3.56	96.07	1.21	
3-36	K₁q₄	2597.82	粉砂岩	2918.50	1663.34	56.99	43.01	44.55	0.90	
3-38	K₁q₄	2601.02	砂岩	1909.73	1619.49	84.80	15.20	11.76	0.38	
3-39	K₁q₄	2623.02	粉砂岩	523.54	437.00	83.47	16.53	12.55	0.87	

3. 页岩及致密砂岩储层富集层纳米孔隙气组成特征及影响因素

中浅层泥页岩纳米孔隙吸附气总烃量与 R_o 呈正相关、相关系数 0.8012（表 3-5-9 和图 3-5-1），表明泥页岩成熟度（R_o）越高、泥页岩纳米孔隙吸附气总烃量越高，泥页岩纳米孔隙吸附气含量高与其大量生排烃期相一致；英 X55 井泥页岩纳米孔隙吸附气量与有机碳呈正相关、相关系数 0.8922（图 3-5-2），表明泥页岩有机碳含量越高、泥页岩纳米孔隙吸附气总烃量越高；英 X55 井泥页岩纳米孔隙吸附气量与热解 S_1 呈正相关、相关系数 0.8602（图 3-5-3），表明泥页岩残留烃含量越高、泥页岩纳米孔隙吸附气总烃量越高。

表 3-5-9　中浅层纳米孔隙吸附气组成特征

井号	井深（m）	层位	岩性	总烃（μL/kg）	C₁（%）	C₁/（C₂+C₃）	Wh（%）	Bh（%）	Ch（%）
Sy1	651.00	K_1n_2	灰色泥页岩	516.49	61.00	2.52	37.45	3.47	1.30
	1323.00	K_1qn_1	黑色泥页岩	904.04	63.78	3.34	31.87	4.15	1.44
X86	1962.49	K_1qn_1	黑色泥页岩	14501.46	37.54	0.93	60.95	1.47	0.89
X83	2135.00	K_1qn_1	黑色泥页岩	3936.69	65.41	2.43	33.71	5.43	0.69
G12	2369.00	K_1qn_1	黑色泥页岩	4195.54	75.76	3.93	24.06	8.07	0.75
YX55	2370.37	K_1qn_1	黑色泥页岩	17252.57	76.45	4.41	21.30	12.59	0.89
	2374.67	K_1qn_1	泥质粉砂岩	406821.26	80.84	4.88	18.90	17.16	0.71
	2379.73	K_1qn_1	含泥粉砂岩	108225.37	79.20	4.58	20.12	13.61	0.65
	2383.93	K_1qn_1	含泥粉砂岩	49826.89	69.60	2.99	29.16	7.91	0.95
	2388.83	K_1qn_1	含泥粉砂岩	276650.89	77.65	4.15	21.90	13.65	0.81
	2397.88	K_1qn_1	介形虫层	383780.49	81.27	5.03	18.41	18.51	0.75
	2405.93	K_1qn_1	黑色泥页岩	10674.98	59.57	2.27	36.74	4.92	1.11
	2409.18	K_1qn_1	黑色泥页岩	34764.81	76.83	4.07	22.35	13.11	0.87
	2413.45	K_1qn_1	黑色泥页岩	42927.85	82.08	5.40	17.47	16.93	0.64
	2419.70	K_1qn_1	油迹粉砂岩	2368.86	74.25	3.89	25.59	7.86	1.35
	2427.42	K_1qn_1	泥质粉砂岩	42986.86	74.14	3.55	24.20	11.96	0.59
	2431.65	K_1qn_1	粉砂质泥页岩	142618.28	78.92	4.52	20.43	15.23	0.85
	2434.70	K_1qn_1	黑色泥页岩	29851.90	84.21	6.49	15.13	20.67	0.81
	2442.05	K_1qn_1	粉砂质泥页岩	107805.82	81.71	5.45	17.69	17.72	0.94
	2451.75	K_1q_4	粉砂岩	3849.29	71.17	3.65	24.62	9.30	0.70
	2463.00	K_1q_4	黑色泥页岩	4276.64	84.31	6.56	14.81	22.71	0.77
	2469.17	K_1q_4	含钙粉砂岩	2738.10	73.02	4.11	26.65	4.98	1.11
	2488.45	K_1q_4	灰黑色泥页岩	1099.06	74.09	4.87	25.45	6.24	2.77
	2503.85	K_1q_4	紫红色泥页岩	689.45	78.27	5.97	21.73	7.04	2.25
	2516.55	K_1q_4	紫红色泥页岩	351.86	68.08	6.77	31.92	2.92	5.98
	2524.00	K_1q_4	泥质粉砂岩	621.38	75.70	6.51	24.30	5.00	3.16
	2532.65	K_1q_4	灰色粉砂岩	1666.00	74.30	4.54	25.70	5.22	1.38

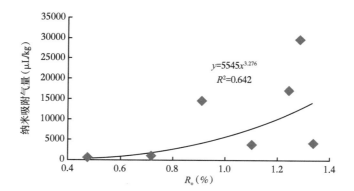

图 3-5-1　页岩纳米孔隙吸附气总烃量与 R_o 关系图

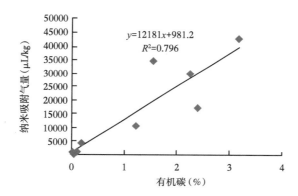

图 3-5-2　页岩纳米孔隙吸附气总烃与有机碳关系图

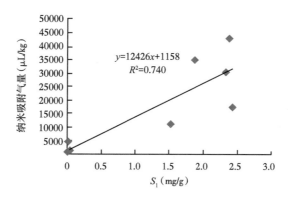

图 3-5-3　泥页岩纳米孔隙吸附气总烃与 S_1 关系图

4. 页岩及致密砂岩储层富集层纳米孔隙气碳同位素特征

从 YX55 井纳米孔隙吸附气组分碳同位素分析结果（表 3-5-10）看，由浅到深总体呈现变重的趋势，从甲烷、乙烷、丙烷到戊烷碳同位素值变重的趋势逐渐减弱，青一段的吸附气明显轻于泉四段，青一段的油迹砂岩明显重于其不含油砂岩和泥页岩，泉四段的油斑砂岩一般重于其泥页岩、轻于不含油砂岩，纳米孔隙吸附气组分碳同位素受岩性、含油气性、成熟度等控制。

表 3-5-10　YX55 井纳米孔隙吸附气组分碳同位素分析数据　　　单位：‰

井深（m）	层位	岩性	CH$_4$	C$_2$H$_6$	C$_3$H$_8$	iC$_4$H$_{10}$	nC$_4$H$_{10}$	iC$_5$H$_{12}$	nC$_5$H$_{12}$
2370.37	K$_1$qn$_1$	黑色泥页岩	−50.14	−28.60	−23.34	−28.75	−27.44	−31.10	−29.56
2374.67	K$_1$qn$_1$	泥质粉砂岩	−48.60	−27.97	−22.84	−24.55	−25.27	−24.93	−26.58
2379.73	K$_1$qn$_1$	含泥粉砂岩	−48.57	−28.18	−23.16	−25.99	−25.62	−29.35	−29.83
2383.93	K$_1$qn$_1$	含泥粉砂岩	−46.93	−27.57	−22.28	−25.24	−26.37	−29.29	−30.38
2388.83	K$_1$qn$_1$	含泥粉砂岩	−48.11	−27.15	−21.25	−23.37	−25.77	−24.64	−26.43
2397.88	K$_1$qn$_1$	介形虫层	−49.10	−25.94	−20.30	−21.42	−21.10	−23.32	−24.85
2405.93	K$_1$qn$_1$	黑色泥页岩	−49.79	−25.59	−20.83	−21.26	−21.83	−30.40	−30.58
2413.45	K$_1$qn$_1$	黑色泥页岩	−47.33	−25.27	−22.15	−22.52	−23.65	−28.59	−29.37
2419.70	K$_1$qn$_1$	灰色油迹粉砂岩	−29.71	−23.61	−21.84	−20.17	−21.23	—	—
2427.42	K$_1$qn$_1$	泥质粉砂岩	−46.80	−30.92	−27.53	−25.47	−27.70	−25.18	−30.10
2431.65	K$_1$qn$_1$	粉砂质泥页岩	−35.08	−22.77	−20.26	−23.75	−23.62	−24.93	−27.46
2434.70	K$_1$qn$_1$	黑色泥页岩	−45.67	−24.82	−21.05	−25.35	−23.88	−26.06	−26.83
2442.05	K$_1$qn$_1$	粉砂质泥页岩	−45.77	−22.88	−20.05	−23.66	−23.75	−23.70	−27.04
2451.75	K$_1$q$_4$	粉砂岩	−31.93	−23.43	−20.99	−26.30	−24.17	—	—
2463.00	K$_1$q$_4$	黑色泥页岩	−46.50	−26.88	−22.88	−26.33	−25.51	−26.66	−25.10
2469.17	K$_1$q$_4$	油斑含钙粉砂岩	−25.43	−20.53	−21.76	−24.01	−23.32		
2488.45	K$_1$q$_4$	灰黑色泥页岩	−33.67	−23.93	−22.70	—	−20.99		
2503.85	K$_1$q$_4$	紫红色泥页岩	−24.16	−15.16	−22.73		−21.41		
2516.55	K$_1$q$_4$	紫红色泥页岩	−27.95	−19.03	−20.06		−13.76		
2524.00	K$_1$q$_4$	灰色泥质粉砂岩	−23.67	−15.21	−22.24		−22.42		
2532.65	K$_1$q$_4$	灰色粉砂岩	−18.08	−15.96	−17.90		−22.82		

第六节 页岩总有机碳分析技术

页岩总有机碳是评价页岩有机质丰度和含油性的最重要的指标之一，是页岩资源量计算的关键参数，在国内外各大油气勘探开发区都得到广泛的推广和应用。

一、实验方法

1. 实验原理

用稀盐酸去除页岩样品中的无机碳后，在高温氧气流中燃烧，使总有机碳转化成二氧化碳，经红外检测器检测并给出页岩总有机碳的含量。

2. 实验分析条件

（1）气源：氮气纯度大于 99.99%，氧气纯度大于 99.99%，空气干燥净化。

（2）气源压力：0.2~0.35MPa。

（3）标准物质：美国力可公司国际标准物质，0.814±0.009%。

（4）环境要求：20~35℃ 的稳定温度环境，相对湿度不大于 80%。

（5）电子天平量程：0~210g，精度 0.0001g。

3. 实验流程和步骤

实验流程和操作步骤：

（1）碎样。

将样品磨碎至粒径小于 0.2mm，磨碎好的样品质量不应少于 10g。

（2）称样。

根据样品类型称取 0.01~1.00g 试样，精确至 0.001g。

（3）溶样。

在盛有试样的容器中缓慢加入过量的盐酸溶液，放在水浴锅或电热板上，温度控制在 60~80℃，溶样 2h 以上，至反应完全为止。溶样过程中试样不得溅出。

（4）洗样。

将酸处理过的试样置于抽滤器上的坩埚里，用蒸馏水洗至中性。

（5）烘样。

将盛有试样的坩埚放入 60~80℃ 的烘箱内，烘干待用。

（6）测定。

①检查各吸收剂的效能。

②开机稳定：稳定时间按仪器说明书进行。

③通气：接通氧气及动力气，按仪器要求调整压力。

④系统检查：待仪器稳定后，按仪器说明书进行。

⑤仪器标定：根据样品类型对选定的通道选用高、中、低三种碳含量合适的仪器标定专用标样进行测定，测定结果应达到仪器标定专用标样不确定度的要求，否则应调整校正系数重新进行标定。

⑥空白试验：取一经酸处理的坩埚加入铁屑助熔剂约 1g、钨粒助熔剂约 1g，测量结果碳含量（质量分数）不应大于 0.01%。

⑦样品测定：在烘干的盛有试样的坩埚中加入铁屑助熔剂约 1g、钨粒助熔剂约 1g，输入试样质量，上机测定。每测定 20 个试样应清刷燃烧管一次，并插入仪器标定专用标样检测仪器。如果检测结果超出仪器标定专用标样的不确定度，应按⑤重新标定仪器。

（7）关机。

按仪器操作说明书要求进行。

二、实验结果及质量要求

页岩总有机碳（TOC）测定结果的重复性限 r 和再现性限 R 应满足表 3-6-1 要求。

表 3-6-1　总有机碳（TOC）测定值重复性限 r 和再现性限 R

TOC 测定值 Q	重复性限 r（%）	再现性限 R（%）
$Q \leq 0.1$	0.05	0.06
$0.1 < Q \leq 0.5$	0.07	0.11
$0.5 < Q \leq 1.0$	0.09	0.17
$1.0 < Q \leq 2.0$	0.13	0.29
$2.0 < Q \leq 3.0$	0.17	0.41
$3.0 < Q \leq 5.0$	0.24	0.64
$5.0 < Q \leq 10.0$	0.43	1.24
$Q > 10.0$	$r=0.0384Q-0.05$	$R=0.1185Q+0.05$

三、技术应用

在松辽盆地齐家—古龙地区、三肇、海拉尔盆地乌尔逊—贝尔凹陷、川渝地区等页岩勘探中应用分析 10000 余块样品,在烃源岩评价、资源量计算等方面提供了重要参数。

1. 松辽盆地古龙页岩总有机碳空间展布特征

松辽盆地古龙页岩总有机碳总体具有自下而上降低的趋势,青一段页岩总有机碳丰度最高,主体为 1.81%~2.74%,最高 13.2%,平均 2.69%;平面上,青一段古龙中央凹陷区均发育高总有机碳丰度页岩(图 3-6-1),青二段页岩高总有机碳丰度区分布在古龙凹陷和长垣南(图 3-6-2)。

2. 川渝地区侏罗系页岩有机质特征

川渝地区侏罗系三套页岩有机质丰度分布特征相似(图 3-6-3);不同岩性 TOC 差异明显(图 3-6-4),页岩的有机质丰度高(TOC 一般大于 1%)。

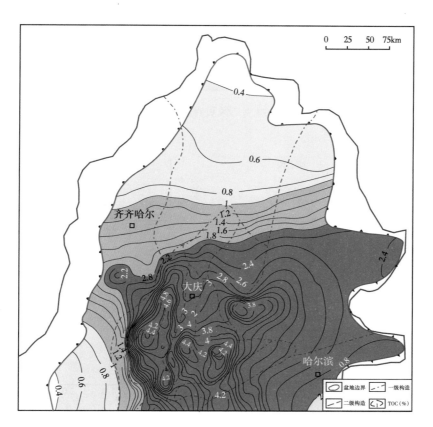

图 3-6-1 古龙青一段页岩原始 TOC 分布图

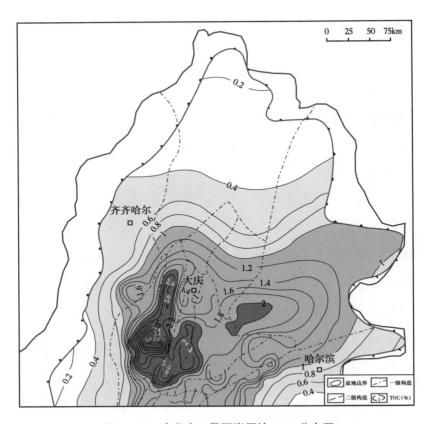

图 3-6-2　古龙青二段页岩原始 TOC 分布图

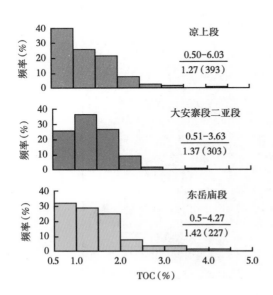

图 3-6-3　侏罗系三套烃源岩 TOC 频率分布图

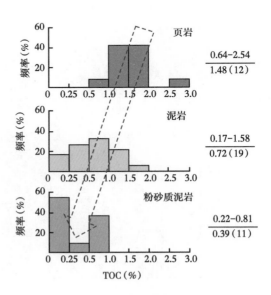

图 3-6-4　凉上段不同岩性有机碳对比图

第七节 页岩热解分析技术

页岩热解分析技术是烃源岩评价和页岩资源量计算的关键技术，在国内外各大油气勘探开发区都得到广泛推广和应用。

一、实验方法

1. 实验原理

页岩热解分析技术是在热解炉中对样品进行程序升温，样品中烃类和干酪根在不同温度下挥发和热裂解，通过载气携带进入氢火焰离子化检测器检测，有机质热解生成的一氧化碳和二氧化碳，以及热解后的残余有机质加热氧化生成的二氧化碳，由红外检测器检测。获得各温度区间的组分含量（S_1、S_2、S_3）和裂解烃顶峰温度 T_{max}。

2. 实验分析条件

（1）气源：氮气纯度大于 99.99%，氢气纯度大于 99.99%，空气干燥净化。

（2）气源压力：0.2~0.35MPa。

（3）标准物质：国家二级岩石热解标准物质。

（4）环境要求：20~35℃ 的稳定温度环境，相对湿度不大于 80%。

（5）电子天平量程：0~210g，精度 0.0001g。

（6）生油岩评价仪测量精度：0.01mg/g。

3. 实验流程和步骤

实验流程和操作步骤：

（1）依据 GB/T 18602—2012《岩石热解分析》中的要求将仪器调至可分析状态；

（2）挑选未经烘烤和污染、本层代表性强的岩屑，岩心和井壁取心取其中心的部位并密封保存；

（3）将样品进行粉碎处理，筛分出 100~200 目颗粒；

（4）用天平称量 20~50mg 样品并记录质量，装入坩埚放置于托盘；

（5）设定仪器实验条件，300℃ 恒温 3min，检测页岩残留烃（S_1，mg/g）含量；

（6）采用 25℃/min 升温至 600℃，恒温 1min，检测页岩裂解烃（S_2，mg/g）含量；

（7）检测 300~400℃ 二氧化碳与 300~500℃ 一氧化碳含量（S_3，mg/g）；

（8）检测 S_2 峰最高点相对的温度（T_{max}，℃）。

连续实验分析超过 12h，应重新测定一次标准物质，其测定值应符合 GB/T 18602—2012《岩石热解分析》中的精密度要求。

二、实验结果及质量要求

页岩热解分析的 S_2、S_3、T_{max} 平行分析相对 S 差与偏差计算公式如下：

$$相对S差 = \frac{|A-B|}{(A+B)/2} \tag{3-7-1}$$

$$偏差 = A-B \tag{3-7-2}$$

式中　A——第一次分析值；

　　　B——第二次分析值。

页岩热解分析的 S_2、S_3、T_{max} 平行分析相对 S 差与偏差应符合表 3-7-1 的规定。

表 3-7-1　页岩热解平行分析相对 S 差允许范围表

S_2（mg/g）	相对 S 差（%）
≥3.0	≤10
≥1.0~3.0	≤20
≥0.5~1.0	≤30
0.1~0.5	≤50
<0.1	不规定
S_3（mg/g）	相对 S 差（%）
≥3.0	≤10
≥2.0~3.0	≤20
≥0.5~2.0	≤30
0.2~0.5	≤50
<0.2	不规定
T_{max}（℃）	偏差（%）
<450	≤2
≥450	≤5

注：S_2<0.5mg/g 时，不规定 T_{max} 值的偏差范围。

三、技术应用

在松辽盆地齐家—古龙地区、三肇、海拉尔盆地乌尔逊—贝尔凹陷、川渝地区等页岩勘探中应用分析 8000 余块样品，在烃源岩评价、资源量计算等方面提供了重要参数。

1. 建立页岩有机质类型划分图版

烃源岩有机质类型是评价烃源岩的重要指标，对评价烃源岩的生烃潜力起重要作用，通过 HI—T_{max} 可以快速准确地对有机质进行分类，建立不同探区有机质类型划分图版（图 3-7-1）。

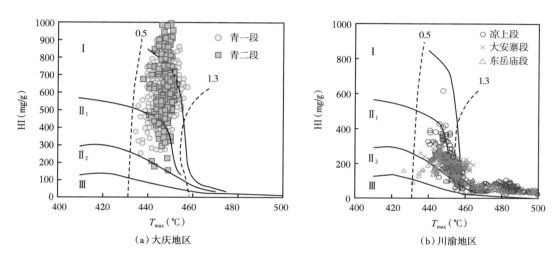

图 3-7-1　有机质类型划分图版

2. 建立古龙页岩不同赋存状态页岩油定量评价方法

通过同一样品有机溶剂抽提前后的热解参数，计算页岩总含油量（S_t）、游离油含量（S_1+S_{1x}）、吸附油含量（S_δ），具体公式为：

$$S_t = (S_1+S_{1x}) + S_\delta \tag{3-7-3}$$

$$S_\delta = S_2 - S_{2x} - S_{1x} \tag{3-7-4}$$

式中　S_t——总含油量，mg/g；

　　　S_1——抽提前热解 S_1，mg/g；

　　　S_2——抽提前热解 S_2，mg/g；

　　　S_{1x}——抽提后热解 S_1，mg/g；

　　　S_{2x}——抽提后热解 S_2，mg/g；

　　　S_δ——吸附油量，mg/g。

3. 建立古龙页岩不同赋存状态页岩油演化模式

结合不同赋存状态页岩油定量评价方法及页岩油组成演化特征，建立不同赋存状态页岩油演化模式（图 3-7-2）。页岩油赋存状态演化可细分为 5 个阶段：早期演化阶段（R_o ＜0.8%）；生油窗早期阶段（R_o=0.8%~1.0%）；大量生烃阶段（R_o=1.0%~1.2%）；生油窗后期（R_o=1.2%~1.4%）；高演化阶段（R_o ＞ 1.4%）。

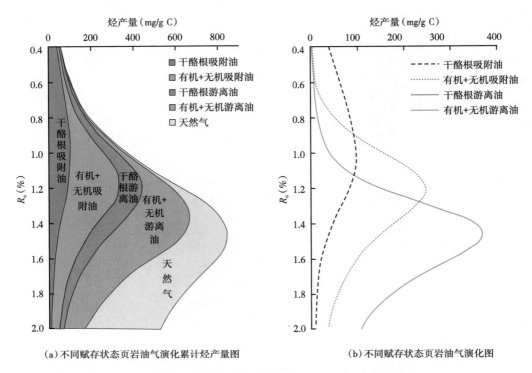

（a）不同赋存状态页岩油气演化累计烃产量图　　　　　（b）不同赋存状态页岩油气演化图

图 3-7-2　古龙页岩不同赋存状态页岩油演化模式图

第八节　页岩油储层保压岩心分析技术

保压密闭取心是一项能够保持或接近地层压力的取心技术，采用先进取心工艺，确保了取心过程中岩心内油气水不散失而获得具有储层原位油气水分布且又不受钻井液污染的密闭岩心，主要用于储层油水分布特征研究，是解决储层油气分布与赋存等问题的有效方法，为油气成藏研究、储量评价、油田开发方案制定，以及测井解释等研究提供科学依据。

一、实验方法

古龙地区页岩油储层油质轻、易扩散、易流失，常规取心会导致页岩内油气大量散失，难以研究储层油水分布，以及与油水分布相关的地质特征，而采用保压密闭取心能够克服常规取心缺点，获得页岩油储层原位流体分布。古龙地区页岩油储层属于纳米—微纳米级孔隙，具有岩性致密，层理裂隙发育，脆性大，易裂易碎，油质轻，易散失等储层岩性特征与储层流体特征，与砂岩储层有较大差异，目前保压取心分析处理工艺，难以适应古龙页岩油储层岩性，需要对保压取心处理工艺及分析技术进行研究，通过建立页岩保压岩心样品采集技术、样品制备技术、气体收集技术，开展页岩保压岩心散失油气分布实验及页岩保压岩心 CO_2 驱替后油气分布实验研究，建立起适合古龙页岩油储层地质特征的保压密闭取心处理分析技术及研究方法。

1. 技术关键

（1）页岩保压岩心样品采集技术。

（2）页岩保压岩心样品制备技术。

（3）页岩保压岩心气体收集方法。

（4）页岩保压岩心散失油气分布实验研究。

2. 解决途径

1）页岩保压岩心样品采集技术

（1）保压岩心现场冷冻。

为避免在超低温下冷冻装置变形，采用了钢质材料加工制造了现场冷冻装置（图 3-8-1 和图 3-8-2）。冷冻装置是钢筒结构，钢筒一端通过螺纹连接有冷冻装置密封帽，目的是方便保压岩心内筒进出冷冻装置，在钢筒上的同一切面上安装有不少于 2 个的液氮进出口，一个为液氮进口，另一个为氮气散发口。

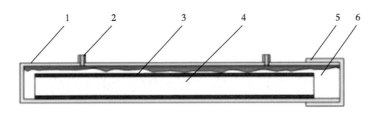

图 3-8-1 现场冷冻装置示意图

1—冷冻装置外筒；2—液氮进口或排泄口；3—保压岩心内筒；4—保压岩心；5—冷冻装置密封帽；6—液氮

保压岩心内筒从井底提到地面后，尽快装入现场冷冻装置中，密封后，通过冷冻装置中其中一个液氮进出口，向冷冻装置中充入液氮，当液氮从另一液氮进出口溅出时，保压岩心内筒大部分或全部浸没在液氮中，可以减少液氮注入量。液氮注入量维持冷冻装置的消耗，并且定时加大向冷冻装置中的注入量，避免冷冻装置内液氮散失而没有浸泡保压岩心内筒，岩心内筒截面至少有三分之一浸没在液氮中。在该状态下，保压岩心内筒在液氮中冷冻 4~6h 后，可以停止冷冻，卸下冷冻装置密封套，能够将保压岩心从内筒抽出。

图 3-8-2　现场冷冻装置实物图

（2）保压岩心存储与运输技术。

为能够满足泥页岩保压岩心运输需求，研制了适合泥页岩保压岩心的运输装置，其特征有：

①内外双层结构：在内外双层结构中间处于真空态，避免外部热量快速传入罐内，增加保温效果，避免液氮大量挥发；由于采用真空模式，双层钢制采用较薄钢皮，使罐质量更轻，易于移动。

②底部加装抗重托架：在运输装置底部的双层结构中间，加装托架，增加内胆抗重能力。

③内胆底部加装防震垫：在装置底部加装防震垫，能够有效防止岩心震动，避免在运输颠簸过程中破坏岩心，也防止保压岩心内筒破坏内胆。

④装置内加装定位隔板：装置内部加装双层定位隔板，既能够确保保压岩心内筒铅直摆放，又避免岩心内筒相互碰撞，破坏岩心。

⑤其他方面：整体设计要方便移动、装取保压岩心内筒、加注液氮、运输固定等。

（3）保压岩心剖铣技术。

保压岩心运抵实验室，进行保压岩心分析处理，首先是剖铣保压岩心内筒，保压岩心被冷冻在保压岩心内筒中，需要铣开内筒，取出岩心。为了避免采用铣床剖铣岩心内筒带来的诸多不利因素，研制了页岩油保压岩心内筒剖铣装置。其特征有：

①液氮冷冻剖铣：设有保压岩心内筒夹持器，能够将保压岩心浸泡在液氮中剖铣，避免保压岩心缓融解冻，造成流体散失。

②纵向可调：保压岩心内筒夹持器高低可调，确保能够剖铣开保压岩心内筒，又不伤害保压岩心。

③横向自动走刀：铣刀在电动机带动下能够自动剖铣保压岩心内筒，并设有定位传感器，能够在规定的范围内剖铣保压岩心内筒。

④设有安全防护：保压岩心内筒夹持器设有安全防护装置，能够避免碎屑飞出造成人员伤害。

⑤剖铣速度快：1m 长保压岩心内筒段，从装载到剖铣完毕，不超过 15min。

⑥方便操作：方便保压岩心内筒装载与卸载，以及走刀剖铣按键操作，省事省力。

2）保压岩心样品制备技术

根据泥页岩岩性特征，研制切割装置制备泥页岩块状样品，建立了泥页岩块状样品制备方法。泥页岩切割装置具有如下特征：

样品夹持器夹持样品稳固，且不颤动，能够调整角度，确保岩心层理端面与岩心刀具垂直，实现"垂直切割样品"，泥页岩层理面受力能力弱，刀具垂直层理能够降低层理面承受的外力，能够提高样品制备的成功率。该装置方便液氮冷却，在切割过程中，为保证保压岩心样品不解冻，需要用液氮冷却刀具与冷冻样品。该装置具有排尘功能，泥页岩颗粒小、比表面大，样品制备过程中会产生大量粉尘，会严重影响工作人员健康，同时也会污染环境。切割装置锯片稳固，不颤动，泥页岩层理裂隙发育，锯片颤动容易将样品打碎。在实际工作中，该技术很好地解决了泥页岩块状样品制备问题，应用该装置制备了大量样品。

3）保压岩心气体收集技术

（1）气体收集方法。

为了克服真空脱气脱不净的弊端，采用页岩气收集装置，如图 3-8-3 所示，收集保压岩心散失气体。页岩气气体收集方法首先采用的是样品在密闭容器解冻后，通过排水取气法测定样品含气量，然后再加温至储层温度再次收集气体，加温脱气能够脱出页岩颗粒表面吸附气。实验主要仪器设备有：

①气含量测定仪；

②气含量测定仪加热系统：电加热套，范围为室温至 150℃，精度 ±0.1℃；

③解吸罐（最大耐压：1MPa，内部尺寸：ϕ120mm×200mm，材质：钛合金）；

④捷伦 6890N 气相色谱仪。

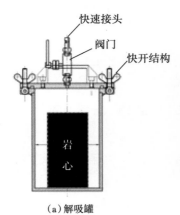
（a）解吸罐

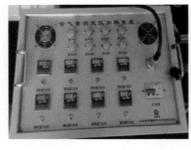
（b）温控系统

（c）加热套

图 3-8-3　气体收集装置

（2）气体组分分析方法。

由于保压取心技术在岩心筒提至地面后直至样品选取，全程都在液氮冷冻过程中进行，所以需要排除氮气干扰，进行保压岩心页岩含气量校正。

对收集的保压岩心气体确定气体组成，采用多维气相色谱法，对气样进行天然气组成分析，恢复到地层原始条件下气体组成，具体方法如下：

①按空气中氮气和氧气的比例扣除空气；

②用外标法计算各组分含量，先检测标准气各组分的峰面积，然后用同样的检测方法检测解吸气样品中每个组分的峰面积；

③选取区块或附近区域以往的天然气中氮气组分测试数据均值作为经验固定值，对其余组分进行百分化计算；

④计算气体各组分绝对含量；

⑤通过气体组分绝对含量，可得校正后保压岩心气含量。

二、实验结果及技术应用

1. 保压岩心页岩气体收集技术实验结果及应用

保压岩心页岩含气量测试技术，以及保压岩心页岩含气量计算校正方法，应用于大庆探区古页 1 井、古页 2HC 井、古页 3HC 井、古页 4HC 井、古页 5HC 井、古页 6HC 井、古页 8HC 井、古页 18 井、古页 36 井、肇页 1 井等 11 口保压取心井、179 块岩心样品含气量、气体组分测试，以及保压岩心页岩含气量结果校正工作，测试数据为确定页岩含气能力、地质储量计算，以及后续编制开发方案提供重要支撑。以古页 8HC 井保压岩心页岩含气量测试结果说明，见表 3-8-1。

表 3-8-1　古页 8HC 井含气量测试结果

序号	样品编号	取样深度（m）	质量（g）	计量体积（cm³）	校正后气量（cm³）	标准状况气量（cm³）	单位质量气量（cm³/g）
1	81	2355.1	1316.1	170.5	163.3	148.5	0.11
2	93	2361.1	1095.3	2171.0	2115.6	1929.9	1.76
3	181	2405.0	1145.0	2112.0	2103.2	1918.6	1.68
4	189	2409.1	1493.1	1130.0	827.3	754.7	0.51
5	201	2415.1	1503.2	3885.5	3775.0	3408.5	2.27
6	211	2419.9	1160.5	2603.0	2516.2	2269.5	1.96
7	261	2445.1	1380.1	2925.5	2889.2	2640.5	1.91
8	281	2455.1	1170.2	2433.8	2377.8	2219.3	1.90
9	289	2459.1	923.3	2135.5	2105.3	1900.7	2.06
10	325	2477.1	938.1	1198.3	1198.0	1079.9	1.15
11	345	2487.1	1054.0	540.1	504.9	455.0	0.43
12	353	2491.1	1463.2	1838.4	1778.9	1602.7	1.10
13	365	2497.1	1024.2	2700.6	2490.3	2250.6	2.20
14	391	2510.1	1396.3	3865.5	3788.6	3421.2	2.45
15	399	2514.1	1072.2	2730.5	2556.9	2306.7	2.15
16	403	2516.1	1108.1	3200.2	3025.6	2729.4	2.46

完成古页 8HC 井 16 块样品含气量检测及校正工作，古页 8HC 井在青一段下部保压密闭井段开展保压岩心样品含气量测定，样品单位质量含气量在 0.11~2.46cm³/g 之间，平均为 1.60cm³/g，对深化凹陷内部页岩油"甜点"层特征认识起到了一定作用。

完成古页 8HC 井 16 块样品气体组分分析工作，其中甲烷组分平均含量为 70.2%，乙烷组分平均含量为 17.1%，丙烷组分平均含量为 6.5%。取样深度 2409.1m 的样品数据异常，这是由于保压效果差或样品处理不当等因素导致轻组分散失较严重。不考虑该样品，其中甲烷组分平均含量为 72.1%，乙烷组分平均含量为 16.1%，丙烷组分平均含量为 5.9%。

从图 3-8-4 和图 3-8-5 平面分布上可以看出，古龙地区青山口组页岩含气能力优于三肇地区，含气能力高值区域主要分布在古页 2HC—古页 3HC 井区，该区域 Q_1—Q_4 油层组页岩含气量平均为 2.27cm³/g，Q_5—Q_9 油层组页岩含气量平均为 1.95cm³/g。

古龙页岩油地质实验技术与应用

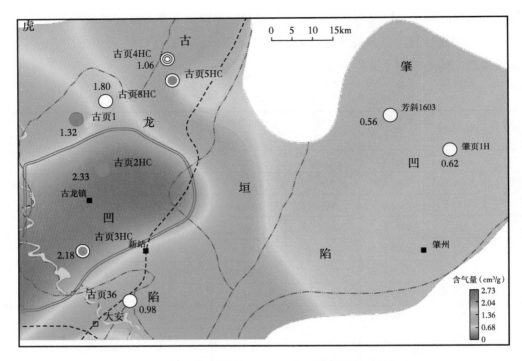

图 3-8-4　古龙页岩 Q_1—Q_4 油层组页岩含气量分布

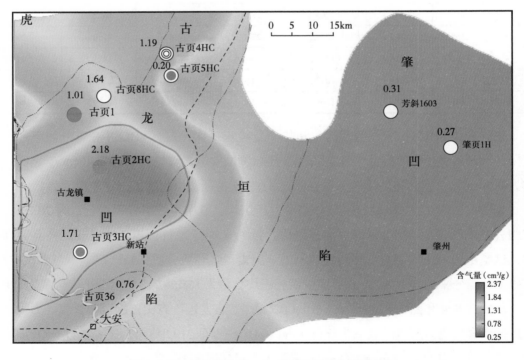

图 3-8-5　古龙页岩 Q_5—Q_9 油层组页岩含气量分布

- 148 -

2. 页岩油保压岩心散失油气分布实验研究结果及应用

1）除油前后油气分布实验

油气孔隙分布对于储层油气成藏认识、流动效率及产能分析等具有重要价值，为了解古龙页岩油储层油气在不同孔隙中分布，利用现有设备，合理设计实验，开展页岩油储层油气孔隙分布研究。选取 G1 井、G2HC 井、G3HC 井保压岩心样品，按前文所述方法制备成所需样品，样品均为层状页岩。开展实验，由于样品在冰箱保存时间过长，部分样品轻组分可能有散失，样品信息见表 3-8-2。

表 3-8-2　古龙页岩油页岩样品基本信息

样品号	井号	深度（m）	层位	TOC（%）	S_1（mg/g）	R_o（%）
2-7	G2HC	2275.42	Q_7	2.79	4.20	1.24
10-5	G2HC	2346.09	Q_3	1.87	6.80	1.37
11-2	G2HC	2353.25	Q_2	2.42	9.60	1.38
4-2	G3HC	2470.66	Q_3	2.62	3.60	1.42
2-4-6	G1	2570.27	Q_2	4.21	3.05	1.65
2-9	G1	2568.82	Q_2	5.21	3.92	1.64

（1）实验方法。

①样品选取后，保压岩心在冷冻条件下开展核磁分析。

②核磁分析后，采用三氯甲烷除油，除油后在 60℃ 条件下除湿。

③除湿后，再次开展核磁分析。

（2）实验结果。

从页岩样品二维核磁油气分布谱图中可以看到：G2HC 井，保压岩心不同样品除油前后油气分布范围略有不同，如图 3-8-6 至图 3-8-8 所示。

①油气分布范围：

2-7 号样为 2~5000nm，主要分布在 10~300nm 范围内；

10-5 号样为 20~600nm，主要分布在 20~300nm 范围内；

11-2 号样为 12~2500nm，主要分布在 15~200nm 范围内。

②大部分油是可动的，在储层温度下，采用化学试剂驱油，可动率可达到 96% 以上。

③油赋存最小孔径可达到 2nm。

G3HC 井 4-2 号样品油气分布范围在 25~1000nm，主要分布在 30~400nm 范围内；大部分油是可动的，在储层温度下，采用化学有机试剂驱油，可动率可达到 97.8%；油赋存最小孔径可达到 25nm，如图 3-8-9 所示。

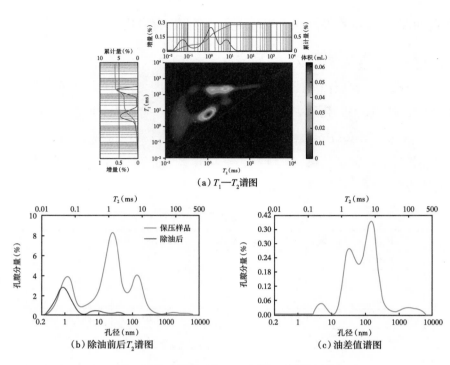

（a）T_1—T_2谱图

（b）除油前后T_2谱图

（c）油差值谱图

图 3-8-6　G2HC 井 2-7 号样品油气分布图

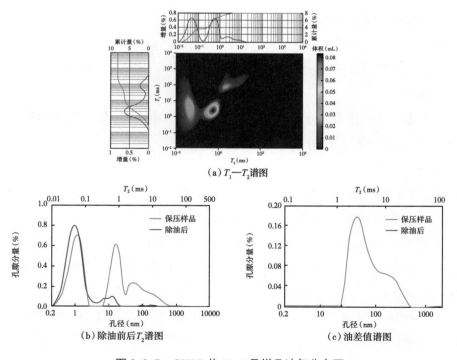

（a）T_1—T_2谱图

（b）除油前后T_2谱图

（c）油差值谱图

图 3-8-7　G2HC 井 10-5 号样品油气分布图

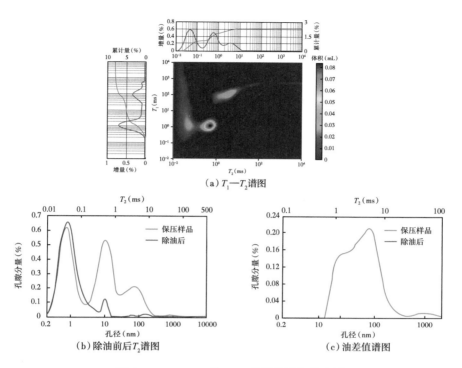

（a）T_1—T_2谱图

（b）除油前后T_2谱图

（c）油差值谱图

图 3-8-8 G2HC 井 11-2 号样品油气分布图

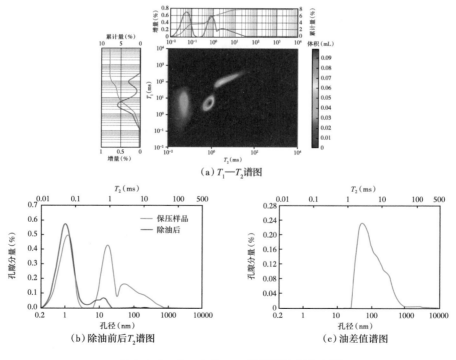

（a）T_1—T_2谱图

（b）除油前后T_2谱图

（c）油差值谱图

图 3-8-9 G3HC 井 4-2 号样品油气分布图

G1 井样品：

①油气分布范围：2-4-6 号样为 4~250nm，其中小孔隙主要分布范围为 5~10nm，较大孔隙为 20~100nm，如图 3-8-10 所示；2-9 号样为 2.5~500nm，其中小孔隙主要分布范围为 3~7nm，较大孔隙为 20~70nm，如图 3-8-11 所示。

②大部分油是可动的，在储层温度下，采用化学有机试剂驱油，可动率可达到 97% 以上。

③油赋存最小孔径可达到 3nm。氯仿洗油前后二维核磁分析表明，页岩油赋存孔径为 3~5000nm，主要在 3~300nm。突破传统的页岩油孔径下限为 20nm 的认识。

2）解冻前后油气分布实验

保压岩心在冷冻状态下处于储层流体分布状态，保压岩心缓融解冻过程中，岩心内油气逐渐散失，保压岩心解冻后，岩心从储层压力下降到常压，岩心内油气也随之大量散失，散失的油气相当于储层压力下可动油气。为开展保压岩心解冻前后油气分布实验研究，选取古龙页岩油保压岩心样品，开展实验，样品均为层状页岩，样品信息见表 3-8-3。

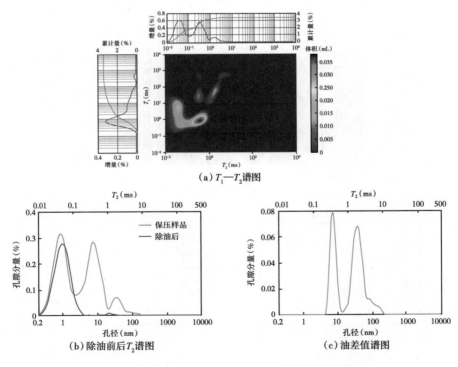

（a）T_1—T_2 谱图

（b）除油前后 T_2 谱图

（c）油差值谱图

图 3-8-10　G1 井 2-4-6 号样品油气分布图

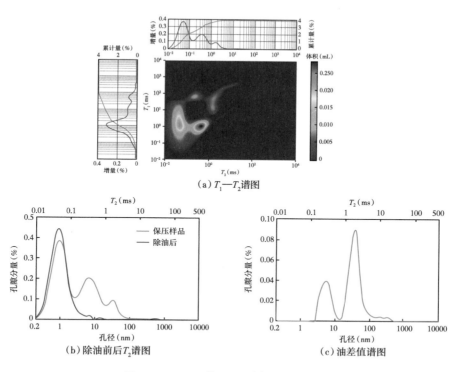

（a）T_1—T_2谱图

（b）除油前后T_2谱图

（c）油差值谱图

图 3-8-11 G1 井 2-9 号样品油气分布图

表 3-8-3 实验样品基本信息表

井号	样品号	深度（m）	层位	TOC（%）	S_1（mg/g）	R_o（%）
古页 2HC	2-7	2275.42	Q_7	2.790	4.25	1.24
古页 4HC	3-6	2441.60	Q_4	2.781	—	—
古页 4HC	6-4	2458.60	Q_3	2.241	—	1.38

（1）实验方法。

①样品选取后，保压岩心在冷冻条件下开展核磁分析。

②核磁分析后，样品在自然条件下缓融解冻 12h。

③缓融解冻后，再次开展核磁分析。

（2）实验结果。

解冻前后油气分布实验的 3 块样品中，G4HC 井的 3-6、6-4 号样品，保存效果不好，小孔隙油气已经散失，古页 2HC 井样品保存较好，大小孔均有油气显示，从 2-7 号样品谱图上看（图3-8-12），保压岩心解冻后，小孔（2~10nm）油气几乎100%散失，按流体易散性分析，该孔隙流体为气态，气体黏度小，易于流动，因此更易于散失；10~400nm孔隙油气，主要是气液混合相，压力释放后，天然气从原油中脱出而散失；大于400nm孔隙，主要是气液混合相，属于可动油，该孔隙油气随压力释放几乎全部散失。各个孔隙区间散失特征：

①2~10nm：油气散失量近100%，该孔径区间含油量在5%左右。

②10~400nm：散失量为28.0%，占总量24.9%，该孔径区间含油量在88%以上。

③大于400nm：散失量为96.0%，占总量6.5%，该孔径区间含油量在7%以下。

其他两块样品，如图3-8-13和图3-8-14所示，油气主要分布在10~400nm之间，油气散失率为44%~48%。

3）CO_2驱替前后油气分布实验

研究储层油气可动性比较好的方法是模拟实际开采过程中油气的分布变化，CO_2驱替开采是实际油田的一种开采方式，古龙页岩油储层油气主要赋存在有机质孔隙中，更适合以CO_2作为驱替介质研究页岩油储层油气的可动性。

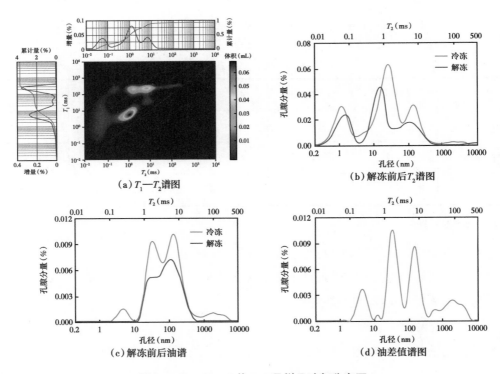

图3-8-12 G2HC井2-7号样品油气分布图

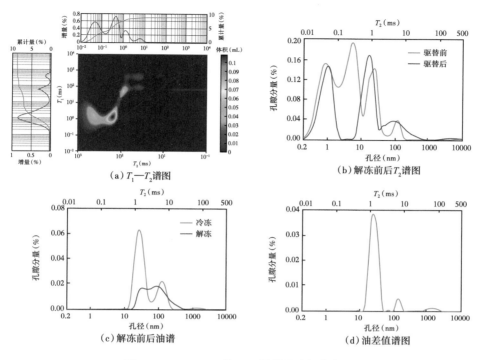

图 3-8-13　G4HC 井 3-6 号样品油气分布图

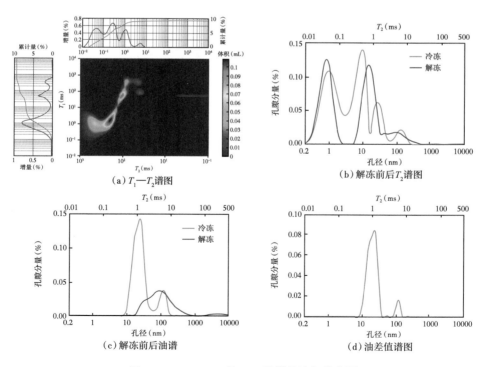

图 3-8-14　G4HC 井 6-4 号样品油气分布图

选取古页 2HC 井 3 块页岩油样品，每块样品在同一深度上分别冷冻制备成柱塞样品及与其相邻的块状样品（即平行样品），样品均为层状页岩。

（1）实验方法。

①在冷冻条件下，采用块状样品进行核磁测定。

②用 CO_2 进行驱替。

③驱替后，进行核磁分析。

（2）实验结果。

从 G2HC 井 3 块样品的二维核磁油气分布图（图 3-8-15 至图 3-8-17）中可知：页岩油 CO_2 驱替实验表明，小孔隙驱替效率高。产油孔径为 10~400nm，以 15~30nm 孔隙产油为主，占 78.7%~85.1%。总体排驱效率 5.4%~27.4%。

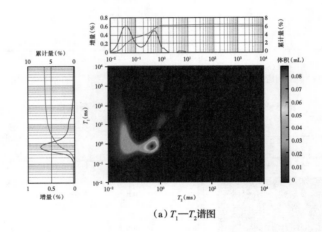

（a）T_1—T_2谱图

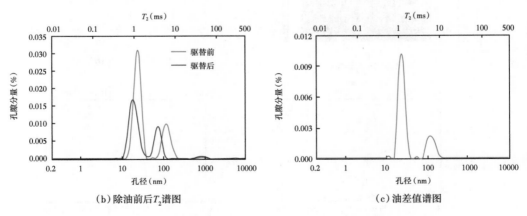

（b）除油前后T_2谱图 （c）油差值谱图

图 3-8-15 G2HC 井 6-6-2 号样品油气分布图

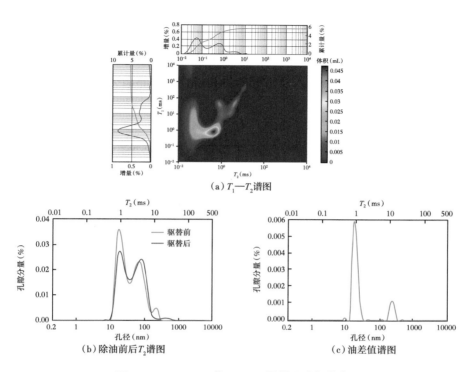

（a）T_1—T_2谱图

（b）除油前后T_2谱图

（c）油差值谱图

图 3-8-16　G2HC 井 11-1-1 号样品油气分布图

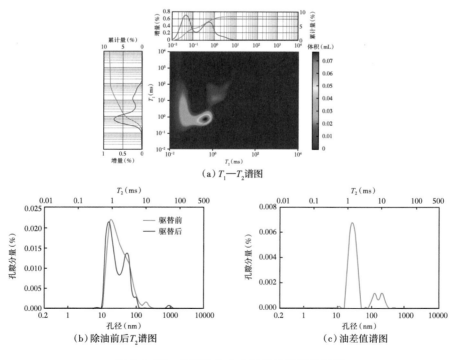

（a）T_1—T_2谱图

（b）除油前后T_2谱图

（c）油差值谱图

图 3-8-17　G2HC 井 8-4 号样品油气分布图

第九节　页岩储层毫米级样品油源对比及含油性评价技术

松辽盆地源内页岩和致密砂岩具有生储共生及厘米—毫米级多层叠置的特点，夹在页岩层中的厘米—毫米级薄砂岩条带的油气是来自邻近厚层泥页岩，还是来自与之上下接触的薄层泥页岩，厘米—毫米级薄砂岩条带和薄层泥页岩层纵向是否构成生储盖"微组合"，目前尚缺乏直接的有机地球化学证据。

目前，非常规油气勘探油源对比主要沿用常规油气的方法，国内专家通过烃源岩/油抽提及族组分离后做生物标志化合物分析，进行致密油与烃源岩对比研究；国外专家通过烃源岩/油抽提及族组分离后做色谱—质谱分析，利用芳烃化合物、伽马蜡烷、甾烷、藿烷、4-甲基甾烷等生物标志化合物做油源对比研究。为此，在页岩及致密储层岩性精准描述评价的基础上，开展毫米级样品油源精细对比评价研究，主要技术进展有三点：一是把陆相页岩及致密储层岩心描述——厘米级、毫米级与微米级"三尺度"有机结合，发明了致密储层岩性宏观与微观相统一的精细准确描述方法，解决了页岩及致密储层品质差、非均质性强、岩性变化大造成的准确描述难题，提高了储层薄层及条带岩性识别评价的准确性；二是研发了低温冷冻和毫米级岩石样品精确取样分析技术，解决了页岩及致密储层毫米级样品油源精细对比评价难题；三是定量评价了不同陆相沉积相致密岩岩性和储集性，精细对比评价了致密储层及厘米—毫米级砂条中油的来源，奠定了松辽盆地陆相致密油和泥页岩油"七性"评价及形成富集机理研究、勘探部署的重要基础。

一、实验方法

1. 技术难点

（1）页岩及致密砂岩储层岩性精细准确描述及评价方法。

（2）利用常规采样、有机质制备、色谱—质谱分析技术不能解决致密储层生储组合中厘米—毫米级条带油源对比和含油性评价问题。

（3）国内外未检索到可以借鉴的厘米—毫米级条带油源对比分析方法，缺乏高精度岩石烃指纹实验设备及方法。

2. 解决途径

（1）建立页岩及致密岩心岩性精细准确描述方法，利用厘米级、毫米级、微米级"三尺度"及宏观与微观有机结合方法，对致密储层岩性分布进行精细准确描述，实现泥页岩、厘米—毫米级薄砂岩条带准确描述刻画。

①将钻取的页岩及致密岩岩心，采用颜色＋含油级别＋含有物＋岩性的定名原则进行现场岩性常规方法描述，获得致密储层岩心岩性常规描述结果；

②厘米级岩心岩性描述，获得致密储层岩心岩性厘米级精细描述结果；

③毫米级岩心岩性描述，获得致密储层岩心岩性毫米级精细描述结果；

④根据岩心条件和岩性描述结果选取实验样品，进行薄片鉴定，获得致密岩岩性薄片鉴定及微米级精细描述结果；

⑤结合微米级精细鉴定校正岩心岩性精细描述结果，获得致密储层岩性厘米级和毫米级精细准确描述结果；

⑥绘制不同尺度致密岩心岩性剖面柱状图。

（2）建立冷冻精确取样技术，钻取采集厘米—毫米级岩心样品，岩心厘米—毫米级条带冷冻精确取样技术如图 3-9-1 所示。

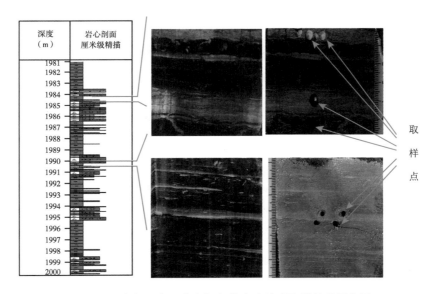

图 3-9-1　岩心厘米—毫米级条带冷冻精确取样技术示意图

（3）研制热解—气相色谱分析装置。

研制热解—气相色谱分析装置，热释控温精度 0.1℃，进岩样量为毫克级，样品直接放入装置，分析岩石中的烃类指纹。

3. 实验分析条件

（1）页岩及致密砂岩生储微组合岩心岩性精细准确描述。

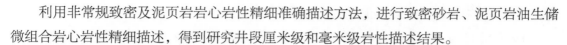

利用非常规致密及泥页岩岩心岩性精细准确描述方法，进行致密砂岩、泥页岩油生储微组合岩心岩性精细描述，得到研究井段厘米级和毫米级岩性描述结果。

（2）非常规致密油及泥页岩油生储微组合岩石冷冻取样。

将研究层段的岩心样品用液氮冷冻15min以上，从中间部位切开，钻取厘米级或毫米级粉末状岩石样品，取样量为毫克级，包装，冷冻保存。

（3）岩石烃类指纹检测。

采用研制的热解—气相色谱分析装置，冷冻的毫克级粉末状岩样直接放入分析装置的热释管热解，冷阱富集，再加热释放随载气流入气相色谱柱分析岩石中的烃类指纹。

主要富集和热释条件：热释温度320℃、控温精度0.1℃，冷阱富集采用液氮，管线加热温度320℃。气相色谱分析条件：带程序升温的毛细管气相色谱仪及化学工作站，毛细柱：30m×0.25mm×0.5μm；汽化室温度320℃；检测器：FID，温度330℃；柱温：40℃，恒温5min，以5℃/min升温到320℃，再恒温30min；燃气：氢气，流量45mL/min；助燃气：空气，流量为450mL/min。

定性定量：标样及色谱保留时间用文献定性，采用面积归一化法定量，可得到生储微组合岩石中 C_1—C_{40}（图3-9-2）正构烷烃相对百分含量和地质实验参数。

4. 实验流程及步骤

（1）将钻井岩心按非常规致密岩及泥页岩岩心岩性精细准确描述方法，得到致密油储层岩心岩性描述结果；

（2）按照得到的致密油储层岩心岩性描述结果，将岩心冷冻后切开，得到冷冻岩心样品；

（3）将得到的冷冻岩心样品，在生储微组合及厘米级或毫米级砂岩条带上钻取样品，包装后冷冻保存样品；

（4）将得到的冷冻保存样品，置于热释—气相色谱装置中分析，得到致密油生储微组合岩石烃类指纹分析数据；

（5）将得到的分析数据，进行分析数据处理，得到致密油生储微组合岩石烃类指纹分析结果及地质实验参数；

（6）将得到的分析结果，进行非常规致密油生储微组合油源对比及含油性评价。

二、实验结果及应用

1. 泥页岩及致密储层岩性精准描述

以 QP1 井为例，1983~2000m 井段岩性常规描述出 64 个条带、厘米级精细准确描述出 97 个条带（图 3-9-2）；1997.8~1999.8m 井段岩性常规描述出 11 个条带，厘米级精细准确描述出 14 个条带、毫米级精细准确描述出 135 个条带（图 3-9-3）。

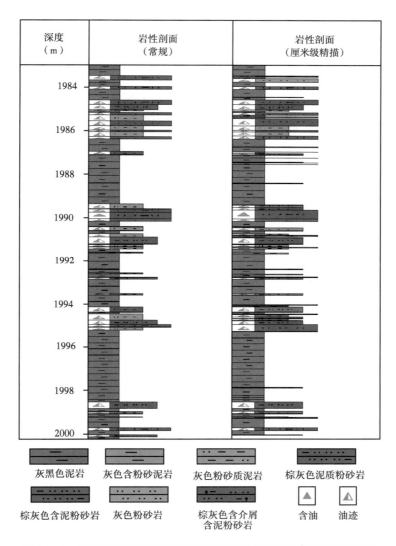

图 3-9-2　泥页岩及致密储层岩性常规描述与厘米级精细描述对比图

2. 泥页岩及致密储层岩性精准评价

根据 QP1 井 1981~2000m 井段发育的 4 段泥页岩和 4 段砂岩及砂泥互层段岩性精细准确描述结果，绘制了厘米级精描岩心剖面柱状图。其中井段 1981~1986.4m 岩性精细准确评价如下。

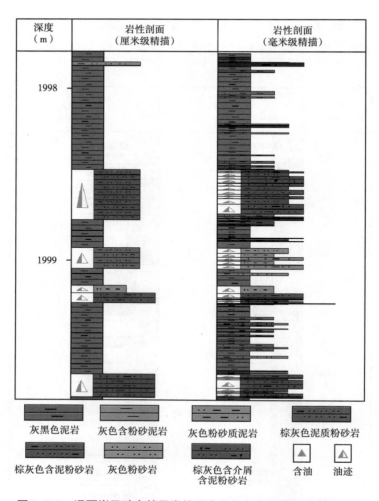

图 3-9-3　泥页岩及致密储层岩性厘米级与毫米级精细描述对比图

　　泥页岩段（1981~1984.6m，厚度 3.6m）顶部粒度比较细，见暗色富含有机质纹层（图 3-9-4），反映深水环境；泥页岩段中部出现粉砂质（1~19mm）或粉砂岩（1~3mm）条带分布（图 3-9-5），构成多个生储微组合；泥页岩段下部即靠近砂岩段（1984.6~1986.4m）出现单层厚度 1m（1983.6~1984.6m）的砂泥互层段（图 3-9-6），以含粉砂泥页岩、含泥粉砂岩及砂泥页岩互层分布为特征，单个纹层厚 1~20mm，由于泥页岩成分不纯，增加了储集能力；砂岩段（1984.6~1986.4m）以介屑灰岩和粉砂岩、粉砂质泥页岩与泥质粉砂岩互层分布构成主要致密油储层，并发育厘米级和毫米级泥条（图 3-9-7）。综上所述，该井段厚泥页岩（3.6m）中部和底部薄层泥页岩（厚度 1m）不纯，发育众多的砂质条带、钙质层，增大了致密储层脆性和储集空间；厚砂岩段（1.8m）以介屑灰岩和粉砂岩为主构成主要含油层，该井段从浅到深砂岩含量增高（图 3-9-8）。

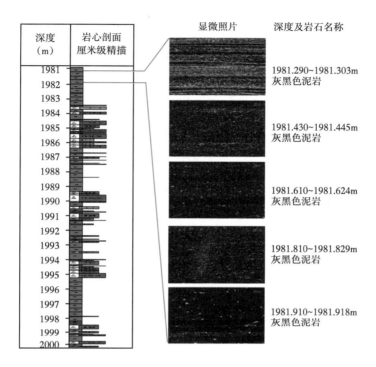

图 3-9-4 1981~1982m 井段显微照片及岩性

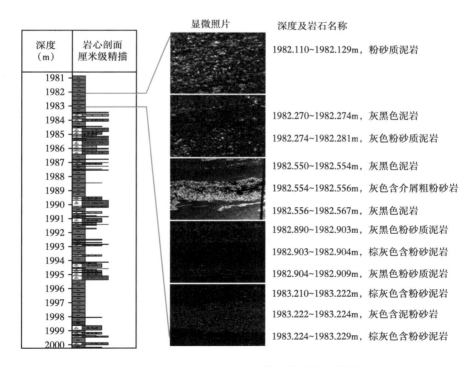

图 3-9-5 1982~1983.4m 井段显微照片及岩性

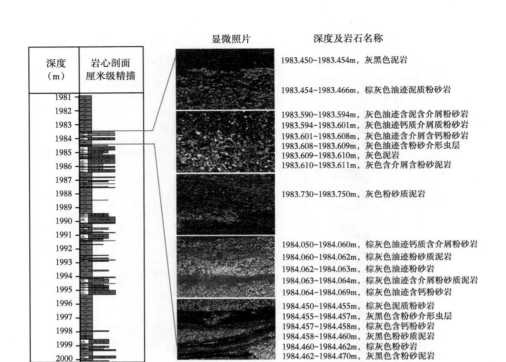

图 3-9-6　1983.4~1984.6m 井段显微照片及岩性

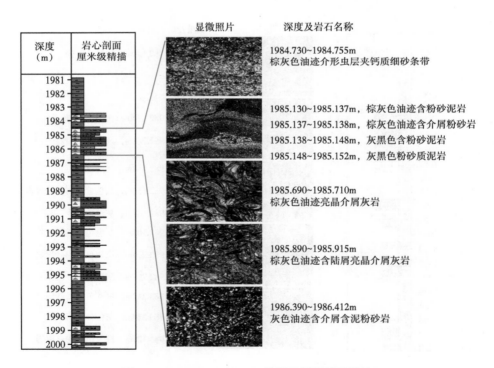

图 3-9-7　1984.7~1986.5m 井段显微照片及岩性

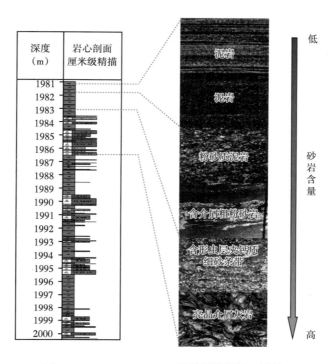

图 3-9-8　1981~1986.4m 井段显微照片及岩性

3. 不同沉积相带泥页岩及致密储层岩性精准评价

三角洲内前缘（J28-Z3 井 2202~2246.65m）致密储层岩性常规与精准评价比较的砂地比由 45.29% 增大到 47.55%（表 3-9-1），砂地比略有增加，主要是在泥页岩中识别出薄砂条（小于 0.2m），储层普遍含钙且细砂岩厚度比例 5.29%，增大了储层储集空间和脆性，该沉积相带砂地比最高、泥页岩厚度比例最低（52.45%），适合致密油勘探；三角洲外前缘（QP1 井 1981~2000m）砂地比由 17.16% 增大到 29.87%，砂地比增加显著，主要是在泥页岩中识别出多个薄砂条（小于 0.2m），显著增大了储层储集空间和脆性，该沉积相带砂地比较高、泥页岩厚度比较高（70.13%），适合致密油和泥页岩油兼探；滨浅湖（YX58 井 1989.2~2048.53m）砂地比由 6.53% 增大到 9.93%，砂地比增加较大，主要是在泥页岩中识别出一些薄砂条（小于 0.1m）和多个钙质层，明显增加了储层的储集空间和脆性，该沉积相带砂地比最低、泥页岩厚度比最高（90.07%），适合泥页岩油勘探。可见，从三角洲内前缘、外前缘到滨浅湖相，粉砂岩和细砂岩厚度及比例明显减少、泥页岩的含量显著增加，其勘探部署方向分别为致密油、致密油和泥页岩油、泥页岩油。

表 3-9-1　松辽盆地北部不同沉积相带岩性精准评价结果

沉积相及代表井	三角洲内前缘 J28-Z3 井（2202~2246.65m）			三角洲外前缘 QP1 井（1981~2000m）			滨浅湖 YX58 井（1989.2~2048.53m）		
岩性	总厚度（m）	厚度比例（%）	单层最大厚度（m）	总厚度（m）	厚度比例（%）	单层最大厚度（m）	总厚度（m）	厚度比例（%）	单层最大厚度（m）
泥页岩	13.49	30.21	1.20	10.99	54.95	2.61	35.95	60.39	5.84
含粉砂泥页岩	7.26	16.26	1.16	2.08	10.39	0.42	13.40	22.51	3.85
粉砂质泥页岩	2.67	5.98	0.38	0.95	4.75	0.20	4.27	7.17	0.89
粉砂岩	18.27	40.92	1.52	5.20	25.97	0.76	1.77	2.97	0.45
碳酸盐岩	0.60	1.34	0.21	0.78	3.90	0.22	4.14	6.95	0.31
细砂岩	2.36	5.29	1.44	0	0	0	0	0	0

4. 精确度及不同时间实验

同一样品重复分析组分一致、重复性好，如 QP1 井 1993.53m 粉砂岩样品重复分析，地质实验参数的最大相对偏差为 5.71%、最小为 0（表 3-9-2）。

表 3-9-2　重复性实验数据

次数	碳数范围	主峰碳	Pr/Ph	Pr/nC_{17}	Ph/nC_{18}	OEP	$\sum nC_{21}^-/\sum nC_{21+}$	$(nC_{21}+nC_{22})/(nC_{28}+nC_{29})$
1	nC_3—nC_{29}	nC_{15}	1.70	0.29	0.18	0.92	4.03	11.11
2	nC_3—nC_{29}	nC_{15}	1.71	0.28	0.17	0.92	4.01	11.32
相对偏差（%）			0.59	3.51	5.71	0	0.50	1.87

现场冷冻岩心与放置（暴露在空气中）90d 岩心样品烃类分析结果表明（图 3-9-9），现场冷冻致密岩心样品分析烃类组分齐全，其中轻烃组分（C_1—C_{12}）含量占 40.41%、重烃组分（C_{12+}）占 59.59%；致密岩心在实验室放置样品分析，轻烃组分（C_1—C_{12}）几乎完全损失，重烃组分（C_{12+}）损失 7.04%、损失近一半，烃类总损失 47.43%，但 C_{14+} 烃类及指纹特征基本不变。

5. 泥页岩与致密砂岩组合岩石烃类精细特征对比及评价

（1）同一泥页岩段中砂条烃类组分特征。

QP1 井泥页岩段 1981~1984.6m 与其发育的毫米级（1~9mm）和厘米级（4~16cm）砂条的烃类特征类似。如 1982.554~1982.556m 含介屑粗粉砂岩条带储层与接触的上、下泥页岩的正构烷烃分布、烃类指纹参数接近及包络线类似（图3-9-10），其中下泥页岩［图3-9-10（c）］烃指纹比值参数35#/33#、39#/40#、41#/42#、46#/47#、47#/48#、48#/50#、58#/57#、65#/70#、70#/71#、Pr/Ph、Pr/nC$_{17}$、Ph/nC$_{18}$、OEP分别为1.14、1.04、0.90、0.72、1.11、1.13、2.71、1.17、0.87、1.55、0.16、0.11、0.96，储层［图3-9-10（b）］的分别为1.13、1.03、0.91、0.73、1.09、1.14、2.60、1.15、0.89、1.56、0.18、0.12、0.96，上泥页岩［图3-9-10（a）］的分别为1.12、1.03、0.92、0.77、1.01、1.12、2.50、1.12、0.9、1.64、0.18、0.12、0.97，可见，该泥页岩段与薄砂条中原油的烃类特征类似且母质类型都为腐泥型、处于成熟阶段，说明薄砂条原油来自紧邻的泥页岩，若上覆泥页岩封挡住砂条中原油的运移则构成生储盖微组合，反之则不能构成生储盖微组合。同样，其他同一泥页岩段1986.4~1989.4m（图3-9-11）、1991.2~1994.1m、1995.2~1998.5m与各自发育的厘米—毫米级砂条的烃类特征类似，砂条中原油均来自紧邻的烃源岩，表明厘米—毫米级薄砂条与上下接触的泥页岩都可能构成生储盖组合。

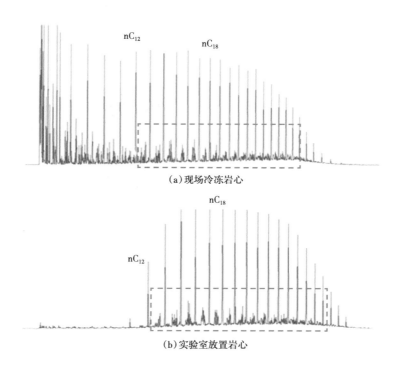

（a）现场冷冻岩心

（b）实验室放置岩心

图3-9-9 现场冷冻岩心与放置岩心样品分析对比图

（2）致密砂岩段烃类及含油性特征。

致密砂岩段1984.6~1986.4m厚度1.8m（发育2~11cm泥条），其中1984.85m与1985.61m粉砂岩烃类指纹参数特征类似（图3-9-12），从评价参数Pr/Ph、Pr/nC$_{17}$、Ph/nC$_{18}$、OEP分

别为 1.63 和 1.64、0.18 和 0.18、0.12 和 0.13、0.98 和 0.97 看，烃类母质类型为腐泥型、处于成熟阶段，说明该井段致密油为成熟原油。致密砂岩段 1989.4~1991.2m 厚度 1.8m（发育 2~23cm 泥条），其中 1990.500~1990.504m 含钙介屑粉砂岩与 1990.660~1990.664m 泥页岩的正构烷烃分布及包络线、烃指纹分布特征类似（图 3-9-12），从评价参数 Pr/Ph、Pr/nC$_{17}$、Ph/nC$_{18}$、OEP 分别为 1.49 和 1.50、0.31 和 0.27、0.20 和 0.17、0.99 和 0.98 看，储层原油和泥页岩生烃母质类型为腐泥型、处于成熟阶段，说明该井段致密油为成熟原油。致密砂岩段 1994.1~1995.2m 厚度 1.1m（发育 11cm 泥条）的正构烷烃分布及包络线、烃指纹比值参数及分布特征与上述 2 段砂岩的差别明显（图 3-9-12），原油烃类母质及成熟度一致。

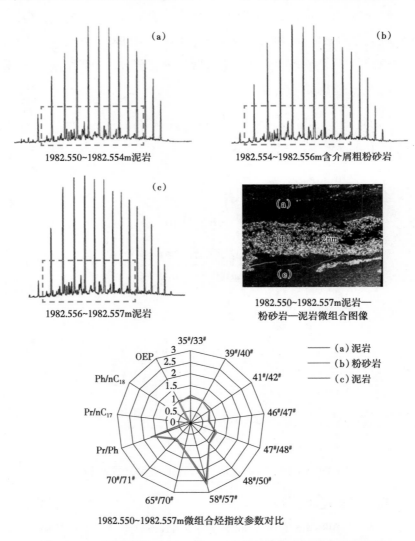

图 3-9-10　泥页岩段 1981~1984.6m 中生储微组合烃类分析对比图

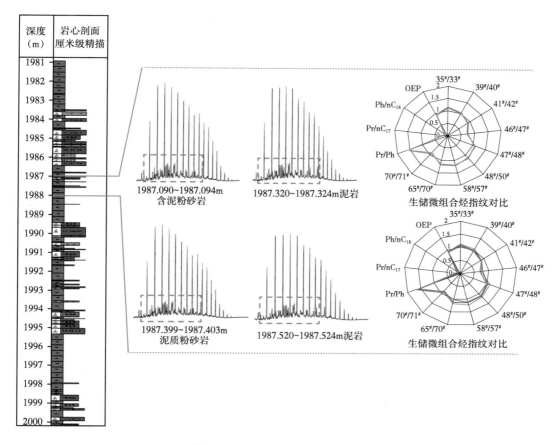

图 3-9-11 泥页岩段 1986.4~1989.4m 中生储微组合烃类分析对比图

（3）泥页岩段烃类及生油特征。

致密砂岩段 1984.6~1986.4m 下伏泥页岩段 1986.4~1989.4m 烃指纹比值参数 35#/33#、39#/40#、41#/42#、46#/47#、47#/48#、48#/50#、58#/57#、65#/70#、70#/71#、Pr/Ph、Pr/nC$_{17}$、Ph/nC$_{18}$、OEP 分别为 1.15、1.06、0.89、0.72、1.11、1.13、1.21、1.17、0.87、1.55、0.16、0.11、0.95，致密砂岩段 1989.4~1991.2m 下伏泥页岩段 1991.2~1994.1m 分别为 2.54、1.92、0.73、0.65、0.53、1.00、2.99、0.74、0.65、1.50、0.26、0.22、1.00，致密砂岩段 1994.1~1995.2m 下伏厚泥页岩段 1995.2~1998.5m 分别为 1.48、0.70、1.10、0.50、0.70、1.30、1.91、0.90、0.81、1.45、0.35、0.24、0.98，三段泥页岩烃类指纹比值参数差别明显（图 3-9-13）；同样，三段泥页岩的正构烷烃分布及包络线差别较明显。从母质类型评价参数 Pr/Ph、Pr/nC$_{17}$、Ph/nC$_{18}$ 和成熟度评价参数 OEP 值看，三段泥页岩的生油母质类型均为腐泥型和处于成熟阶段。

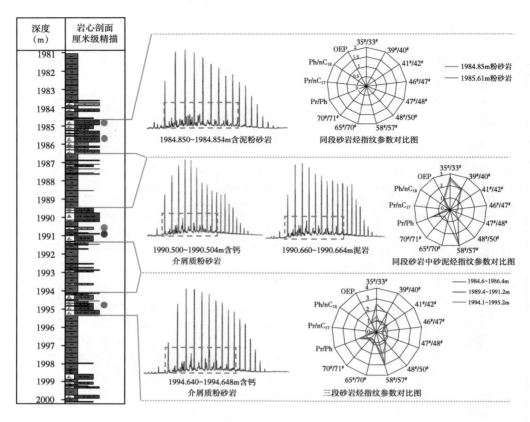

图 3-9-12　砂岩段烃类特征对比图

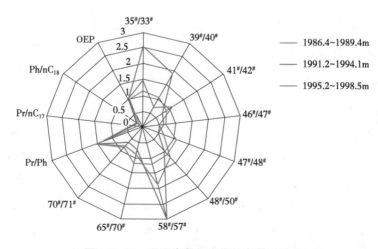

图 3-9-13　泥页岩段烃类指纹参数对比图

（4）致密砂岩段与下伏泥页岩段烃类特征对比。

在井段 1984.6~1989.4m 中，1984.850~1984.854m 含泥粉砂岩与 1987.920~1987.924m

泥页岩的正构烷烃分布及包络线、烃指纹比值参数及分布特征类似（图3-9-14）；在井段1989.4~1994.1m中，1990.500~1990.504m含钙介屑粉砂岩与1991.661~1991.665m泥页岩的正构烷烃分布及包络线、烃指纹比值参数及分布特征类似（图3-9-14）；在井段1994.1~1998.5m中，1994.640~1994.644m含钙介屑粉砂岩与1997.461~1997.465m泥页岩的正构烷烃分布及包络线、烃指纹比值参数及分布特征类似（图3-9-14）；同时，三段源储的烃类分布特征差别较明显。可见，致密砂岩段与各自下伏泥页岩段的烃类特征类似，构成"下生上储"的源储组合。

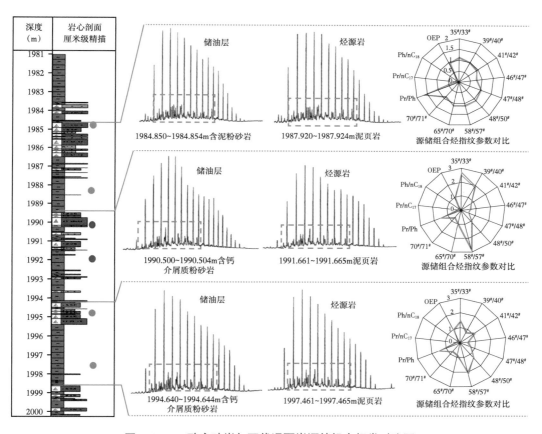

图3-9-14 致密砂岩与下伏泥页岩源储组合烃类对比图

6. 技术应用

在QP1井、YX58井等多口井应用，共分析样品415块，应用致密砂岩及泥页岩样品烃指纹数据进行油源对比和含油性评价，开展页岩压裂油层原油效果评价研究，实现了GY1井、GY21井等8口井7层页岩压裂油层原油贡献定量测试，为古龙页岩油压裂效果评价提供了新手段。

第四章　流动性评价技术

流动性是指页岩油在页岩储集空间内的流动能力，反映页岩中石油流动物理及化学性质特征，流动性主要受到岩石结构、孔隙结构、渗透率和温度压力等因素的影响。通过建立页岩储层孔隙三维可视化分布、超临界 CO_2 驱替、二维核磁、润湿性、敏感性、高压物性分析技术等，测定页岩油轻重比、渗透率、驱替油率、可动油率、气油比等关键参数，开展页岩油储层流动性评价，为页岩油有效动用及开采提供实验依据。

第一节　页岩储层油激光共聚焦微观分布三维重建技术

目前，国内外页岩油储层常规含油量分析主要有岩石热解 S_1、核磁共振技术等，亟待发展能够精细刻画原油在孔隙中空间分布的技术。国外现有激光共聚焦技术可以实现全油空间分布分析，但不能给出原油各组分的空间分布定量化结果。Tasiuk、Munz 曾应用普通荧光技术研究砂岩储层包裹体中油的组分，但对于页岩油组分的三维可视化研究少见报道，制约了原油富集规律及可动性研究。针对页岩储层含油性及可动性评价需求，建立微纳米尺度下页岩油微区分布激光共聚焦三维可视化定量分析技术。应用激光对含油的页岩样品进行激发，根据原油荧光特性，成熟度越高，相对分子质量越小，在发射光谱中发生"蓝移"现象，即在荧光光谱中向左移动；原油成熟度越低，相对分子质量越大，在发射光谱中发生"红移"现象，即在荧光光谱中向右移动。根据这一原理，进行多通道激光激发与信号接收，实现多重荧光信号的分离与重组成像，从而实现了原油在微纳米尺度孔隙中分布的三维数字成像、不同组分原油的分布及定量分析。

一、实验方法

1. 技术关键

（1）冷冻页岩储层样品原油轻重组分划分方法。

（2）冷冻样品激光共聚焦高分辨无损可视化分析技术。

2. 解决途径

（1）建立冷冻页岩储层样品原油轻重组分划分方法。

通过原油样品开展原油全烃气相色谱分析 + 激光光谱分析，对冷冻页岩储层油进行数据标定，确定原油轻质组分（$\leqslant C_{15}$）、重质组分（$> C_{15}$）对应的接收波段范围（图 4-1-1）。

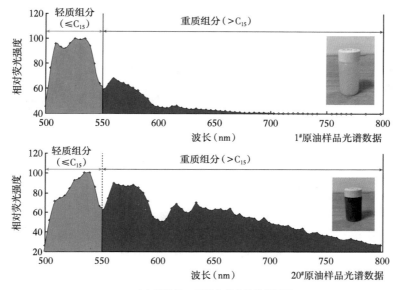

（a）原油轻、重组分荧光波段范围图

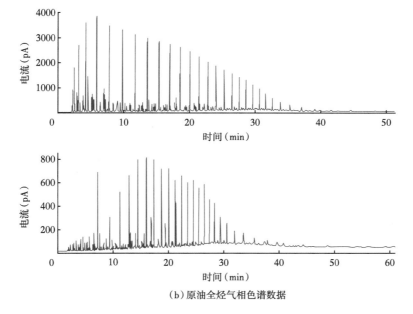

（b）原油全烃气相色谱数据

图 4-1-1 页岩储层油轻重组分划分方法

（2）建立冷冻样品激光共聚焦高分辨无损可视化分析技术。

对古龙页岩油质轻、易挥发，原始含油量测定难的问题，发明全自动冷台保护装置，对保压冷冻样品（-196℃）开展全流程冷冻态激光共聚焦分析（图4-1-2），实现页岩含油量的精确测定。

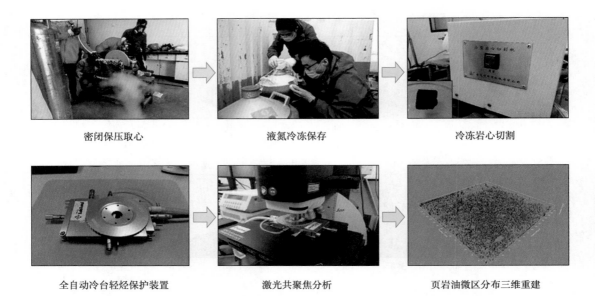

| 密闭保压取心 | 液氮冷冻保存 | 冷冻岩心切割 |

| 全自动冷台轻烃保护装置 | 激光共聚焦分析 | 页岩油微区分布三维重建 |

图 4-1-2　冷冻样品激光共聚焦分析流程图

3. 实验分析条件

（1）激光共聚焦显微镜（至少包括488nm波长激光光源）。

（2）激光共聚焦三维数据采集软件。

（3）激光共聚焦三维重建及量化分析软件。

（4）全自动冷台（-196℃）。

（5）液氮。

4. 实验流程和步骤

通过密闭保压取页岩岩心，在液氮蒸汽条件下进行样品切割，切割成尺寸为20mm×20mm×5mm岩块，并在液氮条件下，分别用400目、1000目、2000目砂纸将岩片精磨至平面光亮，转移至全自动冷台中。在全自动冷台保护下，开展激光共聚焦扫描与数据采集，并对采集的数据体三维重建和量化分析，具体流程和步骤如图4-1-3所示。

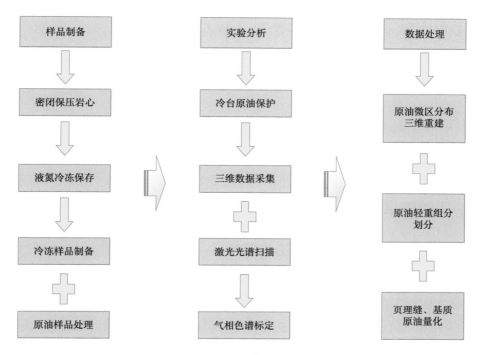

图 4-1-3 储油单元定量分析流程图

5. 实验结果计算

（1）单视域原油轻（重）质组分体积按式（4-1-1）计算：

$$V_n = \sum_{i=1}^{n} V_i \tag{4-1-1}$$

式中 V_n——单视域原油轻（重）质组分体积，μm^3；

V_i——第 i 个储油单元原油轻（重）质组分体积，μm^3；

n——储油单元个数。

（2）单视域原油轻（重）质组分体积百分含量按式（4-1-2）计算：

$$P = \frac{V_n}{LWH} \times 100\% \tag{4-1-2}$$

式中 P——单视域原油轻（重）质组分体积百分含量，%；

V_n——单视域原油轻（重）质组分体积，μm^3；

L——视域长度，μm；

W——视域宽度，μm；

H——视域高度，μm。

（3）原油轻（重）质组分平均体积百分含量按式（4-1-3）计算：

$$\overline{P} = \frac{\sum_{i=1}^{n} P_i}{n} \tag{4-1-3}$$

式中　$\overline{P}$——该样品原油轻（重）质组分平均体积百分含量，%；

　　　　P_i——第 i 个视域的原油轻（重）质组分体积百分含量，%；

　　　　n——视域个数。

二、实验结果

1. 不同岩性含油量及原油微区分布特征

（1）纹层状页岩含油丰富（含油体积占岩石体积比例为 2.16%~11.83%）、轻重比多数大于 1，轻重比越大，流动性越好，组分呈分异现象，主要有 3 种特征分布：①呈分散状分布于骨架颗粒之间的粒间孔，轻重组分略呈分异现象；②轻质组分在砂质条带较富集，纹层状页岩油含油丰富，轻、重质组分主要沿纹层和页理分布，轻质组分含量普遍高于重质组分，轻重比大于 1，见明显分异现象；③页理缝原油明显富集、以轻质组分为主，泥质部分油呈零散状分布［图 4-1-4（a）~（c）］。

（2）层状页岩含油较丰富（含油体积占岩石体积比例为 1.01%~5.56%）、轻重比为 0.91~1.23，轻重比越大，流动性越好，组分略呈分异现象，主要有 3 种特征分布：①在泥质富集区域呈分散状分布于骨架颗粒之间的粒间孔；②轻组分在砂质条带较富集，重质组分在泥质条带处含量较高；③页理缝原油明显富集，其他部分油呈分散状，主要分布于骨架颗粒之间的粒间孔［图 4-1-4（d）~（f）］。

（3）粉砂岩含油丰富（含油体积占岩石体积比例为 3.76%~9.44%）、轻重比大于 1，轻重比越大，流动性越好，组分呈分异现象，主要有 2 种特征分布：①轻重组分呈团簇状分于骨架颗粒之间的粒间孔；②原油轻质组分在砂质条带处较富集，重质组分在泥质处含量较高［图 4-1-4（g）~（i）］。

（4）介屑灰岩油含量较低，主要随介形虫层零散分布，原油轻重组分含量均较低，重质组分含量普遍高于轻质组分［图 4-1-4（j）~（l）］。

（5）泥晶云岩油含量较低，零散分布，主要分布于泥晶颗粒之间的粒间孔，原油轻重组分含量均较低、轻重比大于 1［图 4-1-4（m）~（o）］。

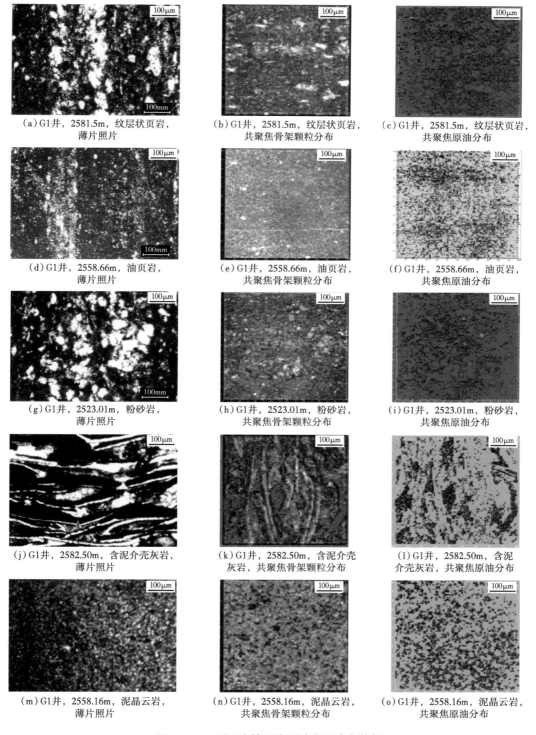

（a）G1井，2581.5m，纹层状页岩，
薄片照片

（b）G1井，2581.5m，纹层状页岩，
共聚焦骨架颗粒分布

（c）G1井，2581.5m，纹层状页岩，
共聚焦原油分布

（d）G1井，2558.66m，油页岩，
薄片照片

（e）G1井，2558.66m，油页岩，
共聚焦骨架颗粒分布

（f）G1井，2558.66m，油页岩，
共聚焦原油分布

（g）G1井，2523.01m，粉砂岩，
薄片照片

（h）G1井，2523.01m，粉砂岩，
共聚焦骨架颗粒分布

（i）G1井，2523.01m，粉砂岩，
共聚焦原油分布

（j）G1井，2582.50m，含泥介壳灰岩，
薄片照片

（k）G1井，2582.50m，含泥介壳
灰岩，共聚焦骨架颗粒分布

（l）G1井，2582.50m，含泥
介壳灰岩，共聚焦原油分布

（m）G1井，2558.16m，泥晶云岩，
薄片照片

（n）G1井，2558.16m，泥晶云岩，
共聚焦骨架颗粒分布

（o）G1井，2558.16m，泥晶云岩，
共聚焦原油分布

图 4-1-4　不同岩性页岩原油微区分布特征

2. 页岩中原油微区分布精细刻画

激光共聚焦原油微区分布分析表明，古龙青山口组页岩含油性普遍相对较好，原油体积百分含量高达 6.83%，且随着成熟度的升高，原油轻重组分分离现象也越发明显。研究表明，当 $R_o > 1.1\%$ 时，原油轻重组分会出现较明显的分离现象，古龙青山口组页岩油普遍发现上述现象。页理和页理缝不发育的页岩，原油主要呈零散状富集分布于基质孔隙中，少部分呈团簇状富集分布 [图 4-1-5（a），（b）]；页理和页理缝相对发育的页岩在基质孔隙中见原油呈零散状富集分布之外，也见原油沿页理和页理缝富集分布的现象，由于原油轻质组分的流动性相对更好，页理缝处主要以原油轻质组分为主 [图 4-1-5（c），（d）]；有机质纹层发育的页岩，在高有机质纹层中见明显原油富集分布，且随着成熟度升高，有机质纹层中原油轻质组分富集现象更加明显 [（图 4-1-5（e），（f）]；高有机质纹层和页理缝发育的页岩中，见原油轻质组分沿页理缝富集分布，原油轻重组分在有机质纹层富集分布，且重质组分含量相对较高 [图 4-1-5（g），（h）]；页理、页理缝、有机质纹层和基质共同发育的页岩中，见原油轻重组分在各部分均有分布，且原油轻重组分分离现象较为明显 [图 4-1-5（i），（j）]。

三、技术应用

1. 纵向上不同油层组原油分布及流动性特征

（1）下部油层组：基质孔隙、页理缝普遍含油，页理缝发育。总含油量高，为 2.62%~3.74%；油质轻，轻重比 1.52~2.85，轻重比高，流动性好；储油单元小，直径 0.21~14.45μm（图 4-1-6）。

（2）中部油层组：页理缝不发育，以基质孔含油为主。总含油量偏低，为 1.36%~2.15%；油质较轻，轻重比 0.74~1.31，轻重比中等，流动性较好；储油单元中等，直径 0.22~20.49μm（图 4-1-7）。

（3）上部油层组：基质孔隙、页理缝均含油，页理缝较发育。总含油量较高，为 1.46%~2.25%；油质较轻，轻重比 0.92~1.51，轻重比高，流动性好；储油单元大，直径 0.24~29.87μm（图 4-1-8）。

2. 平面及不同地区油层分布及流动性特征

古龙凹陷页岩油轻质含量从北到南呈先增大后减小趋势，从古龙凹陷向三肇凹陷呈降低趋势，古龙凹陷中心油质最轻，油质越轻则流动性越好，反映凹陷是最有利的勘探区（图 4-1-9）。

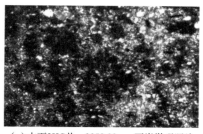
（a）古页2HC井，2359.32m，页岩微观照片

（b）古页2HC井，2359.32m，原油微区分布三维立体图像

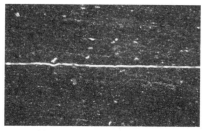
（c）敖34井，2232.99m，页岩微观照片

（d）敖34井，2232.99m，原油微区分布三维立体图像

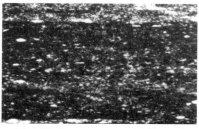
（e）古页1井，2558.66m，页岩微观照片

（f）古页1井，2558.66m，原油微区分布三维立体图像

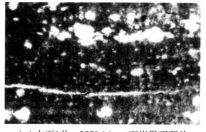
（g）古页1井，2558.16m，页岩微观照片

（h）古页1井，2558.16m，原油微区分布三维立体图像

（i）肇2911井，1851.23m，页岩微观照片

（j）肇2911井，1851.23m，原油微区分布三维立体图像

图 4-1-5 页岩中原油微区分布典型图像

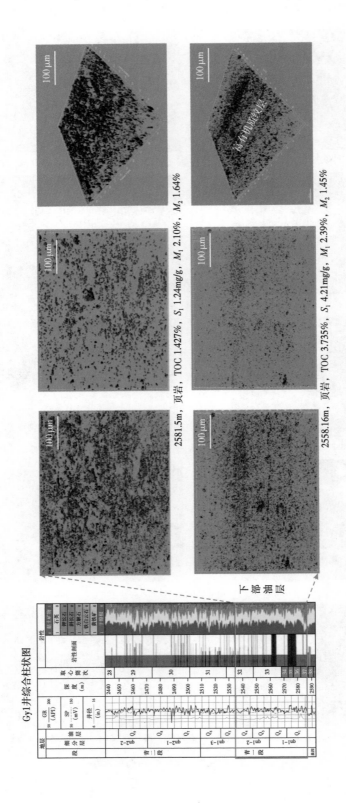

2581.5m，页岩，TOC 1.427%，S_1 1.24mg/g，M_1 2.10%，M_2 1.64%

2558.16m，页岩，TOC 3.735%，S_1 4.21mg/g，M_1 2.39%，M_2 1.45%

图 4-1-6　下部油层组页岩油空间分布特征

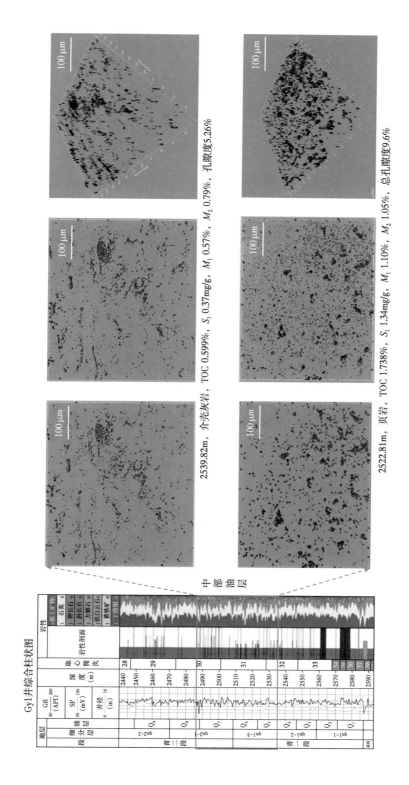

图 4-1-7 中部油层组页岩油空间分布特征

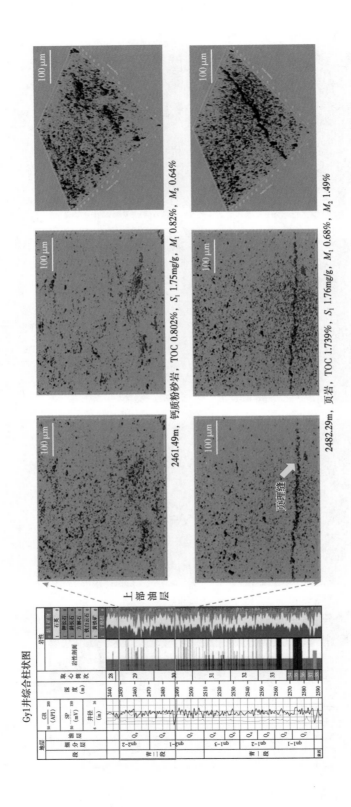

2461.49m，钙质粉砂岩，TOC 0.802%，S_1 1.75mg/g，M_1 0.82%，M_2 0.64%

2482.29m，页岩，TOC 1.739%，S_1 1.76mg/g，M_1 0.68%，M_2 1.49%

图 4-1-8　上部油层组页岩油空间分布特征

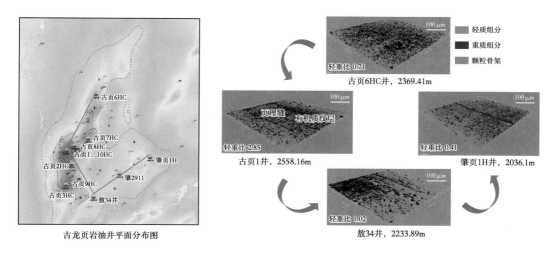

古龙页岩油井平面分布图

图 4-1-9　古龙凹陷页岩油轻质含量平面分布图

第二节　页岩油 CO_2 超临界驱替及萃取实验技术

目前，国内外现有页岩油流动性评价装置多采用岩石热解仪、核磁共振仪等，不能满足模拟地层高温高压条件下页岩油流动性研究需要，亟待研发页岩油 CO_2 超临界驱替及萃取实验装置。本节提出自主研发的页岩油 CO_2 超临界驱替及萃取实验装置，包括注入、驱替萃取、控制、计量四大系统，实现页岩油模拟地层条件流动测量。

一、实验方法

1. 技术关键

（1）页岩油 CO_2 超临界驱替及萃取实验装置。

（2）不同形状页岩样品驱替萃取实验方法。

2. 解决途径

（1）研制页岩油二氧化碳超临界驱替及萃取实验装置。

①采用锰钛合金等特殊材质，研制耐高温高压抗腐蚀驱替釜，攻克高温高压防腐、密封难题；

②采用精密马达与内转子旋转等设计，研制动态驱替萃取系统，解决驱替萃取方式单一问题；

③采用红外光油量测定等设计，研制油微量计量系统，解决微量油计量难题。

（2）建立页岩油二氧化碳超临界驱替萃取实验技术。

①页岩保压密闭岩心圆柱样品超临界 CO_2 驱替萃取油实验方法。

圆柱样品制备：采用线切割技术，制备密闭保压岩心样品，规格 25mm×25mm，圆柱样品无裂痕。

页岩油驱替压力：最大不超过页岩样品的地层破裂压力。

模拟地层温度：页岩样品所处地层温度。

页岩油驱替时间：一般为 7~20d。

②页岩圆柱饱和原油样品超临界 CO_2 驱替萃取实验方法。

页岩样品饱和原油：采用产出井原油样品，圆柱样品洗油后利用岩心高压饱和装置进行原油饱和，最大饱和压力不超过页岩样品的破裂压力。

页岩油驱替压力：最大不超过页岩样品的破裂压力。

模拟地层温度：页岩样品所处地层温度。

页岩油驱替时间：一般为 7~20d。

③页岩超临界 CO_2 驱替萃取实验方法。

样品制备：将页岩样品在液氮氛围下粉粹至粒径 0.07~0.15mm。

驱替萃取压力：页岩样品所处地层压力。

驱替萃取温度：页岩样品所处地层温度。

驱替萃取时间：24h。

3. 实验流程及步骤

实验流程及步骤如图 4-2-1 所示。

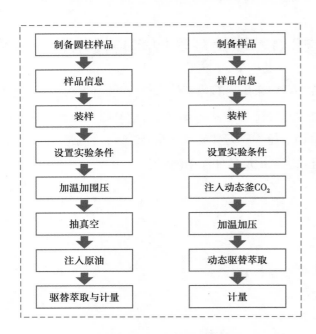

图 4-2-1　页岩 CO_2 超临界驱替萃取实验流程图

二、技术应用

1. 页岩样品驱替萃取可动油率特征

通过对 G1 井、G8HC 井、C21 井等 4 口井 20 块样品驱替萃取实验分析表明，保压和饱和油圆柱样品的驱替油率为 16%~43%（表 4-2-1 和表 4-2-2），粉粹成细粒径页岩样品驱替油率为 83%~94%（图 4-2-2）。可见，不同页岩样品驱替油率受粒径、物性和成熟度的影响，粒径越小、物性越好、成熟度越高，页岩油驱替萃取率越高、流动性越好。

表 4-2-1　G8HC 井密闭保压纹层状页岩驱替实验结果

序号	井深（m）	层位	孔隙度（%）	渗透率（mD）	最大驱替压力（MPa）	驱替温度（℃）	驱替前 S_1（mg/g）	驱替后 S_2（mg/g）	驱替油率（%）
1	2319.60	K_1qn_{2+3}	4.00	0.270	35.0	90	1.23	0.79	35.77
2	2479.10	K_1qn_1	7.31	0.026	42.3	96	4.76	3.99	16.17

表 4-2-2　G1 井纹层状页岩饱和原油驱替实验结果

序号	井深（m）	层位	孔隙度（%）	渗透率（mD）	最大驱替压力（MPa）	驱替温度（℃）	饱和油量（g）	驱替出油量（g）	驱替油率（%）
1	2389.20	K_1qn_{2+3}	7.46	0.026	35	93	0.39	0.10	25.64
2	2501.24	K_1qn_1	5.55	0.096	43	97	1.32	0.57	43.18

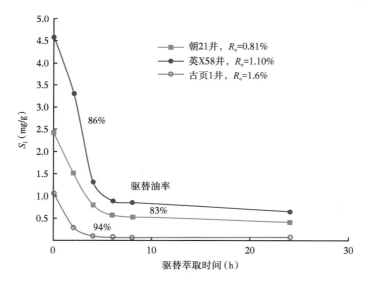

图 4-2-2　不同成熟度页岩 CO_2 驱替油率

2. 不同压力驱替萃取页岩储层物性特征

实验样品：G18 井保压岩心圆柱状样品，层位 K_1qn_1。

实验条件：按不同实验条件开展驱替萃取实验 5 组，每组温度 100℃、驱替萃取时间 24h，压力分别为 10MPa、20MPa、30MPa、40MPa、50MPa。

实验结果：超临界 CO_2 驱替萃取有效改善储层，使孔隙度平均增加 4.51%（图 4-2-3），渗透率平均增加 0.53mD（图 4-2-4），驱替萃取压力越大，对孔隙度影响越大（图 4-2-5）。

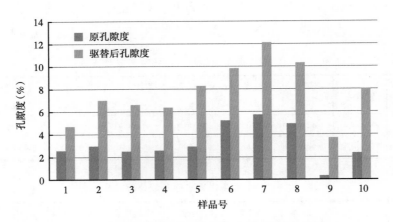

图 4-2-3　超临界 CO_2 驱替孔隙度变化对比图

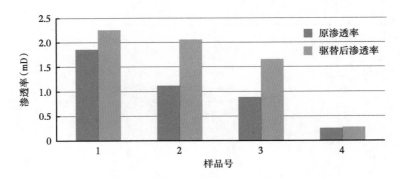

图 4-2-4　超临界 CO_2 驱替渗透率变化对比图

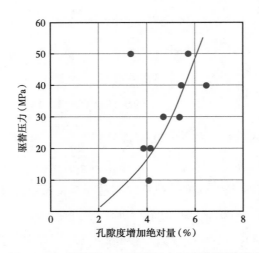

图 4-2-5　超临界 CO_2 驱替压力与孔隙度关系图

第三节　页岩基质渗透率分析技术

页岩基质渗透率是页岩油勘探开发过程中重要的关键参数之一，准确获得渗透率值是制约页岩油勘探开发的瓶颈之一。目前，对页岩基质渗透率的研究大多归于理论计算，而对页岩基质渗透率测试等方面研究报道很少。基质渗透率作为新参数，在页岩储层物性评价、确定有利压裂层段、油气藏数值模拟中发挥了重要作用。

常规油气储层的岩石渗透率测量主要采用基于达西定律的稳态法，该方法只适合于渗透率大于 0.001mD 的岩石。测量页岩基质渗透率的主要瓶颈，一是页岩基质渗透率值为纳达西级，由于受实验方法限制，部分样品超出了稳态法测量下限；二是页岩泥质含量高、既硬又脆，易从层理面开裂，很难钻取规则的柱塞岩样，即使钻取成功的柱塞岩样受到长时间清洗和干燥，样品也极易破裂，导致样品无法测量。针对以上问题，急需开展和完善压力衰减法（非稳态法）泥页岩基质渗透率分析技术，为泥页岩油储层评价和含油性特征评价提供技术参数。

一、实验方法

基质渗透率分析采用美国进口设备 SMP-200 型页岩颗粒渗透率仪，通过消化吸收技术和设备，在实际功能开发和样品测试过程中存在如下问题：一是松辽盆地陆相沉积泥页岩与美国海相沉积泥页岩岩性特征存在差异，古龙页岩层理发育，纹层多，易碎裂，美国进口仪器分析部分指标不适合古龙页岩样品；二是美国进口仪器更多是用于学术和技术研究，在生产上不适宜大量样品测试。因此，通过大量实验分析，优化实验条件，建立适合古龙页岩的基质渗透率分析技术，为泥页岩油储层评价提供重要实验参数，满足大庆探区泥页岩油勘探需求。

1. 技术关键

（1）颗粒样品难以制备，制备时间长，耗时费力，需优化颗粒样品制样方式。

（2）确定分析样品质量，提高测量结果稳定性。

（3）确定样品测量最佳时间，提高分析效率。

（4）研究颗粒样品烘干温度，确定最佳干燥温度。

（5）研究页岩样品洗油对基质渗透率影响。

2. 解决途径

（1）优选颗粒样品碎样方式。

泥页岩基质渗透率所需颗粒样品直径范围为500~850μm，由于获取的样品颗粒较小，采用手工碎样制备方法制备单块样品时间为2h，不仅费时费力，而且制样效率低、岩心消耗量大。

采用颚式粉碎仪进行样品粉碎实验，粉碎间距设置为3.0mm、2.0mm、1.0mm和0.5mm，将粉碎后的样品用标准筛为1180~1400μm、850~1180μm、500~850μm，制备出3种粒级样品，并称量质量，计算出样比例。

①粉碎间距为2.0mm、2.0mm和1.0mm时出样比例3种粒级分别为6.2%、12.2%和19.8%。由于泥页岩基质渗透率所需颗粒样品最佳范围为500~850 μm，因此选择粉碎间距为1.0mm左右。

②粉碎间距为1.0mm时500~850μm粒级区间的3次粉碎样品出样率为30.6%。由于泥页岩基质渗透率测量仪SMP-200所需要泥页岩颗粒样品质量为25~30g，在粉碎3次的情况下，所需要岩心样品的最小质量为82g。

（2）颗粒样品最佳测试质量。

按仪器要求进行样品测试，质量30g分析结果相对于质量20g的渗透率平均偏差为48.6%，质量为30g时基质渗透率重复性平均相对偏差为21.6%，分析数据稳定性差，重复实验结果波动较大。

从不同测试质量对基质渗透率影响的分析实验结果看，当样品质量由30g提高到80g时稳定性变好，重复性相对偏差由21.6%降低到8.1%，考虑样品制备效率及岩心消耗量，测试质量选择为80g。

（3）样品测试时间。

按照仪器要求进行测试时间为2000s，分析时间长。从实验结果看：稳定时间0~500s占样品总数的93.6%，稳定时间500~1000s占总数的6.4%，稳定时间1000~2000s无样品分布。因此，测试时间由2000s降低至1000s。

（4）颗粒样品最佳烘干温度。

GB/T 34533—2023《页岩孔隙度、渗透率和饱和度测定》规定105℃烘干至稳定质量，美国标准协会APIRP40规定真空条件下60℃烘干至稳定质量。从实验结果看（表4-3-1）：烘干温度对样品基质渗透率的影响不大，数值都在同一数量级、无明显的变化规律，故采用GB/T 34533—2023规定的烘干温度。

表 4-3-1　A2 井不同烘干温度下基质渗透率数据

样品编号	岩性	井深（m）	层位	总孔隙度（%）	基质渗透率（mD）	
					烘干温度 60℃	烘干温度 105℃
Z1	油页岩	2558.76	K_1qn_1	11.5	3.26×10^{-4}	1.74×10^{-4}
Z2	油页岩	2557.16	K_1qn_1	14.2	4.23×10^{-4}	9.55×10^{-4}
Z4	页岩夹纹层	2555.16	K_1qn_1	10.4	> 0.001	> 0.001
Z5	黑色页岩	2549.66	K_1qn_1	5.7	1.62×10^{-4}	1.13×10^{-4}
Z6	黑色页岩	2547.76	K_1qn_1	12.2	3.04×10^{-4}	9.30×10^{-4}
Z9	页岩夹纹层	2539.42	K_1qn_1	9.8	> 0.001	> 0.001
Z11	黑色页岩	2536.52	K_1qn_1	10.0	> 0.001	> 0.001
Z22	含泥粉砂岩	2528.32	K_1qn_1	9.7	9.35×10^{-4}	5.29×10^{-4}
Z25	黑色页岩	2525.52	K_1qn_1	12.1	> 0.001	> 0.001
Z35	页岩夹薄层粉砂	2510.41	K_1qn_1	9.1	8.34×10^{-4}	2.29×10^{-4}

（5）页岩样品洗油对基质渗透率的影响。

从分析结果来看，洗油之前基质渗透率介壳灰岩最大为 1.72×10^{-4} mD、黑色页岩最小 0.29×10^{-4} mD，洗油之后基质渗透率明显增大，其中介壳灰岩最大为 4.09×10^{-4} mD，钙质泥页岩最小为 0.73×10^{-4} mD，钙质泥页岩增大倍数最小为 2.01 倍，泥晶云岩增大最大倍数为 9.93 倍，说明洗油对基质渗透率影响较大（图 4-3-1）。

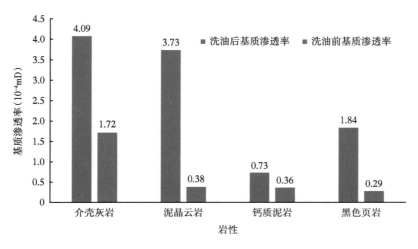

图 4-3-1　X4003 井泥页岩基质渗透率分布图

3. 实验流程及步骤

（1）样品选取：取样规格无要求，块状、碎屑岩心都可，质量不低于400g。

（2）样品粉碎：先采用手工碎样将岩心粉碎至3mm以下，再用颚式粉碎仪进行细粉碎，粉碎间距为1.0mm。

（3）样品筛分：用标准筛筛选出粒级区间为500~850μm的颗粒样品。

（4）样品洗油：按规定洗油。

（5）样品烘干：采用105℃烘干至稳定质量，约48h。

（6）预热仪器：提前30min打开系统，使压力传感器稳定。开机顺序是，计算机、恒温箱电源、恒温器、主机。在此期间，打开压缩空气阀门（或氮气瓶）和氦气瓶，调整压缩空气压力为0.69MPa，氦气压力为1.38MPa。

（7）仪器调试：依次进行系统设置、传感器调零、死体积校准、参比体积校准、漏失测试，待漏失测试通过后，方可进行样品渗透率测试。

（8）输入样品相关信息后，进行渗透率测量。

（9）计算基质渗透率并发出报告。

二、实验结果

1. 重复性实验

选取A2井岩心进行重复性实验分析，基质渗透率都在同一数量级之内，平均偏差为8.1%（表4-3-2），重复性实验结果较好。

表4-3-2 A2井基质渗透率数据重复性对比表

编号	岩性	井深（m）	层位	次数	基质渗透率（10^{-4}mD）
Z6	黑色页岩	2558.16	K_1qn_1	1	4.98
				2	5.26
				3	5.13
				4	4.37
				5	4.25

2. 实验比对

选取A2井样品与东北石油大学测量结果进行实验比对（表4-3-3），英X58井样品与中国石化华东油气分公司测量结果进行比对（表4-3-4）：基质渗透率都在同一数量级之内，对比效果较好。

表4-3-3 A2井基质渗透率数据对比表

样品编号	岩性	井深（m）	层位	温度（℃）	样品质量（g）	渗透率（mD）	
						大庆研究院	东北石油大学
Z2	油页岩	2557.16	K_1qn_1	30	52.548	6.78×10^{-5}	7.51×10^{-5}
Z6	黑色页岩	2547.76	K_1qn_1	30	60.058	7.40×10^{-5}	8.31×10^{-5}
Z8	页岩夹纹层	2543.86	K_1qn_1	30	59.514	2.49×10^{-5}	8.30×10^{-5}
Z9	页岩夹纹层	2539.42	K_1qn_1	30	62.355	7.54×10^{-5}	6.92×10^{-5}
Z11	黑色页岩	2536.52	K_1qn_1	30	61.415	4.95×10^{-5}	8.51×10^{-5}
Z22	含泥粉砂岩	2528.32	K_1qn_1	30	55.593	4.24×10^{-5}	6.91×10^{-5}

表4-3-4 YX58井基质渗透率数据对比表

样品编号	岩性	井深（m）	层位	基质渗透率（mD）	
				华东油气分公司	大庆研究院
Q1	灰黑色泥页岩	2116.17	K_1qn_1	2.78×10^{-4}	7.46×10^{-4}
Q2	灰黑色泥页岩	2114.67	K_1qn_1	8.03×10^{-4}	7.87×10^{-4}

三、技术应用

1. 青山口组泥页岩基质渗透率分布特征差别明显

通过26口井715块样品分析结果表明，古龙页岩平均水平裂缝渗透率为0.204mD、平均基质渗透率为0.00023mD，页岩的水平渗透率约为垂直渗透率的500倍，其他岩性水平与垂向渗透率差异不大；上部油层组流动系数高于下部油层组，油气从基质向裂缝流动能力更强。

2. 不同岩性流动性

层状和纹层状页岩基质渗透率及流动性高于泥晶云岩、介壳灰岩、粉砂岩（图4-3-2）。

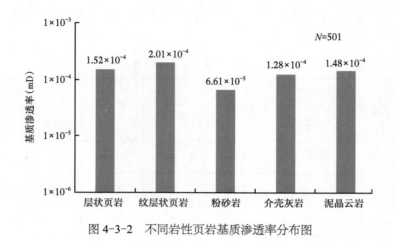

图 4-3-2　不同岩性页岩基质渗透率分布图

第四节　页岩油流动性二维核磁分析技术

页岩油的储集空间主要是以纳米级孔隙为主，同时由于页岩中含有丰富的有机质，与常规储层相比页岩具有复杂的孔隙结构、孔道呈现多尺度分布特点，主流喉道半径多以纳米级别为主，页岩油难以流动，常规液体驱替基本无效，可动性研究具有一定困难。

一、实验方法

核磁共振技术是通过对处在相对平衡的原子核系统施加一定频率的射频信号，将低能态的质子激发到高能态，通过计算从高能态向低能态跃迁的时间，以及测量岩心中液体的原始回波串，得到最终的衰减曲线，通过拟合反演的方法最终得到核磁孔隙度等宏观的物性参数，通过核磁共振技术能够清楚地分析了解储层性质。通过核磁共振测量，结合其他辅助手段如离心、驱替等，可用于页岩油流动性定量评价分析。

1. 技术关键

（1）自然散失条件核磁可动性研究。

（2）核磁离心实验页岩可动性研究。

（3）核磁二氧化碳驱替实验页岩可动性研究。

2. 解决途径

（1）自然散失条件核磁可动性研究。

选取古龙页岩保压密闭岩心（图 4-4-1），开展散失实验，散失过程隔绝空气干扰，先测定原始保压样品中不同赋存状态油、水量，并开展放置不同时间测试实验，根据实验结果，观察不同孔径、赋存状态散失及富集不同油水量。

图 4-4-1　核磁法散失实验样品

（2）核磁离心实验页岩可动性研究。

选取古龙页岩岩心，渗吸原油后，采用 750psi 离心力，离心时间 8h，进行离心实验，对离心前后样品开展二维核磁实验，根据实验结果，研究页岩可动率及可动孔径。

（3）核磁二氧化碳驱替实验页岩可动性研究。

核磁结合二氧化碳驱替，对驱替前后样品开展二维核磁实验，模拟实际开采过程，研究页岩中油气的分布变化。古龙页岩油储层油气主要赋存在有机质孔隙中，更适合以 CO_2 作为驱替介质研究页岩油储层油气的可动性。

二、实验结果及应用

1. 自然散失条件页岩流动性

散失 21d 前后对比，油水总散失率在 56.22%~77.99% 之间，平均为 68.2%（表 4-4-1），其中水分散失率平均为 71.8%，油散失率平均为 56.8%。中大孔油散失率大于小孔，毛细管水散失率平均最高。

以 1 号样品为例说明：水散失主要以 T_2 大于 0.4ms（孔径 6nm）为主，油散失主要以 T_2 大于 2ms（孔径 30nm）为主（图 4-4-2 和图 4-4-3）。

表 4-4-1 二维核磁检测样品油水散失情况   单位：%

样品编号	水散失率	束缚水散失率	毛细管水散失率	油散失率	小孔油散失率	中大孔油散失率	总散失率
1	68.63	54.83	94.35	64.63	62.49	94.85	67.61
2	83.22	76.86	99.00	56.11	52.05	91.41	76.81
3	57.65	38.75	90.92	50.66	48.57	100.00	56.22
4	83.62	80.28	96.78	57.31	57.56	52.78	77.99
5	64.69	44.12	96.92	58.08	57.41	80.71	63.37
6	79.21	77.12	94.77	54.69	56.82	74.22	72.46
7	65.61	46.44	93.65	55.88	56.89	29.72	63.08
平均	71.80	59.80	95.20	56.80	56.00	74.90	68.20

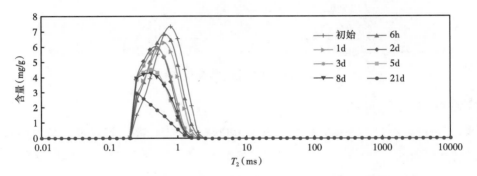

图 4-4-2 不同散失时间水分散失 T_2 变化图

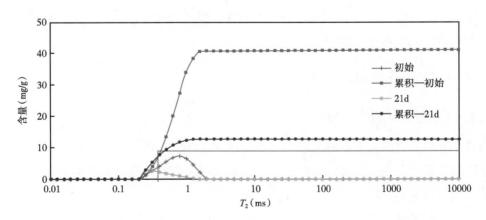

图 4-4-3 水散失 21d 前后 T_2 对比

　　流体散失规律方面（图4-4-4），从开始至2d时间段，毛细管水快速减少，束缚水基本不变，3d后毛细管水缓慢减少，束缚水快速减少，21d后毛细管水基本散失完全，束缚水部分散失。大孔油有减少—增加—减少—增加的变化规律（图4-4-5和图4-4-6），这可能是由于散失过程中小孔油向中大孔运移。小孔油先缓慢减少，2d后快速减小；反映先大孔油散失，后小孔油散失的特点。

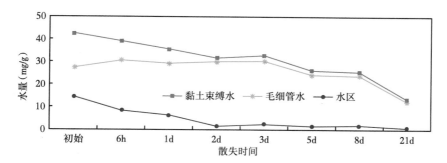

图4-4-4　1号样品不同散失时间水分变化

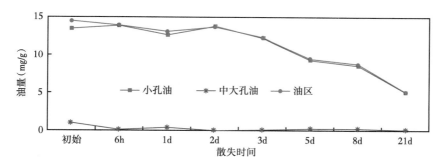

图4-4-5　1号样品不同散失时间油变化

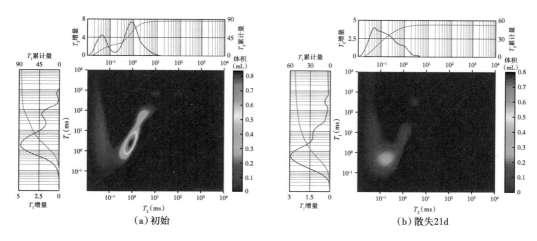

图4-4-6　1号样品初始与散失21d二维核磁图谱

2. 离心条件下页岩流动性

选取3块古龙页岩样品，通过二维核磁结合离心实验，总体油动用效率13.9%~22.9%；古龙页岩可动油孔径大于6nm，以大于100nm孔隙油可动为主，占56.7%~82.3%，反应大孔隙离心效率高的特点（图4-4-7至图4-4-12）。

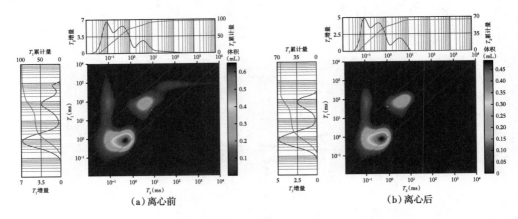

（a）离心前　　　　　　　　　（b）离心后

图 4-4-7　1 号样品离心前后二维核磁 T_1—T_2 分布图

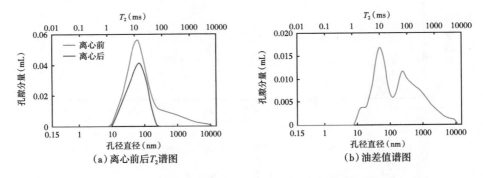

（a）离心前后 T_2 谱图　　　　　　　　　（b）油差值谱图

图 4-4-8　1 号样品离心前后不同流体分布及可动油气分布

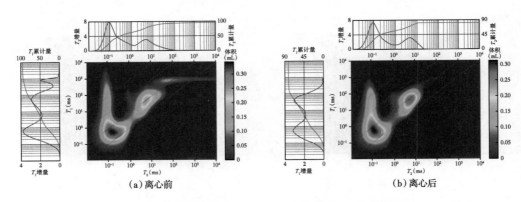

（a）离心前　　　　　　　　　（b）离心后

图 4-4-9　2 号样品离心前后二维核磁 T_1—T_2 分布图

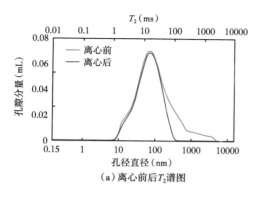 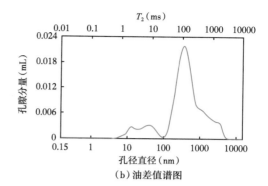

图 4-4-10 2 号样品离心前后不同流体分布及可动油气分布

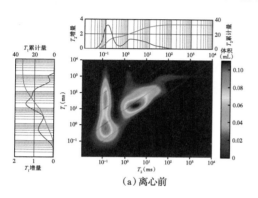 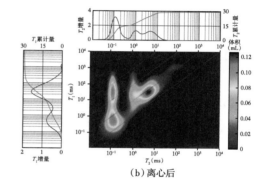

图 4-4-11 3 号样品离心前后二维核磁 T_1—T_2 分布图

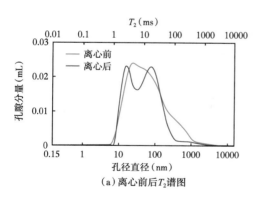 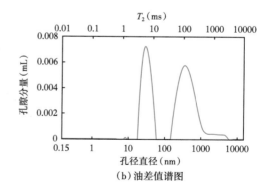

图 4-4-12 3 号样品离心前后不同流体分布及可动油气分布

3. 二氧化碳驱替实验页岩流动性

选取 3 块古龙页岩样品，二维核磁结合 CO_2 驱替实验，实验表明古龙页岩产油孔径为 10~400nm，总体驱油效率 5.4%~27.4%；以 15~40nm 孔隙产油为主，占 78.7%~85.1%，反应小孔隙驱替效率高的特点（图 4-4-13 至图 4-4-15）。

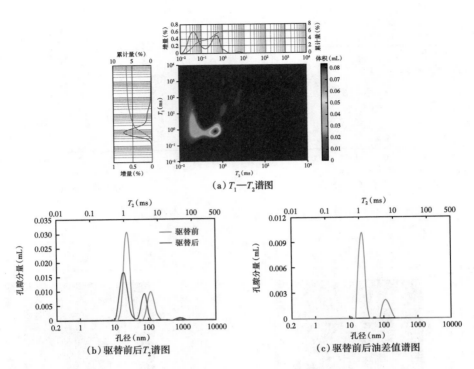

(a) T_1—T_2谱图

(b) 驱替前后T_2谱图

(c) 驱替前后油差值谱图

图 4-4-13　1 号样品油气分布图

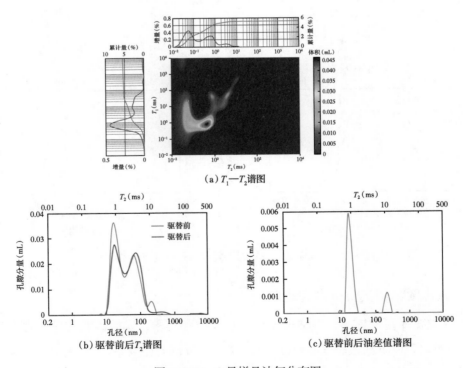

(a) T_1—T_2谱图

(b) 驱替前后T_2谱图

(c) 驱替前后油差值谱图

图 4-4-14　2 号样品油气分布图

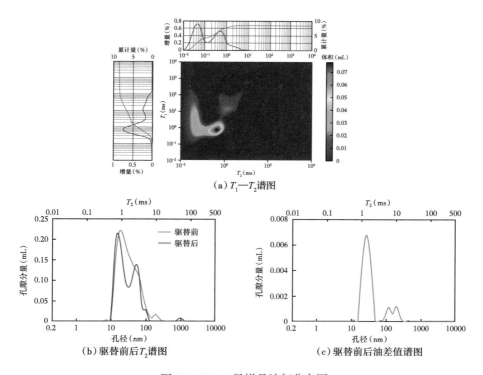

（a）T_1—T_2谱图

（b）驱替前后T_2谱图

（c）驱替前后油差值谱图

图 4-4-15　3 号样品油气分布图

第五节　保压密闭岩心页岩油全组分及相态分析技术

页岩油藏流体相态的确定对于制定开发方案、提高采收率具有重要意义。然而，由于古龙页岩油油藏压力高，油质轻、气和轻烃易挥发，面临高压物性分析样品难以获得、地表原油配比气油比难以确定等问题，急需攻关页岩油原始全烃组成分析方法，建立页岩油相态分析新技术。

一、保压密闭岩心全烃组分分析技术

页岩油相态分析的核心是获取原油全烃组成。如前所述，古龙页岩油质轻、易挥发，常规岩心含油组成缺乏气和大量轻烃［图 4-5-1（a）］，而地表原油样品也缺失气和少量轻烃［图 4-5-1（b）］。通过测定保压密闭岩心不同放置时间的游离油 S_1（图 4-5-2），可以看出，放置 1d 页岩含油量损失超 50%。对同一页岩样品，采用块状样和粉末样分别测定游离油 S_1（图 4-5-3），可以看出，样品在粉碎过程也存在大量轻烃损失。

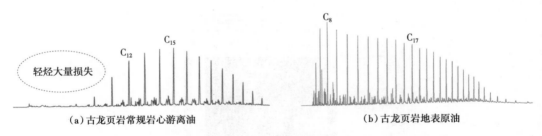

（a）古龙页岩常规岩心游离油　　　　　　　　（b）古龙页岩地表原油

图 4-5-1　古龙页岩常规岩心游离油与地表页岩油全烃气相色谱图

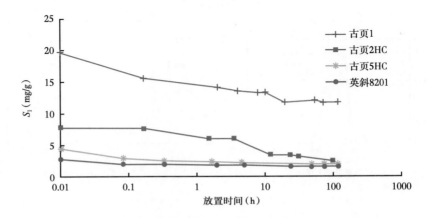

图 4-5-2　古龙页岩保压密闭岩心放置不同时间游离油 S_1 变化

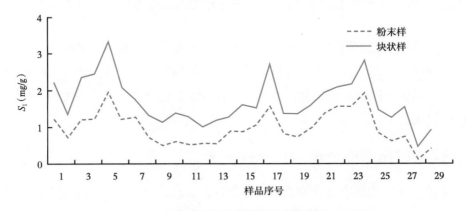

图 4-5-3　古龙页岩块状样与粉末样游离油 S_1 对比

　　针对上述问题，建立保压密闭岩心含油量与组成准确测定技术。基于岩石热解—气相色谱联测技术，创建新实验条件：（1）保压密闭岩心全流程超低温运输、保存和制备；（2）样品粒径由原来的 0.07~0.15mm（GB/T 18602—2012《岩石热解分析》）改变为冷冻态的 1~3mm；（3）缩短制备时间，在 1min 以内完成碎样和进样，减少烃类损失。

采用新的分析技术结果如图 4-5-4 所示，页岩游离烃气和轻烃损失很少。Kissin 等研究认为天然原油样品如果没有遭受挥发损失或次生改造，其原始烃类碳数与摩尔质量的对数呈线性关系。对不同井古龙页岩保压岩心游离烃组成进行分析，结果如图 4-5-5 所示，新技术获得的页岩游离烃碳数与对应组成的摩尔质量的对数普遍呈线性关系，说明新的分析技术能够获得相对准确的页岩油原始烃组成特征。

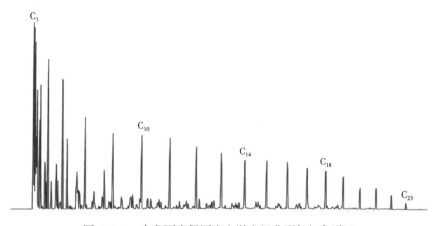

图 4-5-4　古龙页岩保压岩心游离烃典型气相色谱图

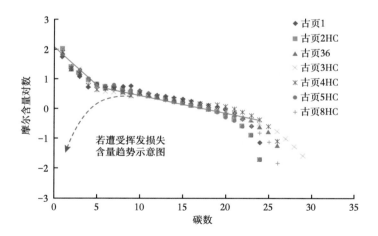

图 4-5-5　古龙页岩保压岩心游离烃碳数与摩尔质量对数交会图

二、页岩油相态分析

在获取页岩油全烃组成的基础上，通过 pVT-sim 相态数值模拟软件，可以获得不同演化阶段页岩油相态特征。如图 4-5-6 所示，古龙页岩油主要以黑油油藏为主，在高热演化区域（如 R_o>1.6%），页岩油油藏过渡为挥发油油藏（如古页 1 井区，R_o>1.6%）。如图 4-5-7 所示，随的热演化程度的增高，古龙页岩油藏的临界点向左移动，p—T 相图的泡点线和露点线形态也发生变化，长宽比不断降低。

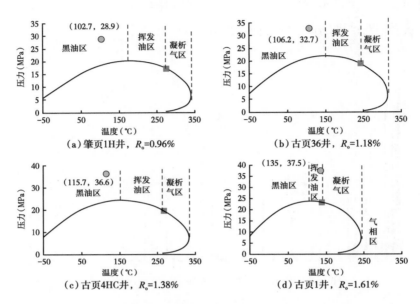

图 4-5-6　古龙页岩不同热演化阶段页岩油 p—T 相态图

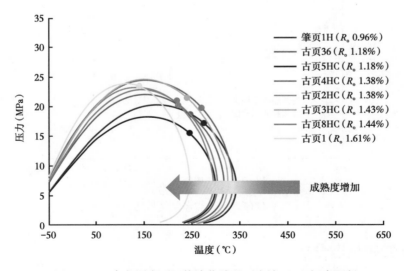

图 4-5-7　古龙页岩不同热演化阶段页岩油 p—T 相态图版

第六节　高温高压页岩润湿性分析技术

润湿性是研究外来工作液注入（或渗入）油层的基础，是岩石和流体间相互作用的重要特性。润湿性还影响相对渗透率、水驱油特性、地层毛细管力等几乎所有岩心分析项目。在对页岩油藏压裂时，压裂液与储层的润湿关系影响压裂液的注入和返排，影响产能优化、压裂液的滤失，以及压裂液体系和添加剂的优选等。因此，页岩的润湿性对了解页岩储层的特性和页岩油的压后产出具有十分重要的意义，需要一种准确的测量方法。

页岩储层物性差、微观孔隙结构复杂，导致油水渗流速度慢、渗吸量少。传统润湿性评价方法（Amott 法、离心机法）因驱替难度大，无法实现两相渗流，不适用于页岩样品。应用改进的接触角法可测试页岩岩心润湿性。

一、实验方法

接触角法润湿性测定可以在常温常压、高温高压条件下进行。常温常压下的测定相对快速、方便，适用于样品量大的检测分析工作；高温高压条件下测得的接触角能够表征油藏条件下的润湿性，但实验时间长，难度大。

1. 技术关键

（1）页岩样品的制备方法。

（2）研制可视化样品槽。

（3）形成检测页岩润湿性的方法——座滴法。

2. 解决途径

（1）页岩样品的制备方法。

①页岩样品的切割方法。页岩具有明显的薄层理构造，受外力作用易发生层状碎裂。为了避免在切割过程中页岩破碎，切割前需要在垂直于页岩层理的侧立面用胶黏结或者用酚醛树脂等固结。页岩浸水后易发生软化和膨胀，在切割过程中尽量避免页岩与水接触。

②页岩具有层理性，水平方向渗透率远大于垂向渗透率，水平方向的液体渗吸量较大，液体的渗吸量过大会影响接触角的测量准确度，因此在切割时要将层理面作为测量面。

③页岩样品的磨制方法。页岩在磨制过程中要着重于测量面，测量面相对应的下表面也要磨制平整，上下两个平面要接近平行，避免在测量过程中液滴滚动或滑落。磨制过程中尽量不用水，不使用磨制剂、抛光剂，研究表明这些物质在测量面的残留会影响接触角测量。

采用接触角法测定岩石润湿性的样品表面必须光滑、洁净、不受污染，尤其是矿物颗粒的尖锐凸出部分及棱角，对接触角测试结果有较大的影响。实验分析了样品表面粗糙度对接触角测量结果的影响。对矿片分别用 200 目、800 目、1500 目和 2500 目的金刚砂砂纸进行磨制。第一批矿片只用 200 目砂纸磨制；第二批矿片用 200 目、800 目依次磨制；依次类推，最后一批矿片最终用 5000 目砂纸磨制。

随着最终磨制砂纸的目数提高，页岩矿片表面的粗糙度减少。实验结果表明，粗糙度越小，页岩矿片的亲油和亲水性也减小，向中性润湿方向变化，但变化有拐点（图 4-6-1）。用 2500 目砂纸磨制后样品所测得的接触角值可以代表其真实值。

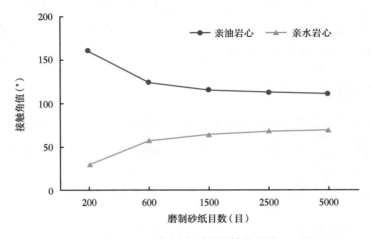

图 4-6-1　粗糙度对润湿性的影响

（2）研制可视化样品槽。

为了能够检测油—水—页岩三相接触角润湿性，开发设计了可视化样品槽（图 4-6-2）。该样品槽可使检测光线通过清透材质，射向滴于固体样品表面的液滴，通过显微镜头与相机获得液滴的外形图像，再运用数字图像处理和一些算法将图像中的液滴的接触角计算出来；磨砂材质遮挡从其他方向射过来的光线，形成更加清晰的图像。

（3）页岩润湿性检测方法——座滴法。

在石油行业中，油藏岩石是与油、水共存的。依据杨—裘比原理，判断油藏岩石是油湿还是水湿，需要测定水—油—岩石三相交接处的接触角（图 4-6-3 至图 4-6-5）。根据页岩遇水易软化和膨胀的特性，形成适用于页岩的水—油—岩石三相接触角法—座滴法。

润湿接触角数值越接近 0°，页岩亲水性越强；接触角数值越接近 180°，页岩亲油性越强。测量的 30 块样品中，58% 的样品呈现出亲油性，31% 为中性润湿，11% 为亲水性。通过水—油—页岩三相接触角值不仅能定性，更能定量评价页岩的润湿性。

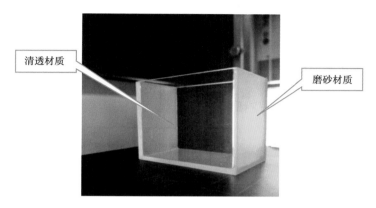

图 4-6-2 可视化样品槽

图 4-6-3 亲水页岩接触角

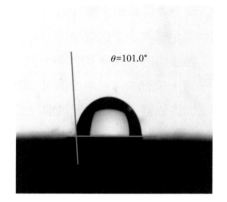

图 4-6-4 中性润湿接触角

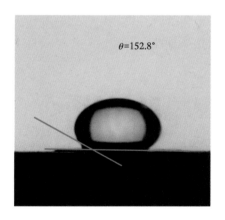

图 4-6-5 亲油页岩接触角

3. 实验分析条件

（1）测试温度：1~200℃。

（2）最大测试压力：40MPa。

（3）环境压力：0.7~1MPa。

（4）环境温度：15~30℃ 的室内稳定温度环境。

（5）环境湿度：20%~80%。

4. 实验流程和步骤

实验流程和操作步骤：

（1）组装腔室：三扇蓝宝石窗组装在腔室上，再装入法兰，把样品和样品台或样品支架安装到腔室中，安装针头，最后将适配器法兰安装在腔室顶部；

（2）两台高压泵和六端口阀门与腔室连接，将高压泵设置为工作模式，为避免空气的存在影响泵的运行，要用驱动液驱替，将空气排出；

（3）校准焦距：在屏幕中没有任何图像时，令相机自动调整参数，进入最佳状态，然后把针头置入视野中，利用针头校准功能调整针头宽度，使焦距符合实验要求；

（4）加热腔室：在加热开始前，把腔室插入支架，将绝缘罩安装在支架上，温度探头就位后，开始加热；

（5）达到所需温度后，就可以通过高压泵对腔室加压至目标压力；

（6）通过驱替泵将液滴滴至样品测量面，打开测量软件进行测量，记录测量结果；

（7）测量结束后，如果温度比较高，先将腔室冷却，再打开前压力出口阀释放腔内压力；

（8）对六端口阀门做清洗，断开所有管线，拆卸腔室；

（9）清洗腔室、蓝宝石窗和零部件。

5. 实验结果判断

所测得的实验数据根据表 4-6-1 判断样品润湿性。

表 4-6-1 接触角法润湿性判别表

接触角 θ	$0° \leqslant \theta < 75°$	$75° \leqslant \theta \leqslant 105°$	$105° < \theta \leqslant 180°$
润湿性	亲水	中间润湿	亲油

二、技术应用

1. 不同类型压裂液体系润湿效果

对于现场应用的不同类型压裂液，采用从大块岩心切割下来的页岩矿片平行样，分析各压裂液与页岩矿片的润湿关系（表4-6-2）。压裂液与页岩矿片接触角越小，说明该压裂液与页岩润湿关系好，增强铺置效率，有利于发挥压裂液的作用。

表4-6-2 实验数据表

液滴成分	时间（s）	接触角（°）	液滴成分	时间（s）	接触角（°）	液滴成分	时间（s）	接触角（°）
现场压裂液	0.10	48.5	聚合物压裂液	0.10	69.7	纳米压裂液	0.10	63.8
	1.44	32.9		1.44	59.3		1.44	46.1
	10.00	26.4		10.00	58.7		10.00	40.9

从表4-6-2和图4-6-6可以看出，现场压裂液与页岩矿片润湿关系好，接触角较小，表明现场压裂液比较容易进入储层基质和裂缝中，有利于发挥压裂液的排油作用。

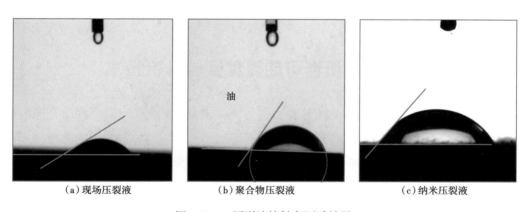

（a）现场压裂液　　　　　（b）聚合物压裂液　　　　　（c）纳米压裂液

图4-6-6 压裂液接触角测试结果

2. 不同成熟度页岩的润湿性

为了保证 R_o 对润湿性影响的分析结果具有代表性，选择了五口 R_o 值差异比较大的页岩岩心，其 R_o 数值见表4-6-3。

不同成熟度页岩所测得的接触角数据（图4-6-7）结果显示，古龙页岩油储层原始润湿性与成熟度存在较强的相关性。对于中低成熟度页岩，润湿性表现为水湿，随着成熟度增加，润湿性向油湿转变。

表 4-6-3　不同 R_o 页岩接触角

井号	A1	A2	A3	A4	A5
样品成熟度 R_o（%）	0.5	0.8	1.1	1.2	1.5
接触角（°）	31.3	60.0	131.2	140.9	152.8
润湿性	亲水	亲水	亲油	亲油	亲油

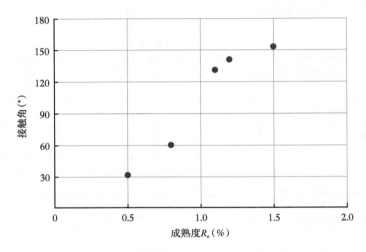

图 4-6-7　页岩润湿接触角和成熟度关系图

第七节　页岩可动流体实验分析技术

可动流体饱和度（岩石内可动流体含量占总流体含量的比例）可以反映出孔隙内可动流体量及孔隙表面和流体之间的作用，是表征孔隙结构和影响流体渗流阻力方面的重要参数。在评价页岩油藏开发潜力方面，可动流体饱和度是一个重要的物性参数，能综合反映出页岩油藏的微观特征。由于松辽盆地页岩具有超低孔、超低渗透的特征，并且页理缝发育，以往用于评价岩心可动流体的方法不再适用于页岩油，急需建立松辽盆地页岩油的可动流体评价方法。

一、实验方法

目前石油行业内主要采用离心法评价岩心可动流体，并且离心法在评价砂岩可动流体方面已经形成了 SY/T 6490—2023《岩样核磁共振参数实验室测量规范》，规定碎屑岩超低渗透岩样最佳脱水压力使用 2.07MPa，碳酸盐岩和火山岩岩样最佳脱水压力使用 2.76MPa，但页岩岩样的离心标准尚未形成。李斌会等经过离心实验发现，采用离心机最高转速，页岩可动流体饱和度不到 10%，离心法不适用于松辽盆地页岩油，并且提出了采用气驱法评价古龙页岩油可动流体饱和度，取得了较好的效果。本次研发的页岩油可动流体饱和度评价方法称之为气驱法可动流体评价方法。

1. 技术关键

（1）页岩饱和油（水）实验方法。

（2）核磁共振 T_2 值与页岩孔喉半径转换系数的确定。

2. 解决途径

（1）饱和油（水）实验方法。

页岩孔隙度、渗透率极低，采用常规抽真空饱和油实验的方法饱和效果较差。因此改变以往饱和油实验方法，首先对页岩岩心在地层温度条件下抽真空 8h，然后常压条件下饱和油 7d，最后将饱和压力升高至接近地层压力进行饱和，饱和 7d。

（2）核磁共振 T_2 值与页岩孔喉半径转换系数的确定。

核磁共振技术可以快速地评价岩心孔隙结构，并且不损坏岩心，核磁共振信号强度与岩石中的流体所含氢原子成正比，孔隙越小，弛豫时间越短，孔隙越大，弛豫时间越长，孔隙大小的分布决定了弛豫时间的分布，核磁共振横向弛豫时间 T_2 与体弛豫、表面弛豫和扩散弛豫有关，但在研究的过程中通常忽略体弛豫和扩散弛豫，则 T_2 弛豫时间的表达式为：

$$T_2 = \frac{1}{\rho}\frac{V}{S} = \frac{r}{\rho F_s} = \frac{r}{C} \qquad (4-7-1)$$

式中　T_2——横向弛豫时间，ms；

　　　S——孔隙表面积，μm^2；

　　　V——孔隙体积，μm^3；

　　　r——孔喉半径，μm；

　　　F_s——几何形状因子；

　　　ρ——岩石的横向表面弛豫强度，$\mu m/ms$；

　　　C——转换系数，$\mu m/ms$。

采用相关系数法获取转换系数 C 值，相关系数法公式为：

$$R = \frac{\sum\limits_{i=1}^{n}(x_i - \bar{x})(y_i - \bar{y})}{\sqrt{\sum\limits_{i=1}^{n}(x_i - \bar{x})^2 \sum\limits_{i=1}^{n}(y_i - \bar{y})^2}} \qquad (4-7-2)$$

式中 R——相关系数；

x_i——第 i 个孔喉半径区间核磁孔喉分布频率（$i=1$，2，3，…，n），%；

$\bar{x}$——核磁孔喉分布频率平均值，%；

$\bar{y}$——压汞或氮气吸附孔喉分布频率平均值，%；

y_i——第 i 个孔喉半径区间压汞或者氮气吸附孔喉分布频率（$i=1$，2，3，…，n），%。

以孔喉分布频率为纵坐标，孔喉半径分布为横坐标，将饱和油后页岩的核磁共振 T_2 值孔喉分布频率曲线与氮气吸附和高压压汞得到的孔喉分布频率曲线进行拟合，取相关系数最大的 C 值作为最优值，此值即为所求取的 T_2 值与孔喉半径转换系数。

3. 实验分析条件

（1）气源：N_2 或者 CO_2。

（2）饱和油压力：30~40MPa。

（3）实验温度：90~150℃。

（4）最小回波间隔：0.06ms。

（5）电子天平量程：0~3200g，精度0.001g。

4. 实验流程和步骤

核磁共振实验设备采用苏州纽迈生产的 MacroMR12-150H-I 低磁场核磁共振岩样分析仪，磁场强度为（0.3±0.05）T，仪器主频为 12.75MHz，实验用油为古龙页岩油，具体实验步骤为：

（1）将岩心洗油烘干，测量岩心干重，测试干岩样核磁信号；

（2）将页岩岩心饱和模拟油，测试饱和油后岩心的质量；

（3）采用调试好的核磁共振测量参数测试饱和状态岩心的核磁共振 T_2 谱；

（4）对岩心采用气驱，驱替温度为样品所在储层的温度，测试驱替后岩心的核磁共振 T_2 谱。

5. 页岩可动流体饱和度计算

根据气驱前后核磁共振 T_2 谱信号强度的变化计算可动流体饱和度，具体计算公式为：

$$S_{可动流体} = \frac{S_{饱和油} - S_{气驱后}}{S_{饱和油}} \times 100\% \qquad (4-7-3)$$

式中 $S_{饱和油}$——饱和油后岩心的 T_2 谱信号幅度总和；

$S_{气驱后}$——干岩样的 T_2 谱信号幅度总和；

$S_{可动流体}$——可动流体饱和度，%。

二、实验结果

对 4 块页岩岩心首先采用低渗透砂岩的离心力标准 2.07MPa 进行离心，可动流体饱和度为 0，说明 SY/T 6490—2023《岩样核磁共振参数实验室测量规范》规定的离心力标准不适合古龙页岩。采用离心机最高转速对页岩岩心进行离心，离心机最高转速为 16000r/min，对应饱和水页岩岩心离心力为 5.17MPa，饱和油页岩岩心离心力为 4.14MPa，饱和模拟水的页岩可动流体饱和度平均值为 6.44%，饱和模拟油的页岩可动流体饱和度平均值为 5.92%，饱和水比饱和油的可动流体饱和度仅高出 0.52%，说明饱和流体类型对离心法可动流体饱和度影响不大。离心后部分岩心已经发生破损，但岩心的可动流体饱和度仍然很低，说明采用离心法评价古龙页岩可动流体饱和度存在一定的局限性（表 4-7-1 和图 4-7-1）。

表 4-7-1　离心法可动流体饱和度评价

岩样编号	长度（cm）	直径（cm）	层位	T_2 截止值（ms）	可动流体饱和度（%）	离心力（MPa）	备注
A3-1	2.5	2.5	青一段	7.32	6.56	5.17	饱和水
A8-1	2.5	2.5	青一段	10.35	6.31	5.17	饱和水
A3-2	2.5	2.5	青一段	9.01	6.29	4.14	饱和油
A8-2	2.5	2.5	青一段	13.68	5.54	4.14	饱和油

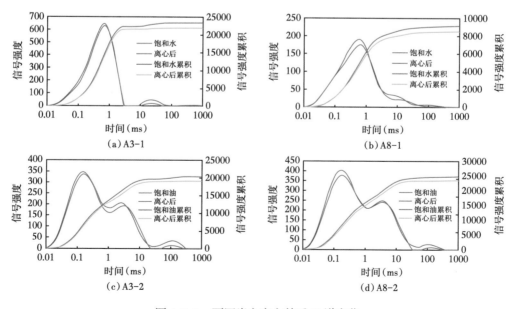

图 4-7-1　不同岩心离心前后 T_2 谱变化

采用 CO_2 驱替法评价岩心可动流体饱和度（表 4-7-2 和图 4-7-2），岩心 A6-1 和 A6-2 可动流体饱和度分别为 28.23%、32.61%，平均值为 30.42%，CO_2 驱替法比离心法可以动用更多的页岩油，可动流体饱和度比离心法高出 24.53%，采用气驱法评价页岩油可动流体是有效的页岩可动流体评价方法。

表 4-7-2　气驱法可动流体饱和度对比

岩样编号	长度（cm）	直径（cm）	层位	驱替压力（MPa）	实验温度（℃）	T_2 截止值（ms）	可动流体饱和度（%）
A6-1	7.57	2.5	青一段	22.4	90	2.10	28.23
A6-2	7.55	2.5	青一段	22.4	90	2.25	32.61

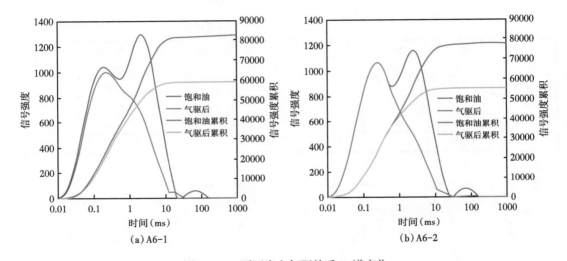

图 4-7-2　不同岩心气驱前后 T_2 谱变化

三、技术应用

1. 不同成熟度页岩可动流体分布

选取两种不同成熟程度的页岩岩样开展 CO_2 驱替实验，驱替压力为 23MPa，177-1 号岩样镜质组反射率（R_o）为 1.34%，61-1 号岩样镜质组反射率（R_o）为 0.87%，177-1 号岩样成熟度高于 61-1 号岩样，气驱后 177-1 号岩样和 61-1 号岩样可动流体饱和度分别为 41.33%、28.26%（图 4-7-3），实验结果表明，页岩成熟度越高，可动流体饱和度越大，高成熟度页岩可动流体饱和度高出低成熟度页岩 13.07 个百分点。

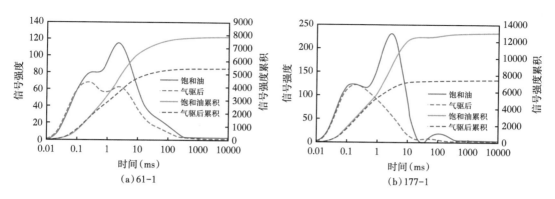

图 4-7-3　不同成熟度页岩气驱前后 T_2 谱分布

2. 夹层型页岩油可动流体分布

对杏 67 井、杏 69 井和萨 53 井三口井的夹层型页岩开展氮气驱替法可动流体饱和度测试，杏 67 井可动流体饱和度最高，平均值为 32.79%，其次为萨 53 井，平均值为 18.71%，最低的为杏 69 井，平均值只有 14.21%（表 4-7-3）。

表 4-7-3　夹层型页岩油可动流体分布

井号	样号	长度 （cm）	直径 （cm）	渗透率 （mD）	可动流体饱和度 （%）	T_2 截止值 （ms）
杏 67	6	2.5	2.5	2.860	47.33	7.8428
杏 67	13	2.5	2.5	0.133	19.72	2.5826
杏 67	15	2.5	2.5	0.406	31.32	1.8252
萨 53	H1	2.5	2.5	0.140	23.14	2.7683
萨 53	H2	2.5	2.5	0.096	16.36	2.4094
萨 53	H4	2.5	2.5	6.600	16.64	1.1227
杏 69	H5	2.5	2.5	0.098	13.42	3.6544
杏 69	H6	2.5	2.5	0.095	15.01	2.9673

杏 67-6 饱和水岩心 T_2 谱分布范围较宽，储层物性相对较好，可动流体达到 47.33%，杏 67-15 和杏 67-13 饱和水岩心 T_2 谱分布范围较窄，储层物性相对较差，因此可动流体相对较低，平均值只有 25.52%（图 4-7-4）。

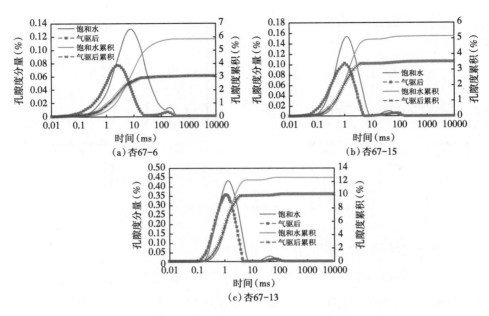

图 4-7-4　杏 67 井三块岩样气驱前后 T_2 谱变化

萨 53-H1 饱和水岩心 T_2 谱分布范围较宽，储层物性相对较好，可动流体达到 23.14%，萨 53-H2 和杏 53-H4 两块饱和水岩心 T_2 谱分布范围相近，储层物性相近，因此可动流体饱和度变化不大，分别为 16.36% 和 16.64%（图 4-7-5）。

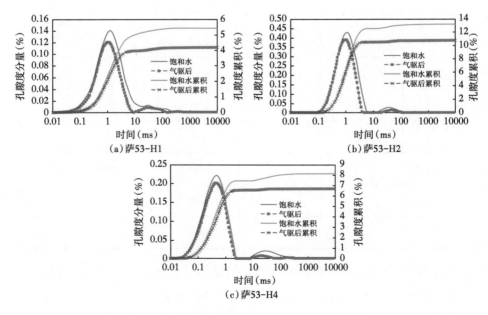

图 4-7-5　萨 53 井三块岩样气驱前后 T_2 谱变化

杏 69-H5 和杏 69-H6 两块饱和水岩心 T_2 谱分布范围相近，储层物性相近，因此可动流体饱和度变化不大，分别为 13.42% 和 15.01%（图 4-7-6）。

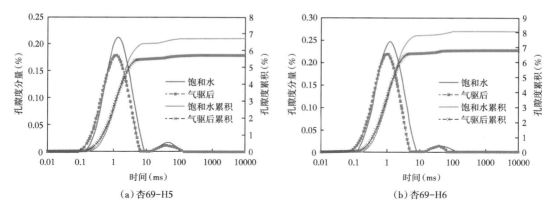

（a）杏69-H5　　　　　　　　　　　（b）杏69-H6

图 4-7-6　杏 69 井两块岩样气驱前后 T_2 谱变化

第八节　页岩敏感性分析技术

页岩敏感性流动实验评价是研究页岩储层伤害的重要手段之一。页岩储层存在储层物性差、泥质黏土含量高、裂缝高度发育、纳米级孔隙等特点，常规采用恒速法驱替，压力过大，稳定周期长，且高温低速驱替下，出液量极小易蒸发，准确测量难度大。为研究高温高压下外来流体对页岩储层的伤害评价，急需建立适用于页岩储层伤害评价的检测分析方法。

一、实验方法

受页岩特低渗透性和复杂的矿物组分影响，很难准确测试页岩的敏感性结果。目前，常规的敏感性评价实验主要方法是恒速法。由于页岩储层广泛发育纳米级孔隙，空气渗透率普遍小于 1mD，常规的恒速法存在驱替压力大且压力不易稳定的难题，目前无法准确测量其敏感性。页岩内部会有错综复杂的微裂缝结构，一旦用常规地层水饱和岩心，微裂缝在地层水的作用下会沿着层理面，诱导不同程度的裂缝，甚至造成岩样破碎。本实验方法对饱和液体和驱替方法进行了合理选择，从而提供准确可靠的页岩岩心敏感性实验结果。

1. 技术关键

（1）页岩岩样的饱和液体选择。

（2）页岩岩样流动实验中驱替方法的选择。

2. 解决途径

（1）采用3%（质量分数）氯化钾溶液对页岩岩样进行加压饱和，由于高矿化度氯化钾盐水对黏土含量中水敏矿物具有抑制膨胀作用，可以减少页岩岩心裂缝的产生，保证岩心的完整性，并降低针对基质型页岩岩样开展储层伤害机理研究的实验误差。

（2）采用恒定高压驱替法，选用了一套适用于页岩的岩心流动实验装置，流程采用耐酸碱腐蚀的哈氏合金材质，耐压超过70MPa，对出液体积可以进行精确计量，满足页岩样品的检测条件。

3. 实验分析条件

（1）测试压力：0~70MPa。

（2）流速：0.0001~15mL/min。

（3）温度：20~150℃。

（4）电子天平量程：0~420g，精度±0.001g。

（5）密度计精度：±0.001g/cm³。

（6）体积计量精度：±0.05mL。

（7）秒表精度：±0.01s。

（8）黏度计精度：±0.1mPa·s。

（9）游标卡尺精度：±0.1mm。

4. 实验流程和步骤

（1）水敏感性实验流程和操作步骤：

①岩样抽真空加压饱和3%（质量分数）氯化钾溶液40h；

②将岩样装入岩心夹持器，加上围压和温度；

③采用恒压法测定3%（质量分数）氯化钾溶液下岩样初始流体渗透率；

④用1.5%（质量分数）氯化钾溶液驱替10~15倍岩样孔隙体积，停止驱替，保持围压和温度不变，使测试流体充分与岩石矿物发生反应12h以上；

⑤用1.5%（质量分数）氯化钾溶液驱替，测定岩样渗透率；

⑥用蒸馏水重复④⑤，测定蒸馏水下的岩样渗透率；

⑦岩样渗透率的测定：测量压力、流量、时间及温度，待流动状态趋于稳定后，依据达西定律计算岩样渗透率；

⑧计算水敏损害率，确定水敏损害程度。

（2）酸敏感性实验流程和操作步骤：

①岩样抽真空加压饱和3%（质量分数）氯化钾溶液40h；

②将岩样装入岩心夹持器，加上围压和温度；

③采用恒压法用3%（质量分数）氯化钾溶液测定岩样酸处理前的流体渗透率；

④岩样反向注入0.5~1.0倍孔隙体积酸液，停止驱替，关闭夹持器进出口阀门，岩样与酸反应时间为1h；

⑤酸岩反应后正向驱替3%（质量分数）氯化钾溶液，测定岩样酸处理后的流体渗透率；

⑥岩样渗透率的测定：测量压力、流量、时间及温度，待流动状态趋于稳定后，依据达西定律计算岩样渗透率；

⑦计算酸敏损害率，确定酸敏损害程度。

（3）碱敏感性实验流程和操作步骤：

①配制碱液：pH值从7.0开始，用氢氧化钠调节氯化钾溶液的pH值，按1~1.5个pH值单位的间隔提高碱液的pH值，一直到pH值为13.0；

②岩样抽真空加压饱和3%（质量分数）氯化钾溶液40h；

③将岩样装入岩心夹持器，加上围压和温度；

④采用恒压法测定3%（质量分数）氯化钾溶液下的岩样初始流体渗透率；

⑤向岩样中注入已调好pH值的碱液，碱液注入顺序按pH值由低到高进行，驱替10~15倍岩样孔隙体积，停止驱替，保持围压和温度不变，使碱液充分与岩石矿物发生反应12h以上；

⑥用该pH值碱液驱替，测定岩样渗透率；

⑦用不同pH值碱液重复⑤⑥，直到pH值提高到13.0为止；

⑧岩样渗透率的测定：测量压力、流量、时间及温度，待流动状态趋于稳定后，依据达西定律计算岩样渗透率；

⑨计算碱敏损害率，判定临界pH值，确定碱敏损害程度。

（4）应力敏感性实验流程和操作步骤：

①岩样抽真空加压饱和3%（质量分数）氯化钾溶液40h；

②将岩样装入岩心夹持器，加上围压和温度；

③采用恒压法，保持岩样进口压力值不变，以初始净应力为起点，按照设定的净应力值缓慢增加净应力，设定的净应力点不能少于5个，在每个设定净应力点持续30min后，

测定岩样渗透率；

④净应力加至最大净应力值后，按照实验设定的净应力间隔，依次缓慢降低净应力至初始净应力点，在每个设定净应力点持续 1h 后，测定岩样渗透率；

⑤岩样渗透率的测定：测量压力、流量、时间及温度，待流动状态趋于稳定后，依据达西定律计算岩样渗透率；

⑥计算最大渗透率损害率及不可逆渗透率损害率。

5. 实验结果计算

液体在岩样中流动时，依据达西定律计算岩样渗透率的公式为：

$$K_1 = \frac{\mu \cdot L \cdot Q}{\Delta p \cdot A} \times 10^2$$

（4-8-1）

式中　K_1——岩样液体渗透率，mD；

　　　μ——测试条件下的流体黏度，mPa·s；

　　　L——岩样长度，cm；

　　　A——岩样横截面积，cm^2；

　　　Δp——岩样两端压差，MPa；

　　　Q——流体在单位时间内通过岩样的体积，cm^3/s。

（1）水敏感性实验结果计算。

水敏损害率的计算公式为：

$$D_w = \frac{|K_{wi} - K_w|}{K_i} \times 100\%$$

（4-8-2）

式中　D_w——水敏损害率，%；

　　　K_{wi}——水敏实验中初始测试流体对应的岩样渗透率，mD；

　　　K_w——水敏实验中蒸馏水所对应岩样渗透率，mD。

（2）酸敏感性实验结果计算。

酸敏损害率的计算公式为：

$$D_{ac} = \frac{K_{aci} - K_{acd}}{K_{aci}} \times 100\%$$

（4-8-3）

式中　D_{ac}——酸敏损害率，%；

　　　K_{aci}——酸液处理前实验流体所对应的岩样渗透率，mD；

K_{acd}——酸液处理后实验流体所对应的岩样渗透率，mD。

（3）碱敏感性实验结果计算。

碱敏损害率的计算公式为：

$$D_{al} = \max(D_{al1}, D_{al2}, \cdots, D_{aln}) \qquad (4-8-4)$$

$$D_{alj} = \frac{K_{ali} - K_{alj}}{K_{ali}} \times 100\%, \ j=1, 2, \cdots, n \qquad (4-8-5)$$

式中　D_{al}——碱敏损害率，%；

　　　D_{alj}——不同 pH 值碱液所对应的岩样渗透率变化率；

　　　K_{ali}——初始 pH 值碱液所对应的岩样渗透率，mD；

　　　K_{alj}——不同 pH 值碱液所对应的岩样渗透率，mD。

（4）应力敏感性实验结果计算。

应力敏感性损害率的计算公式为：

$$D_{st} = \max(D_{st1}, D_{st2}, \cdots, D_{stn}) \qquad (4-8-6)$$

$$D_{stj} = \frac{K_{sti} - K_{stj}}{K_{sti}} \times 100\%, \ j = 1, 2, \cdots, n \qquad (4-8-7)$$

式中　D_{st}——应力敏感性损害率，%；

　　　D_{stj}——净应力增加过程中不同净应力下岩样渗透率变化率；

　　　K_{sti}——初始净应力下的岩样渗透率，mD；

　　　K_{stj}——净应力增加过程中不同净应力下的岩样渗透率，mD。

不可逆应力敏感性损害率的计算公式为：

$$D'_{st} = \frac{K_{sti} - K'_{sti}}{K_{sti}} \times 100\% \qquad (4-8-8)$$

式中　D'_{st}——不可逆应力敏感性损害率，%；

　　　K_{sti}——初始净应力下的岩样渗透率，mD；

　　　K'_{sti}——恢复到初始净应力点时岩样渗透率，mD。

二、实验结果与应用

应用泥页岩敏感性实验技术对古龙页岩储层岩心进行敏感性评价分析，结果表明：古龙页岩储层具有强水敏、弱酸敏、中等强度碱敏、强应力敏感特征，为大庆油田泥页岩储层保护措施的制定提供重要依据。

古龙页岩岩样不含蒙皂石，但是含有伊蒙混层，二者都是水敏性矿物，在遇到低于地层水矿化度的液体时发生水化膨胀，易造成微粒脱落，在微裂缝或大一些的孔隙喉道中运移，在小孔喉处发生堵塞，影响页岩油气的产出，从而使页岩储层受到伤害，所以实验结果为强水敏（表4-8-1）。

表 4-8-1　页岩水敏实验结果

井号	样号	层位	气体渗透率（mD）	孔隙度（%）	水敏损害率（%）	水敏损害程度
古页 8HC	329	青二+三段	0.02	4.39	71	强

酸敏实验中酸液选用的是 15%HCl，古龙页岩黏土矿物中含有少量含铁矿物——绿泥石，当 pH 值升高时，铁离子会产生不溶性的氢氧化物沉淀，堵塞孔隙喉道，使酸化效果降低，但因绿泥石含量不高，渗透率下降幅度较小，因此表现为弱酸敏（表4-8-2）。

表 4-8-2　页岩酸敏实验结果

井号	样号	层位	孔隙度（%）	酸敏损害率（%）	酸敏损害程度
英 47	FC6-1	青一段	7.36	22.2	弱

古龙页岩矿物组成中石英、长石总含量占比约 54.5%。由于高 pH 值（pH 值 > 9）的碱液可与石英、长石发生溶解作用，生成胶体或沉淀，堵塞流通孔道，使渗透率有一定幅度减低，因此表现为中等偏弱碱敏（表4-8-3）。

表 4-8-3　页岩碱敏实验结果

井号	样号	层位	孔隙度（%）	碱敏损害率（%）	碱敏损害程度
英 47	2	青一段	8.15	38	中等偏弱
英 47	YG4-1	青一段	6.27	47	中等偏弱

古龙富页理页岩有效应力（表4-8-4）从 3.5MPa 上升至 26.5MPa 过程中，应力敏感性损害率为 78.6%~96.2%，有效应力从 26.5MPa 下降至 3.5MPa 过程中，不可逆应力敏感性损害率为 46.7%~95.5%。古龙页岩黏土矿物含量较高，在黏土矿物中伊利石含量最高，约占 51.1%，并有一定量的绿泥石。伊利石和绿泥石产状占据了部分孔隙，减小了渗流空间。由于黏土矿物含量高且产状特殊，导致了该储层的强应力敏感性。

表 4-8-4 富页理页岩应力敏感性实验结果

井号	样号	孔隙度（%）	初始渗透率（mD）	应力敏感性损害率（%）	不可逆应力敏感性损害率（%）
古页 10HC	22	9.44	0.014	78.6	64.3
古页 10HC	19	6.29	0.013	92.3	61.5
古页 10HC	13	7.30	0.015	86.7	46.7
古页 10HC	16	6.08	0.099	90.9	74.8
古页 10HC	20	5.13	0.015	80.0	66.7
古页 10HC	2-11	10.6	0.026	92.3	73.1
古页 10HC	1-20	9.98	0.081	90.1	75.3
古 646	9	8.87	0.021	90.5	76.2
古 646	7	9.63	0.599	96.2	95.5
古 646	6	5.23	0.019	89.5	73.7
英 47	YG2-2	10.10	0.012	91.7	58.3
古斜 7091	10-3	4.75	0.060	91.7	75.0

第九节　页岩油藏流体高压物性分析技术

油藏流体高压物性参数是储量计算、开发方案制定和油藏数值模拟的关键参数。高成熟页岩油含气量丰富，气油比大，饱和压力与地层压力接近，油藏条件下地层原油密度低、气油比大，无法采用常规的液柱补压方式进行井下取样，分析样品获取困难。在实验过程中压力高、气量大，需要对压力和气量进行精确控制和精准计量，急需建立页岩油藏流体高压物性分析技术。

一、实验方法

油藏流体高压物性分析的目的是研究和确定模拟开采条件下油气藏流体的相态和性质。首先要针对不同类型的油藏，以合适的方法取得能代表地层流体的样品，然后在实验室模拟各种开采过程，以得到准确可靠的高压物性数据。页岩油藏地层压力和气油比都超高，实验难度大，对 pVT 分析仪性能要求严格，通常采用轴向全可视超高压 pVT 分析仪进行实验分析。

1. 技术关键

（1）页岩油转样中混相状态控制。

（2）泡点压力的精准确定。

（3）单次脱气压力控制和气体体积计量。

2. 解决途径

（1）页岩油转样中混相状态控制。

①样品恢复至地层状态。普通油藏将样品恒温到地层温度 4h 以上，充分搅拌至样品压力恒定，且恒定压力大于或接近取样点压力即可。页岩油藏饱和压力普遍较高，可以在压力恒定基础上加压至地层压力，确保样品达到地层的混相状态。

②转样压力的控制。转样时应保证 pVT 釜处于死体积真空状态，设置泵速，确保进泵速度高于退泵速度，在地层压力值的恒压模式下平稳转移样品至 pVT 釜内（图 4-9-1）。

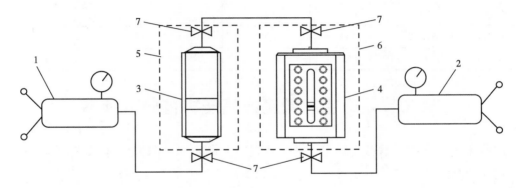

图 4-9-1　转样流程图

1，2—高压计量泵；3—储样器（井下取样器或配样容器）；4—pVT 容器；5，6—恒温浴；7—阀门

（2）泡点压力的精准确定。

①降压间隔值确定。多数页岩油藏饱和压力与地层压力接近，降压间隔不易过大，通常降压间隔确定为 1MPa。

②泡点压力双重确认。精准计量压力和体积数值，绘制曲线计算泡点压力值。同时利用 pVT 分析仪的轴向全可视功能，仔细观测釜内样品状态，记录样品中第一个气泡析出时的压力值，与计算值相互印证。泡点压力应等于或小于取样点压力，相对偏差不大于 3%。

（3）单次脱气压力控制和气体体积计量。

①单次脱气压力控制。页岩油藏实验压力大，地层流体黏度极低，分离阀门轻微开启就会引起页岩油迅速外排，导致釜内压力骤降。若釜内压力降至泡点压力以下，则导致样

品大量脱气，样品完全报废，整个实验分析失败。实验中采用气动阀门与手动阀门双重控制，先关闭手动阀门，将气动阀门调节至微开状态，保证样品排放速度缓慢可控，然后缓慢平稳开启手动阀门，确保釜内样品恒压匀速外排。

②气体体积计量。由于页岩油藏气油比较大，单次脱气释放气量巨大，容易导致气量计憋压泄漏，致使实验失败。实验操作中采用压力可调气量计，指定专人调节气量计压力，确保气量计压力始终保持在大气压左右，随气量增加气量计平稳计量。

3. 实验分析条件

（1）样品：井下取样或配制样品。

（2）样品体积：200~400mL。

（3）测试压力：0~100MPa。

（4）测试温度：室温至200℃。

4. 实验流程和步骤

实验流程和操作步骤：

（1）样品检查：其目的为判断取样质量和样品储运过程中是否有漏失。当接到样品时，检查样品的数量、井号及标签是否与送样单一致，取样记录资料是否齐全，外观是否有漏油现象等。以上均合格后进行样品初检。

①计量泵中充满工作介质，连接流程。计量泵加压至高于取样点压力，连通样品。

②取样器加热恒温至取样点温度。加热过程中要不断摇动，以防压力过高。

③恒温4h以上，并经充分摇动，稳定后将样品加压至地层压力以上，充分摇动，使样品成单相。稳定后记录压力值和泵读数。

④降压至下一预定压力，充分摇动至压力稳定后记录压力和泵读数。依次测得各压力下的泵读数。

⑤以压力为纵坐标，泵读数为横坐标，绘制测试曲线，曲线的拐点即为泡点压力。

⑥更换另一支井下流体样品，重复以上测定。

⑦有代表性的样品具有以下条件：

（a）井下流体要求取三支或以上样品；

（b）至少有两支以上样品泡点压力相对偏差小于3%；

（c）泡点压力等于或小于取样点压力，相对偏差不大于3%。

⑧如果几支样品经检查均合格，一般取泡点压力较高的那支样品为分析样品。

（2）样品转样：井下样品或配制样品经质量检验合格后可转入pVT分析容器中进行相

关分析测试。

①pVT 容器、储样器均恒温到地层温度 4h 以上。

②pVT 容器及外接管线抽空到 200Pa 后继续抽 30min。

③用计量泵将样品增压，充分搅拌，使其成为单相。

④在保持压力条件下缓慢打开储样器样品端阀门和 pVT 容器样品端阀门，将所需样品量转入 pVT 容器中。

（3）油藏流体黏度实验：油藏流体黏度测定一般是指液相油黏度的测定。最常用的方法是使用高温高压落球黏度计测定，目的是为获得地层条件及不同脱气压力级下的单相油黏度数据。

①将黏度计清洗干净，选择合适尺寸钢球放入测试腔内，连接流程。

②将黏度计升温并恒定在地层温度 4h 以上，抽空黏度计至 200Pa 后继续抽 30min。

③将地层条件下的原油样品转入黏度计中，调整到测定压力。

④反复翻转黏度计，搅拌油样使其达到单相平衡。

⑤选定测角，按测定规程测定落球时间，落球时间介于 10~80s 间为宜。

⑥每个压力级至少测定两个角度，每个角度平行测定五次，要求相对偏差小于 1%。

（4）热膨胀实验：热膨胀实验是指将一定质量的流体置于 pVT 容器中，在压力恒定的条件下，当体系温度由某一设定温度向另一温度改变时，测定流体体积受热膨胀的变化关系。

①将 pVT 容器中的地层原油样品加热恒定在某一设定温度 4h 以上。

②在地层压力下将样品搅拌均匀，使其成为单相，测定样品体积。

③将样品升温至地层温度，恒温 4h 以上，搅拌稳定，使其成为单相，在地层压力下测定样品体积。

（5）单次脱气实验：单次脱气实验的原理是保持油气分离过程中体系的总组成恒定不变，将处于地层条件下的单相地层流体通过节流膨胀到大气条件，测量其体积和气液量变化，实验的目的是为了测定油气组分组成、气油比、体积系数、地层油密度等参数。

①按图 4-9-2 连接流程，在地层温度下，将样品加压至高于饱和压力，充分搅拌，使其成为单相。然后将单相地层流体样品转入 pVT 容器。

②压力稳定后记录压力值和样品体积。

③用计量泵保持压力，将一定体积的地层流体样品缓慢均匀地放出，计量脱出气体积，称量剩余油质量，记录样品体积、大气压力和室温。

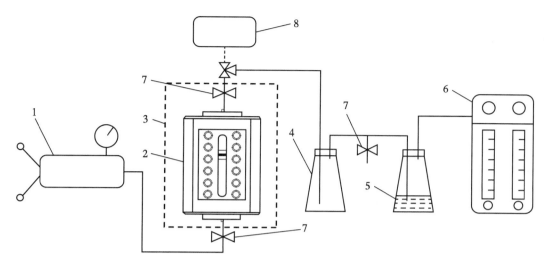

图 4-9-2　单次脱气实验流程

1—高压计量泵；2—pVT 容器；3—恒温浴；4—分离瓶；5—气体指示瓶；6—气量计；7—阀门；8—高温高压密度计

④取油、气样分析组分组成。

⑤测定死油密度和平均分子量，测定方法按 SH/T 0604—2000《原油和石油产品密度测定法（U 形振动管法）》和 SH/T 0169—1992《矿物绝缘油平均分子量测定法（冰点降低法）》执行。

⑥按以上操作平行测定三次以上，地层原油测定的气油比相对偏差小于 2%，体积系数相对偏差小于 1%。

（6）恒质膨胀实验：恒质膨胀实验又简称 pV 关系实验，是指在地层温度下测定恒定质量的地层流体压力与体积的关系。对于地层原油流体，可获取流体的泡点压力、压缩系数、不同压力下流体的相对体积和 y 函数等参数。

①在地层温度下将 pVT 容器中的地层流体样品加压到地层压力或高于泡点压力，充分搅拌稳定。

②对于地层原油流体，泡点压力以上按逐级降压法测试（固定压力读体积），每级降 1~2MPa。泡点压力以下按逐级膨胀体积法测试（固定体积读压力），每级膨胀 0.5~20cm³。每级降压膨胀后应搅拌稳定，读取压力和样品体积。一直膨胀至原始样品体积的三倍以上为止，在笛卡儿坐标系上以压力为纵坐标，样品体积为横坐标，作出 pV 关系曲线。

5. 实验结果计算

（1）计算原油体积系数：

$$B_{of} = \frac{V_{of}}{V_d} \qquad\qquad (4\text{-}9\text{-}1)$$

式中　B_{of}——地层原油体积系数；

　　　V_{of}——地层温度压力下的原油体积；

　　　V_d——地面条件的原油体积，cm^3。

（2）地层原油的单次脱气气油比：

$$GOR_o = \frac{T_0 \cdot p_1 \cdot V_1}{p_0 \cdot T_1 \cdot V_d} - 1 \qquad\qquad (4\text{-}9\text{-}2)$$

式中　GOR_o——地层原油的单次脱气气油比，cm^3/cm^3 或 m^3/m^3；

　　　T_0——标准温度，取值为 293.15K；

　　　p_1——当日大气压力，MPa；

　　　V_1——放出气体在室温、大气压力下的体积，cm^3；

　　　p_0——标准压力，取值 0.101MPa；

　　　T_1——室温，K。

（3）地层原油的平均溶解气体系数：

$$\varphi = \frac{GOR_o}{p_b} \qquad\qquad (4\text{-}9\text{-}3)$$

式中　φ——地层原油的平均溶解气体系数，1/MPa；

　　　p_b——地层原油的泡点压力（绝对），MPa。

（4）地层原油的体积收缩率：

$$\eta = \frac{B_{of} - 1}{B_{of}} \times 100\% \qquad\qquad (4\text{-}9\text{-}4)$$

式中　η——地层原油体积收缩率。

（5）地层原油密度：

$$\rho_{of} = \frac{w_2 - w_1}{V_{of}} \qquad\qquad (4\text{-}9\text{-}5)$$

式中　ρ_{of}——地层原油密度，g/cm^3；

　　　w_2——地层流体样品与小容器质量之和，g；

　　　w_1——空小容器质量，g。

（6）地层原油的热膨胀系数：

$$\alpha_{o} = \frac{V_{of} - V_{T}}{V_{of}\left(T_{r} - T_{T}\right)} \qquad (4\text{-}9\text{-}6)$$

式中　α_{o}——地层原油热膨胀系数，1/K 或 1/℃；

　　　V_{of}——地层压力、地层温度下的样品体积，cm^3；

　　　V_{T}——设定压力、设定温度下的样品体积，cm^3；

　　　T_{r}——地层温度，K 或 ℃；

　　　T_{T}——设定温度，K 或 ℃。

（7）饱和压力以上地层原油的压缩系数：

$$C_{oi} = -\frac{1}{V_i}\frac{\Delta V_i}{\Delta p_i} \qquad (4\text{-}9\text{-}7)$$

式中　C_{oi}——第 i 级地层原油的等温压缩系数，1/MPa；

　　　V_i——第 i 级压力下的样品体积，cm^3；

　　　ΔV_i——第 i 级与第 i-1 级压力下的样品体积差，cm^3；

　　　Δp_i——第 i 级与第 i-1 级压力差，MPa。

（8）地层流体相对体积：

$$R_i = \frac{V_i}{V_b} \qquad (4\text{-}9\text{-}8)$$

式中　R_i——第 i 级压力下地层流体的相对体积；

　　　V_b——泡点压力下的地层流体体积，cm^3。

二、实验结果

页岩油藏流体高压物性样品具有唯一性，其实验结果无法进行比对实验验证。实验中可采取初检参数接近的样品进行平行实验，相对偏差不大于 3%。

三、技术应用

页岩油藏高压物性参数主要特征为饱和压力高，地层原油黏度低，气油比大，体积系数大等（表 4-9-1）。

表 4-9-1 古龙页岩油藏高压物性参数数据表

序号	井号	层位/层号	饱和压力(MPa)	原油黏度(mPa·s)	体积系数	压缩系数(10⁻³MPa⁻¹)	收缩率(%)	气油比(m³/t)	气体平均溶解系数(MPa⁻¹)	原油密度(g/cm³)	热膨胀系数(10⁻⁴)	天然气相对密度	地层温度(℃)	地层压力(MPa)
1	松页油1HF	青一段	13.31	0.800	1.2545	1.3625	20.29	91.39	5.743	0.7240	8.4391	0.7811	100.00	32.20
2	英47	青一段	8.08	0.200	1.2289	1.6041	18.63	66.43	6.678	0.6962	8.8627	0.6716	114.89	23.65
3	松页油2HF	青一段	10.59	1.080	1.1806	1.2587	15.30	61.76	4.877	0.7530	8.1387	0.8553	101.90	29.09
4	C21	青一段	3.48	2.970	1.0819	1.1264	7.57	19.86	4.813	0.7921	7.7702	0.6865	78.45	21.28
5	古页1	青一+二段	22.73	—	2.1058	3.7697	52.51	386.07	13.295	0.4928	13.5340	0.7031	119.50	29.00
6	古页2HC	青山口组	22.81	—	1.8270	3.0798	45.26	337.21	11.640	0.5550	12.8010	0.7104	115.70	36.00
7	古页2-Q9-H1	青山口组	30.81	0.260	1.9037	3.0310	47.47	397.36	10.383	0.5640	13.0530	0.6994	103.80	36.20
8	古页1003H-Q2	Q₂	22.24	0.357	1.6506	2.3184	39.42	263.51	9.248	0.5773	12.0960	0.7033	91.75	36.45

第五章 可压性评价技术

可压性是指页岩储层在压裂开采时能够形成复杂裂缝网络的能力，反映页岩地质背景及储层物理化学特征，可压性受到页岩力学性质及全岩矿物特征等因素影响。通过建立页岩岩石力学性质、全岩矿物可压性评价技术，测定杨氏模量、泊松比、抗压强度、脆性指数等关键参数，开展页岩储层可压性评价，为页岩油工程品质评价提供依据。

第一节 岩石力学性质实验技术

岩石力学性质参数是研究页岩油储层的重要基础资料之一。在油气田的勘探开发中，只进行宏观的、区域的和一般规律的研究是远远不够的，还必须进行局部的、单井的、分层的力学实验研究，其中地层岩石力学实验技术在页岩油勘探开发研究中发挥着重要作用。

通过选取双城地区致密岩和古龙页岩油储层样品，开展了岩石力学三轴和单轴试验，并进行了岩心力学参数计算，获取了弹性模量、泊松比、单轴抗压强度、三轴抗压强度、内聚力和内摩擦角等力学参数，得到了较好的推广应用。

一、实验方法

1. 技术关键

（1）样品选取原则。

（2）三轴压缩强度实验。

（3）单轴压缩强度实验。

2. 解决途径

（1）实验样品制样。

实验样品采用岩心线切割加工制成，样品要求直径为 25mm 圆柱形柱塞样品。对于三轴或单轴试验，为了消除尺度对岩石力学的影响，测试用的柱塞样品高度与直径之比为 1.0~2.5 倍，实验样品两端面不平整度误差小于 0.04mm，沿实验样品高度或直径的误差小于 0.2mm，端面垂直于样品轴线最大偏差小于 0.25°，实验样品状态为取心后的自然状态。

按照上述要求，选取并制备了 G1 井、C21 井等 4 口井 60 块岩心柱塞样品。

（2）三轴压缩强度实验。

压缩变形实验采用测量样品的轴向和径向变形，力传感器动态测量轴向力，由于部分样品具有脆性破坏的特性，实验采用轴向变形应力控制的方式加载，加载速率为 0.05kN/min。实验过程主要分为以下 10 个步骤：

①对实验前样品不同方位拍照。

②样品安装时，在样品上套上皮膜，将样品分别与底座和顶帽连接并扎紧，将压力室安装好并适当拧紧螺栓。

③电动机启动前，两个调压阀必须处于卸压状态（逆时针旋松）；然后将下部开关按到左侧（按开机绿色开关，绿灯亮，千斤顶活塞自动上升直到样品与上部压力传感器装置接触并受压）。注意：单轴加压时，必须先关闭油压机上的电源开关！

④加围压前应将位移传感器正确地安放在合适的位置。然后在电脑软件中作以下设置：在软件主菜单中点击"传感器读数修改"，然后将"样品围压"和"轴向变形"两项清零。

⑤加围压：先加一定围压，然后打开高压球阀排掉压力室里面的空气；然后关闭液压站上的红色高压球阀至横向；最后将左边压力室调压阀顺时针缓慢旋至预定压力值松手即可。

⑥加垂直荷载前，在软件中设置记录间隔（一般可设为 1~3s）。"设定荷载"与"最大位移"两项不用设置。然后点击"开始记录"，实验完毕后点击"输出数据"，数据自动导入 Excel，然后保存数据到指定位置；垂直荷载不超过最大压力！

⑦样品破坏后立即关电源（按上部红色圆形按钮至缩进），然后打开高压球阀卸掉围压（即旋至顺向）。切忌在没有卸围压前先卸轴向压力，这样将导致液压油外喷。

⑧打开高压球阀后，将压力室调压阀和油缸调压阀均逆时针旋松至手无明显阻力感；向右旋出红色关闭开关，将下部开关按到右侧，然后按下绿色开机开关。油缸回缩到底后按下红色关闭按钮。

⑨做完实验清理石渣时，端下整个压力室及底座，取下上部加压柱，然后取出下部中心定位块即可清除石渣，最后将压力室擦拭干净组合复位。

⑩对实验后样品不同破裂位置拍照，描述破裂模式。

通过以上实验，获取力学参数。实验结束后，通过应力—应变曲线可以计算出试样的弹性模量、泊松比。用相同的岩样在不同侧向压力 σ_3 下进行三轴试验，在 $\sigma-\tau$ 坐标系上可以得到一系列岩石破坏时的 σ_1、σ_3 值，画出一组破坏应力圆。这组破坏应力圆的包络线，即为岩石的抗剪强度曲线。由此确定出岩石的内聚力和内摩擦角。

莫尔—库仑破坏准则是目前岩石力学最常用的一种强度准则。该准则认为岩石沿某一面发生破坏，其不仅与该面上剪应力大小有关，而且与该面上的正应力有关。岩石并不沿最大剪应力作用面产生破坏，而是沿剪应力与正应力达到最不利组合的某一面产生破坏。即：

$$|\tau_{\mathrm{f}}| = \tau_0 + \sigma_n \cdot \tan\phi \tag{5-1-1}$$

$$f = \tan\phi \tag{5-1-2}$$

式中　$|\tau_{\mathrm{f}}|$——岩石剪切面的抗剪强度，MPa；

　　　τ_0——岩石固有的剪切强度，MPa；

　　　σ_n——剪切面上的正应力，MPa；

　　　f——内摩擦系数；

　　　ϕ——内摩擦角，(°)。

在 σ—τ 坐标系下，莫尔—库仑破坏准则可以用如图 5-1-1 所示的一条直线来表示。直线与水平轴之间的夹角即为内摩擦角，直线在铅垂轴上的截距即为内聚力。

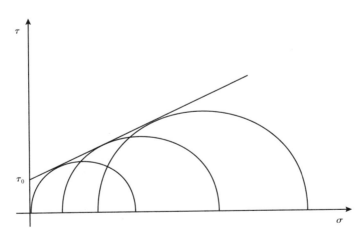

图 5-1-1　莫尔—库仑破坏准则

（3）单轴压缩强度实验。

单轴压缩强度实验是指围压条件下的三轴试验，实验步骤省略加载围压的过程，力学参数的获取与三轴试验相同，但不能获取岩石剪切参数。其中岩石单轴抗压强度是指岩石

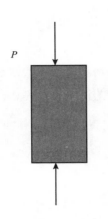

图 5-1-2　单轴抗压强度实验示意图

在单轴应力作用下，达到破坏时的峰值应力。实验原理示意图如图 5-1-2 所示。在实验过程中要注意岩心的端面效应，避免产生复杂应力。

利用式（5-1-3）计算岩心单轴抗压强度：

$$\sigma_c = \frac{P_c}{A} \qquad (5\text{-}1\text{-}3)$$

式中　σ_c——单轴抗压强度，MPa；

　　　P_c——破坏时的载荷，N；

　　　A——岩样的截面积，mm²。

3. 实验条件

分析仪器采用岩石三轴压缩试验机（图 5-1-3），装置包括液压装置、传动装置、控制终端、中继控制装置、压缩主机等五个部分。实验仪器分析条件指标为：

（1）加载围压范围：0~100MPa。

（2）孔隙流体压力范围：0~60MPa。

（3）加载方式：位移加载（0~0.8mm/s）、应力加载（0~33.33kN/s）。

图 5-1-3　岩石三轴压缩试验机

仪器具有如下功能：一是模拟不同埋深处岩石的力学变形特征，包括岩石的破裂强度、破裂模式、脆性特征、全应力—应变关系（包括轴向应变及径向应变）。二是静态力学参数测试，包括岩石峰值破裂强度、弹性模量、泊松比等参数。三是巴西劈裂组装实验仪器测试岩石抗张强度及压力与位移曲线。

4. 实验流程

按照图 5-1-4 开展岩石力学实验。

放置实验岩心   包封热缩套   安装应变传感器   开展力学实验

图 5-1-4 岩石力学实验流程

二、实验结果

按照 GB/T 50266—2013《工程岩体试验方法标准》和 ISRM—CLT1《测定岩石材料单轴抗压强度和变形性质》的建议方法，给出了岩石力学变形特征（图 5-1-5 和图 5-1-6）。

图 5-1-5 典型岩心压裂前后实验对比照片

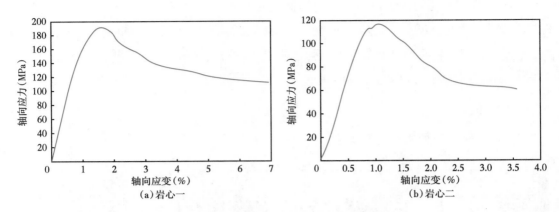

图 5-1-6　典型岩心应力—应变曲线

本技术确定了脆性表征新方法：从裂缝形成与能量释放耦合特征（图 5-1-7），提出评价岩石脆韧性指标（*BDI*）为：

$$BDI = \frac{M}{M - E} \qquad (5\text{-}1\text{-}4)$$

式中　*E*——弹性模量，GPa；

　　　M——峰值后软化模量（应力降梯度），GPa。

BDI 越大，岩石越显脆性。脆性评价标准为：*BDI* > 0.5，脆性变形；*BDI* = 0~0.5，脆—韧转换阶段；*BDI* < 0，塑性变形。

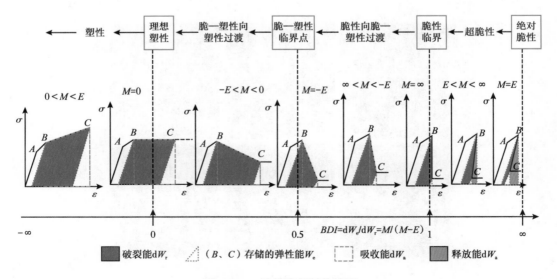

图 5-1-7　脆性表征评价模型

三、技术应用

1. 岩石力学变形特征及脆性评价

（1）S70 井砂岩岩石力学特征。

岩石力学实验表明（图 5-1-8 和表 5-1-1），S70 井砂岩样品的弹性模量介于 10.11~18.50GPa，泊松比为 0.15~0.48，脆性指数介于 0.43~0.65，表现为脆性变形。

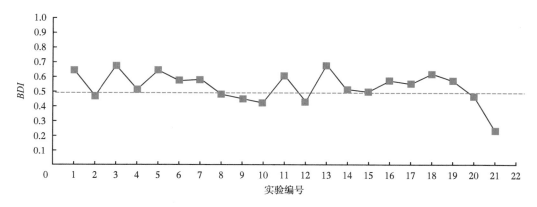

图 5-1-8　S70 井 *BDI* 脆性指标变化曲线

（2）C21 井和 G1 井页岩岩石力学特征。

岩石力学实验表明（图 5-1-9 和表 5-1-2），C21 井页岩的弹性模量介于 14.59~68.17GPa，泊松比为 0.06~0.48，脆性指数大部分大于 0.5，评价为脆性变形；G1 井页岩评价为脆性变形。

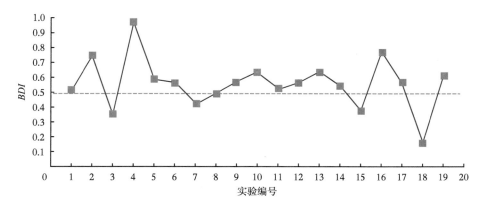

图 5-1-9　C21 井 *BDI* 脆性指标变化曲线

表5-1-1　S70井岩石力学实验数据

实验编号	样品编号	井号	取样深度（m）	层位	岩性	围压（MPa）	样品高度（mm）	杨氏模量（GPa）	泊松比	抗压强度（MPa）	峰值后软化模量（GPa）	脆性指标 BDI
1	A62	双70	1193.78	K_1d_3	紫红色粉砂质泥岩	5	25	16.36	0.48	116.90	-30.0038	0.65
2	A59	双70	1193.49	K_1d_3	紫红色粉砂质泥岩	10	25	14.45	0.33	129.60	-12.7703	0.47
3	A69	双70	1195.45	K_1d_3	紫红色粉砂质泥岩	15	25	18.50	0.17	150.60	-38.6008	0.68
4	A61	双70	1193.66	K_1d_3	紫红色粉砂质泥岩	20	25	16.99	0.27	191.80	-18.2685	0.52
5	A54	双70	1192.81	K_1d_3	灰棕色油浸粗砂岩	5	25	14.85	0.31	95.50	-27.2310	0.65
6	A67	双70	1194.98	K_1d_3	灰棕色油浸粗砂岩	10	25	14.70	0.41	120.60	-20.1510	0.58
7	A55	双70	1192.95	K_1d_3	灰棕色油浸粗砂岩	15	25	12.49	0.32	155.80	-17.5641	0.58
8	A65	双70	1194.56	K_1d_3	灰棕色油浸粗砂岩	20	25	13.23	0.26	105.80	-12.0011	0.48
9	A31	双70	1184.15	K_1d_3	灰棕色油浸粗砂岩	25	25	10.93	0.23	135.70	-8.9116	0.45
10	A50	双70	1191.95	K_1d_3	灰棕色油浸粗砂岩	30	25	17.58	0.33	197.80	-13.0415	0.43
11	A24	双70	1183.15	K_1d_3	棕灰色油斑细砂岩	5	25	13.59	0.32	112.50	-21.1872	0.61
12	A28	双70	1183.81	K_1d_3	棕灰色油斑细砂岩	10	25	13.21	0.37	108.40	-9.8155	0.43
13	A25	双70	1183.46	K_1d_3	棕灰色油斑细砂岩	15	25	17.55	0.41	167.70	-37.2841	0.68
14	A29	双70	1183.99	K_1d_3	棕灰色油斑细砂岩	20	25	14.33	0.39	149.60	-15.1645	0.51
15	A27	双70	1183.76	K_1d_3	棕灰色油斑细砂岩	25	25	15.58	0.32	167.20	-15.5613	0.50
16	A68	双70	1195.28	K_1d_3	紫红色粉砂质泥岩	0	25	11.24	0.25	48.30	-15.1200	0.57
17	A60	双70	1193.54	K_1d_3	紫红色粉砂质泥岩	0	25	10.11	0.22	52.45	-12.2000	0.55
18	A53	双70	1192.66	K_1d_3	灰棕色油浸细砂岩	0	25	12.17	0.27	80.89	-20.1300	0.62
19	A1	双70	1173.5	K_1d_3	棕灰色油斑细砂岩	0	25	14.48	0.15	74.56	-19.4100	0.57

表 5-1-2 页岩岩石力学实验数据

编号	样号	井号	深度（m）	层位	岩性	围压（MPa）	高度（mm）	杨氏模量（GPa）	泊松比	抗压强度（MPa）	峰值后软化模量（GPa）	脆性指标 BDI
1	A22	C21	1494.04	K_1qn_{2+3}	灰黑色页岩	5	50	22.63	0.35	92.95	−24.04	0.52
2	A23	C21	1497.23	K_1qn_{2+3}	灰黑色页岩	10	50	20.28	0.13	127.40	−57.64	0.74
3	A25	C21	1502.69	K_1qn_{2+3}	灰黑色页岩	15	50	23.62	0.11	140.20	−12.61	0.35
4	A35	C21	1540.48	K_1qn_{2+3}	灰黑色页岩	20	47	33.42	0.35	290.70	−1177.20	0.97
5	A18	C21	1480.05	K_1qn_{2+3}	灰黑色页岩	25	50	19.64	0.22	132.60	−27.25	0.58
6	A48	C21	1574.12	K_1qn_{2+3}	灰黑色页岩	0	50	21.02	0.33	64.94	−26.68	0.56
7	A46	C21	1574.12	K_1qn_{2+3}	灰黑色页岩	0	25	20.78	0.48	50.43	−15.13	0.42
8	A45	C21	1570.42	K_1qn_{2+3}	灰黑色页岩	0	25	16.84	0.29	83.26	−16.59	0.50
9	A1	C21	1429.12	K_1qn_{2+3}	灰绿色页岩夹砂质纹层	10	50	32.14	0.10	208.20	−35.15	0.52
10	A34	C21	1537.38	K_1qn_{2+3}	灰色粉砂岩	15	50	49.79	0.19	311.60	−64.06	0.56
11	A19	C21	1482.45	K_1qn_{2+3}	灰色粉砂岩	20	50	18.54	0.35	175.60	−32.65	0.64
12	A8	C21	1449.97	K_1qn_{2+3}	灰绿色页岩	0	50	68.17	0.31	71.95	−80.76	0.54
13	A5	C21	1440.92	K_1qn_{2+3}	灰绿色页岩	15	52	21.14	0.27	70.65	−12.64	0.37
14	A13	C21	1464.57	K_1qn_{2+3}	灰黑色页岩夹砂质纹层	0	50	13.73	0.37	52.49	−45.22	0.77
15	A39	C21	1552.23	K_1qn_{2+3}	灰黑色泥页页岩夹砂质纹层	20	50	19.04	0.10	84.39	−24.11	0.56
16	A32	C21	1525.18	K_1qn_{2+3}	砂页互层	20	48	14.59	0.06	109.70	−2.69	0.16
17	A10	C21	1455.42	K_1qn_{2+3}	灰色泥质粉砂岩	15	50	27.46	0.15	215.60	−43.17	0.61
18	2-0-2	G1	2571.90	K_1qn_1	黑色页岩	0	58	20.03	0.22	94.78	−57.53	0.74
19	4-9-1	G1	2578.67	K_1qn_1	黑色页岩	0	68	20.09	0.36	96.03	−58.98	0.75

（3）S661 井岩石力学特征

岩石力学实验表明（图 5-1-10 和表 5-1-3），S661 井岩石的弹性模量介 4.92~37.94GPa，泊松比为 0.02~0.48，脆性指数介于 0.43~0.97，表现为明显脆性变形。

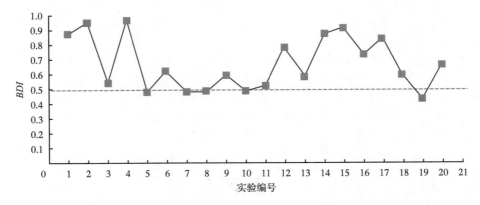

图 5-1-10　S661 井 *BDI* 脆性指标变化曲线

表 5-1-3　S661 井岩石力学实验数据

实验编号	样品编号	井号	围压（MPa）	高度（mm）	杨氏模量（GPa）	泊松比	抗压强度（MPa）	峰值后软化模量（GPa）	脆性指标 *BDI*
1	10	S661	0	25	16.47	0.21	135.80	-107.90	0.87
2	12	S661	0	23	8.47	0.13	62.03	-162.10	0.95
3	7	S661	0	25	37.94	0.47	118.80	-44.30	0.54
4	8	S661	0	25	16.00	0.31	237.80	-473.48	0.97
5	29	S661	0	25	33.64	0.25	111.40	-29.80	0.47
6	75	S661	0	25	8.17	0.19	57.17	-13.12	0.62
7	76	S661	0	25	34.95	0.16	75.01	-31.09	0.47
8	84	S661	0	25	17.62	0.48	83.78	-16.22	0.48
9	85	S661	0	25	19.34	0.43	107.10	-27.64	0.59
10	86	S661	0	25	29.69	0.40	95.69	-27.80	0.48
11	96	S661	0	25	16.68	0.28	71.62	-18.09	0.52
12	97	S661	0	25	17.71	0.17	39.74	-61.93	0.78
13	补 8	S661	0	25	4.92	0.02	72.26	-6.84	0.58
14	补 98	S661	0	25	12.18	0.08	200.50	-85.20	0.87
15	补 99	S661	0	25	26.55	0.12	319.10	-276.55	0.91
16	补 97	S661	0	25	34.77	0.11	346.60	-95.92	0.73
17	31	S661	0	25	14.91	0.15	136.30	-73.94	0.83

续表

实验编号	样品编号	井号	围压（MPa）	高度（mm）	杨氏模量（GPa）	泊松比	抗压强度（MPa）	峰值后软化模量（GPa）	脆性指标 *BDI*
18	3	S661	0	25	6.35	0.18	20.90	−9.11	0.59
19	4	S661	0	25	10.92	0.15	61.35	−8.19	0.43
20	5	S661	0	25	22.65	0.22	119.90	−43.95	0.66

2. 三轴压缩试验评价

S70 井按照粉砂质泥页岩、粗砂岩和细砂岩，分成 3 个实验组，见表 5-1-4。第 1 实验组为粉砂质泥页岩，围压分别加 5MPa、10MPa、15MPa 和 20MPa；第 2 实验组为粗砂岩，围压分别加 5MPa、10MPa、15MPa、20MPa、25MPa 和 30MPa；第 3 实验组为细砂岩，围压分别加 5MPa、10MPa、15MPa、20MPa 和 25MPa。实验结果如图 5-1-11 所示。

表 5-1-4 S70 井岩石三轴压缩变形应力—应变实验评价表

组号	样品编号	井号	取样深度（m）	层位	岩性	围压（MPa）	样品高度（mm）	杨氏模量（GPa）	泊松比	抗压强度（MPa）
1	A62	S70	1193.78	K_1d_3	紫红色粉砂质泥页岩	5	25	16.36	0.48	116.9
	A59	S70	1193.49	K_1d_3	紫红色粉砂质泥页岩	10	25	14.45	0.33	129.6
	A69	S70	1195.45	K_1d_3	紫红色粉砂质泥页岩	15	25	18.50	0.17	150.6
	A61	S70	1193.66	K_1d_3	紫红色粉砂质泥页岩	20	25	16.99	0.27	191.8
2	A54	S70	1192.81	K_1d_3	灰棕色油浸粗砂岩	5	25	14.85	0.31	95.5
	A67	S70	1194.98	K_1d_3	灰棕色油浸粗砂岩	10	25	14.70	0.41	120.6
	A55	S70	1192.95	K_1d_3	灰棕色油浸粗砂岩	15	25	12.49	0.32	155.8
	A65	S70	1194.56	K_1d_3	灰棕色油浸粗砂岩	20	25	13.23	0.26	105.8
	A31	S70	1184.15	K_1d_3	灰棕色油浸粗砂岩	25	25	10.93	0.23	135.7
	A50	S70	1191.95	K_1d_3	灰棕色油浸粗砂岩	30	25	17.58	0.33	197.8
3	A24	S70	1183.15	K_1d_3	棕灰色油斑细砂岩	5	25	13.59	0.32	112.5
	A28	S70	1183.81	K_1d_3	棕灰色油斑细砂岩	10	25	13.00	0.37	108.4
	A25	S70	1183.46	K_1d_3	棕灰色油斑细砂岩	15	25	17.55	0.41	167.7
	A29	S70	1183.99	K_1d_3	棕灰色油斑细砂岩	20	25	14.33	0.39	149.6
	A27	S70	1183.76	K_1d_3	棕灰色油斑细砂岩	25	25	15.58	0.32	167.2

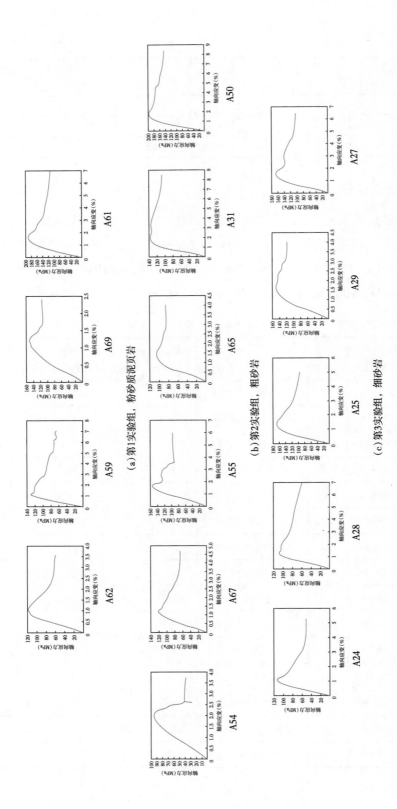

图 5-1-11　S70井全应力—应变曲线

通过同一岩性岩石，不同围压下岩石压缩强度的测量，绘制莫尔—库仑破裂包络曲线，计算各岩性的内聚力与内摩擦角等剪切参数，见表5-1-5和图5-1-12。

表5-1-5　岩心的内聚力、内摩擦角

实验组编号	井号	层位	岩性	内聚力（MPa）	内摩擦角（°）
1	S70	K_1d_3	紫红色粉砂质泥页岩	18.65	42.12
2	S70	K_1d_3	灰棕色油浸粗砂岩	20.03	36.72
3	S70	K_1d_3	棕灰色油斑细砂岩	31.05	25.89

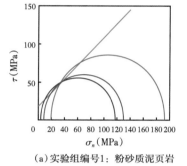
（a）实验组编号1：粉砂质泥页岩

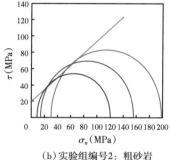
（b）实验组编号2：粗砂岩

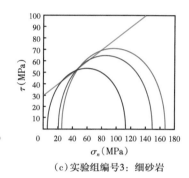
（c）实验组编号3：细砂岩

图5-1-12　莫尔—库仑破裂包络曲线

3. 单轴压缩试验评价

考虑无围压条件下，各类岩石的力学变形性质，测试杨氏模量、泊松比、抗压强度等力学参数，具体数据见表5-1-6、图5-1-13、图5-1-14和图5-1-15。

表5-1-6　单轴压缩试验数据

样品编号	井号	深度（m）	层位	岩性	样品高度（mm）	杨氏模量（GPa）	泊松比	抗压强度（MPa）
A68	S70	1195.28	K_1d_3	紫红色粉砂质泥页岩	25	11.24	0.25	48.30
A60	S70	1193.54	K_1d_3	紫红色粉砂质泥页岩	25	10.00	0.22	52.45
A53	S70	1192.66	K_1d_3	灰棕色油浸粗砂岩	25	12.17	0.27	80.89
A1	S70	1173.50	K_1d_3	棕灰色油斑细砂岩	25	14.48	0.15	74.56
2-0-2	G1	2571.90	K_1qn_1	黑色泥页岩	58	19.24	0.22	18.78
4-9-1	G1	2578.67	K_1qn_1	灰色泥页岩	68	9.82	0.36	17.03

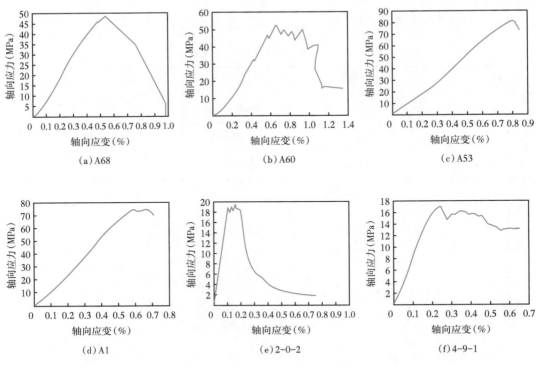

图 5-1-13　应力—应变曲线

图 5-1-14　S70 井岩石典型的破裂模式图

(a) 2-0-2　　　　　　　　(b) 4-9-1

图 5-1-15　G1 井岩石典型的破裂模式图

第二节　页岩全岩矿物可压性评价技术

与常规油气不同，页岩系统主要由富含黏土矿物的致密泥页岩构成，部分层段含碎屑岩和碳酸盐岩夹层。页岩中的矿物主要为黏土矿物，此外还包含石英和长石，含少量的方解石、白云石、铁白云石、菱铁矿和黄铁矿等。页岩中的矿物直接控制着孔隙和微构造的发育，对页岩含油性和储集性有重要的影响。黏土矿物是层状硅酸盐矿物，比表面积和孔容比值较大，能够吸附有机质分子，有利于保存油气。但是黏土矿物含量并非越高越好，在富含地层水的情况下，黏土矿物吸附过多的地层水，会减少有机质的吸附。在页岩油开发工程上，必须通过压裂手段连通页岩中孤立的微小储集单元才能获得可观的产量。石英等脆性矿物在外部应力的作用下容易产生裂缝，故页岩全岩矿物评价是可压性评价的重要方面。

页岩全岩矿物评价技术，是基于绝热法的 X 射线衍射分析技术，是一种间接评价页岩可压性的实验技术。该技术具有取样简单、测试速度快的特点，在页岩分析中广泛采用。古龙页岩具有高黏土、高有机质、纹层发育广泛、非均质性强的特点，相对于致密砂岩全岩矿物分析，容易出现取样位置不准确和制备中的择优取向问题，直接影响到矿物含量测试的准确性，需要建立适合页岩的全岩矿物评价技术。

一、实验方法

X 射线衍射方法可以快速地进行岩石矿物成分的定性和定量分析，尤其是对于致密砂岩、页岩等非常规储层样品，可以快速、准确、可靠地实现矿物成分鉴定，进一步利用基体清洗法（K 值法）、绝热法实现矿物的定量分析，不仅能对石英、长石、方解石、黏土矿物等主要矿物进行定量，而且在黏土矿物的种类和组合类型确定，伊蒙有序混层的混层比测定等方面均有重要的应用。此外矿物成分分析技术还包括热分析技术、红外吸收光谱分析技术、阴极射线发光技术等，在矿物成分分析中均有其独特的优势，但在非常规油气地质实验中不如 X 射线衍射方法应用广泛。

矿物晶体的 X 射线衍射图像实质上是晶体微观结构的一种精细复杂的变换，每种矿物晶体的结构与其 X 射线衍射图之间都有着一一对应的关系，其特征 X 射线衍射图谱不会因为其他物质混合聚集在一起而产生变化，这是 X 射线衍射物相分析的依据。

一束具有特定波长的 X 射线束照射晶体样品（图 5-2-1），测量样品表面的衍射束，掠过角与晶面间距符合布拉格方程：

$$2d\sin\theta=n\lambda \tag{5-2-1}$$

式中　λ——X 射线的波长，nm；

　　　n——任意整数；

　　　θ——掠过角，（°）；

　　　d——晶面间距，nm。

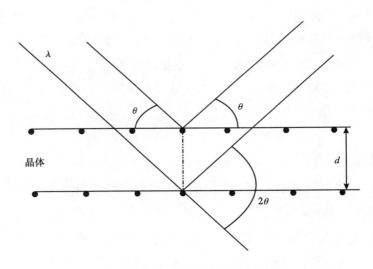

图 5-2-1　X 射线衍射原理图

利用已知的 X 射线波长 λ，通过测量掠过角 θ，计算晶面间距 d，获得晶体结构信息，运用物相检索工具，进行物相分析及确定，根据 X 射线衍射峰强度，计算出样品中矿物晶体含量。

由于页岩样品富含有机质和黏土矿物，且非均质性强，故需要建立针对性的采集制备技术。

1. 技术关键

（1）建立页岩样品的微区取样方法。

（2）建立页岩样品的精细研磨制备方法。

2. 解决途径

（1）页岩样品的微区取样制备方法。

陆相页岩中经常发育纹层页岩相，页岩中夹杂细小的钙质或砂质纹层，矿物种类和含量变化明显。常规做法是将岩石整体粉碎至粒径小于 40μm，虽然整体的代表性强，但是丧失了纹层细节的分析。对于如图 5-2-2 所示纹层状页岩，可以通过肉眼直观看到不同纹层的交错分布，如果要进行精细研究，必须提高页岩样品制备的精度。

图 5-2-2　纹层页岩

建立页岩微区配套取样装置，包括微区切割仪，系列取样钻头，XRD 微量样品架，可以实现分层取样或定点取样，取样精度达到毫米级别。

对图 5-2-2 中纹层页岩进行了精确制样分析，从图 5-2-3 可以看出碳酸盐矿物和石英变化剧烈，是影响纹层变化的主要成分。斜长石，钾长石，方解石，黏土矿物含量平稳，变化不大。

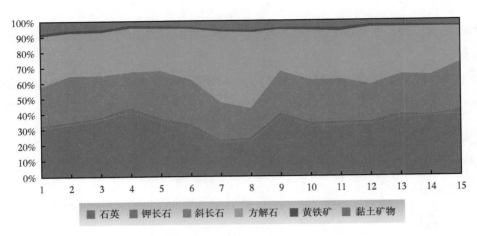

石英 　钾长石 　斜长石 　方解石 　黄铁矿 　黏土矿物

图 5-2-3　纹层页岩 XRD 矿物精细分析

（2）页岩样品的精细研磨制备方法。

页岩样品中不同矿物的硬度有差异，传统的粉碎研磨方法，如三头磨样机，在研磨时容易出现粗细不均的情况，过大和过小的颗粒同时存在，导致测试样品制备时出现择优取向现象，对定量结果产生不利的影响。笔者引入 XRD-Mill McCrone 粉碎机（图 5-2-4），优化了研磨制备效果。该仪器具有独特的研磨方式：研磨块的运动为线性撞击和平面剪切两种方式，所以研磨时间短，几乎没有样品损失，得到特别窄的粒径分布。晶格在研磨过程中几乎完全保留。

XRD-Mill McCrone

图 5-2-4　XRD-Mill McCrone 粉碎机

研磨容器是一个 125mL 容量的聚丙烯罐（图 5-2-5），配一个无垫圈螺帽的聚乙烯盖。研磨罐被 48 个有序排列的圆柱形研磨块充满，材质有玛瑙、氧化锆和刚玉。最佳的研磨时间是在 3~30min，典型的样品体积是在 2~4mL 之间。

图 5-2-5　XRD-Mill McCrone 粉碎机组件

XRD-Mill McCrone 主要依靠摩擦力研磨样品。48 个圆柱形的研磨块在罐内排成 8 排，每排 6 件。如图 5-2-6 所示，在运行过程中，罐子做圆周运动，研磨块把样品从小于 0.5mm 研磨到亚微米水平（通常小于 10μm）。

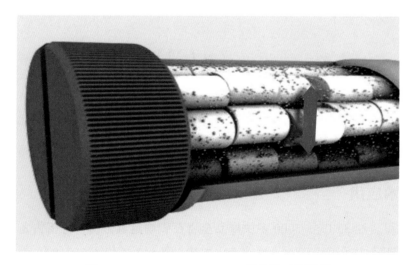

图 5-2-6　XRD-Mill McCrone 粉碎机工作原理

3. 随机取向片制备方法

（1）将铝质样品架置于平的毛玻璃板上，使其贴紧，边缘用胶带固定，在样品架的上方放置一个同样规格的铝质样品架。

（2）在样品架的上方放置筛子，用毛刷将经过充分研磨的样品粉末刷过筛网，均匀落在样品架开槽内。

（3）去掉筛子和上面的样品架，用玻璃载片均匀垂直按压样品，用适当的压力，保证样品不会脱落、变形、滑动。

（4）用玻璃载片刮掉多余样品，使表面平整。

（5）将样品架向下的一面作为测试面上机检测。

注意清洁玛瑙研钵、筛子、毛刷、药匙等，避免样品之间相互污染。

4. XRD 仪器测试条件选择

（1）阳极靶的选择。测定金属（特别是富铁页岩）：通常采用 Co、Fe、Cr 靶；测定矿物、有机物：通常采用 Cu、Mo、W 靶。

（2）测试角度的选择。定性测试：测定未知物在 3°~120°；金属角度范围为 20°~70°；有机物通常为 3°~60°；定量分析：根据测试峰宽度具体确定，黏土矿物以低角度为主，即 3°~30°。

（3）扫描方式和速度。定性分析：通常采用连续扫描方式，扫描速度通常为 1°~4°/min；定量分析：通常采用步进式扫描，扫描速度为 0.25°~1°/min。

5. 实验结果计算

绝热法计算公式如下：

$$X_i = \left[\frac{I_i}{K_i} \middle/ \left(\sum_{i=1} \frac{I_i}{K_i} \right) \right] \times 100\% \qquad (5\text{-}2\text{-}2)$$

式中　X_i——试样中矿物 i 的百分含量，%；

K_i——矿物 i 的参比强度；

I_i——矿物 i 某衍射峰的强度。

二、技术应用

完成古龙页岩油 33 口井 5000 多块样品全岩石矿物定量分析，分析古龙页岩脆性矿物特征及含量，明确古龙页岩矿物、脆性变化规律（图 5-2-7 和图 5-2-8），为古龙页岩的压裂改造提供实验依据。

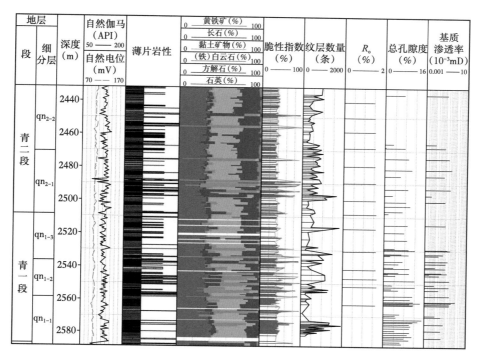

图 5-2-7　G1 井青山口组综合柱状图

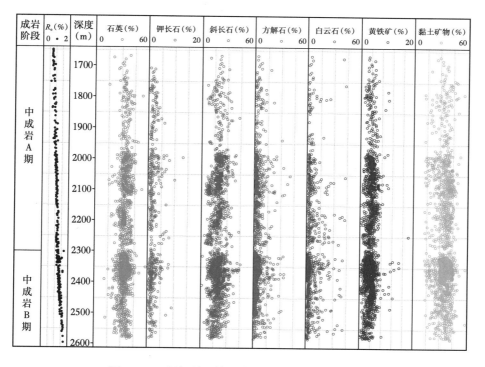

图 5-2-8　长垣以西地区青山口组页岩矿物演化图

第六章　页岩油综合评价技术应用

页岩成烃、成岩、成储、成藏过程是一个复杂的地质历史演化体系，各因素间相互关联、相互影响。生烃作用为页岩油形成提供了物质基础，成岩过程决定页岩的岩石学特征及演化规律，成储过程为页岩油聚集提供储集空间，成藏过程决定页岩油的赋存方式和富集特征。综合应用生烃模拟实验、流体包裹体、氮气吸附、高压压汞、扫描电镜分析等实验技术手段，研究在物理、化学等多场耦合作用下，有机、无机矿物协同影响古龙页岩生烃机理、成岩作用、成孔机制、页岩油成藏机理等，为古龙页岩油"甜点"评价及富集区带优选提供理论技术支撑。

第一节　页岩油成烃演化

一、多囊式反应釜热压模拟实验技术

油气模拟实验是页岩油形成演化与资源评价的重要手段。通过温度、时间、压力、水和矿物质等不同条件下有机质生烃的模拟实验研究，揭示油气生成量及特征，用于生烃史与盆地的演化关系、资源量评价、油气形成机理和排烃效率等研究。目前，常规油气模拟实验一般只能模拟地质环境中影响油气生成的2~3个因素，考虑因素较少，实验结果与地下条件相差较大，且单釜模拟生产效率低。因此，使油气模拟实验更接近地质条件是世界级难题，急需攻克页岩油气生成过程的多因素复合高效模拟实验技术和页岩油形成演化理论认识。

1. 实验方法

研制多囊式反应釜热压模拟实验装置，建立综合多地质因素（温度、压力、水介质、矿物质和排烃方式等）油气热压模拟实验技术，通过大量模拟实验及实测数据，建立页岩油形成演化模式，揭示页岩油形成演化规律和机理认识。

1）技术关键

（1）多囊式反应釜油气热压模拟实验装置。

（2）囊式热压模拟样品反应容器。

（3）囊式热压模拟反应釜。

2）解决途径

开展多囊式反应釜油气热压模拟实验装置调研、设计、加工制造及研制，实现页岩油样品的快速模拟实验。采用新技术（多地质因素油气形成模拟实验技术，图 6-1-1 至图 6-1-5）、新工艺（反向隔离式接口封装等）、新材料（镍基合金钢、高温航空钢），模块化设计，实验装置由囊式热压模拟反应釜部（图 6-1-1 和图 6-1-2）、产物收集和计量部（图 6-1-4）、控制及数据采集部等组成，实现了高精度分类全自动控制多套囊式反应釜模拟实验，生产效率提高了 7 倍。

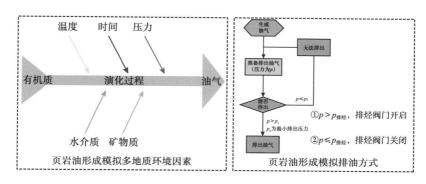

图 6-1-1　多地质因素油气形成模拟实验方法

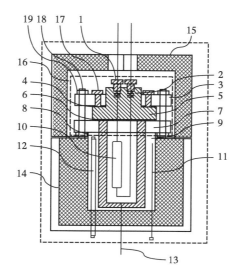

图 6-1-2　囊式热压模拟反应釜

1—连接压帽；2—密封垫组件；3—上法兰盘；4—垫片；5—封头；6—石墨圈；7—下法兰盘；8—囊式热压模拟反应釜体；9—钢套；10—囊式热压模拟样品反应容器；11—热电偶；12—加热管；13—加压注水孔；14—下保温层；15—上保温层；16—囊式热压模拟反应釜封盖；17—螺栓；18—螺柱；19—螺母

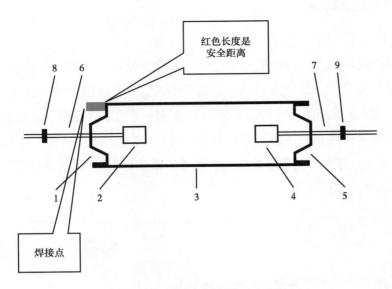

图 6-1-3　囊式热压模拟反应容器

1,5—耐压封盖；2,4—过滤器；3—囊式薄壁耐压腔体，6,7—高压管线；8,9—阀门

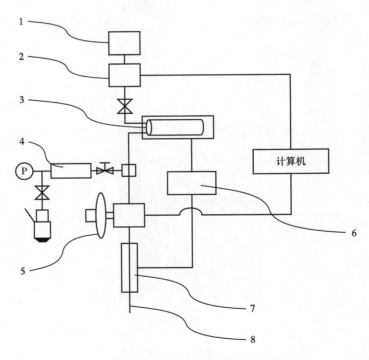

图 6-1-4　产物收集和计量

1—气体收集容器；2—流量计；3—集液容器；4—压力泵；5—气动阀；6—循环制冷机；7—冷却管；8—气体引出管线

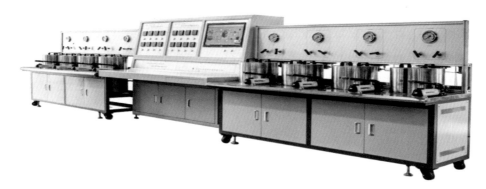

图 6-1-5 多囊式反应釜热压模拟实验装置实物图

3）实验条件

建立页岩多囊式反应釜油气热压模拟实验条件，保证在近地层条件下页岩油形成的可靠模拟分析。页岩油气热模拟实验游离油和吸附油等定量方法：采用半封闭、半开放的生排烃环境体系，页岩上下覆盖石英砂，按不同温度点和时间进行热模拟实验；页岩生成排出的油量为排油量（包括石英砂中氯仿抽提出和模拟釜壁上的油），排油后的页岩使用氯仿抽提出的油为滞留油量，排油量＋滞留油量＝生油量，滞留油量＝游离油量＋吸附油量，游离油量＝热解 S_1＝页岩含油量，吸附油量＝氯仿沥青"A"-S_1。

4）实验流程及步骤

实验流程及操作步骤：

（1）采集低熟页岩样品；

（2）开展低熟页岩样品常规地化实验分析，获得基础实验数据；

（3）按照页岩多囊式反应釜油气热压模拟条件，开展高温高压模拟实验；

（4）通过不同页岩样品的不同温度和时间模拟实验，获得不同成熟度下生成的游离油、吸附油气量；

（5）利用模拟实验结果，建立古龙页岩油形成演化模式；

（6）利用模拟实验，开展页岩油成藏机理研究等。

2. 实验结果及技术应用

1）黏土有机质矿物加氢生烃机制

应用开放体系生烃热模拟实验技术，开展干酪根、干酪根＋蒙皂石、干酪根＋伊利石，以及干酪根＋绿泥石 4 组对比实验，根据全岩矿物组成与有机碳含量，干酪根与黏土矿物质量比为 1:4。模拟实验结果（图 6-1-6）表明：纯干酪根生烃所需活化能加权平均值为 209.8kJ/mol，小于干酪根与黏土混合物的活化能。干酪根 + 蒙皂石混合生烃活化能最大，加权平均值为 211.79kJ/mol，其次是干酪根 + 绿泥石，加权平均值为 211.19kJ/mol，干酪根 + 伊利石的加权平均活化能为 210.29kJ/mol。这说明黏土矿物增大了干酪根生烃所需的活化能，减缓了其生烃进程，黏土矿物尤其是蒙皂石矿物对干酪根生烃具有明显的抑制作用。

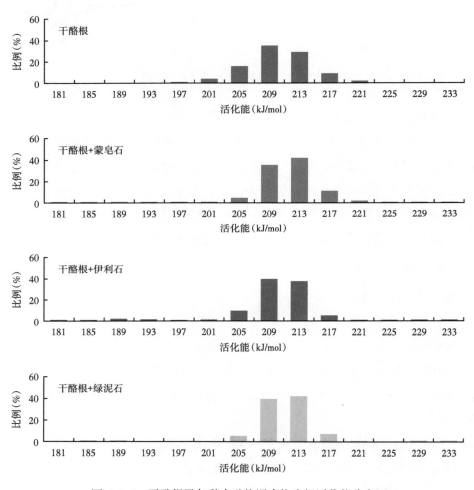

图 6-1-6　干酪根及与黏土矿物混合物生烃活化能分布图

应用囊管热压模拟生烃模拟实验技术（封闭体系）开展干酪根和全岩样品生烃热模拟实验。全岩的黏土矿物组成为：蒙皂石 35%，伊利石 23%，高岭石 11%，绿泥石 13%。结果表明（图 6-1-7），在 R_o 值为 0.5%~1.5% 范围内，干酪根样品的生烃转化率高于全岩样品。从有机质演化阶段看，干酪根样品达到生烃高峰的 R_o 值为 0.8%，生油窗范围对应于 R_o 值为 0.5%~1.3%；全岩样品的生油高峰 R_o 值为 1.0%，生油窗范围对应于 R_o 值为 0.7%~1.6%，说明有黏土矿物参与的情况下有机质生烃所需的热演化程度更高，生油窗下限扩大，与上述开放体系生烃活化能分析结果一致。值得说明的是，尽管全岩中有机质达到生油高峰阶段变晚，但生油量明显提高，干酪根样品换算到全岩质量的生油量仅为 22mg/g，而全岩样品的生油量为 32mg/g，表明黏土矿物参与了生烃反应，增加了有机质的油气生成量。

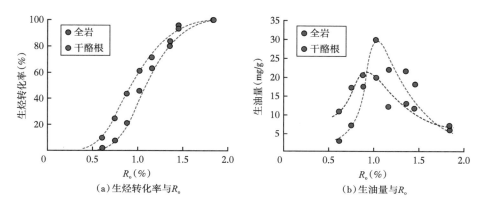

图 6-1-7 封闭体系有机质生油量、生烃转化率与 R_o 关系图

结合岩石热解—气相色谱实验分析技术，开展干酪根及与黏土矿物混合物组分生烃模拟，明确黏土矿物加氢生烃机制。结果如图 6-1-8 所示，干酪根裂解烃组分中轻烃（C_6—C_{14}）与重烃（C_{14+}）含量接近，均在 36% 左右，气态烃（C_1—C_5）含量为 28%；干酪根 + 蒙皂石裂解实验中，轻烃含量增加到 46%，重烃含量降低为 28%，气态烃含量为 26%，反映有机质裂解中蒙皂石加氢作用明显；伊利石和绿泥石分别与干酪根混合实验显示，尽管轻烃增加的数量没有蒙皂石高，但均大于纯干酪根，分别为 39% 和 41%。由此可见，黏土矿物参与有机质裂解反应，不仅增加了油气生成总量，而且还可以增加石油产物中的轻烃含量。其主要机理是黏土矿物层间存在金属水合离子，可以为已生成油的裂解反应提供额外的氢源，降低了原油裂解反应歧化的程度，即抑制长链烃直接裂解成气，从而增加了最终产物中的轻烃数量。

2）发现沿层分布的孔缝，突破页岩储集性能差的传统认识

开展"生烃—场发射扫描电镜"实验，发现随 R_o 增加，层状藻生烃形成沿层分布的孔缝，面孔率可达 16%~18%，突破页岩储集性能差的传统认识。

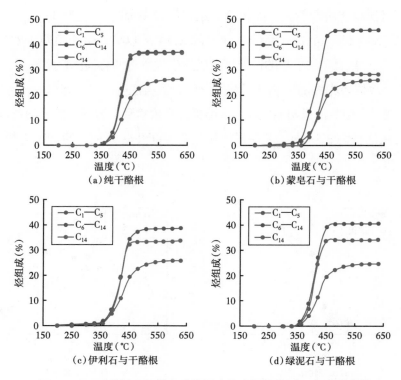

图 6-1-8　干酪根及与黏土矿物混合物生烃组成随温度演化曲线

3）结合物性研究，深化页岩油原位成烃成储成藏机理认识

页岩热压模拟—物性分析揭示（图 6-1-9），R_o < 1.0% 阶段，干酪根裂解生油使有机碳减小、生油量和孔隙度等增大，较大分子吸附油对孔喉封堵使渗透率减小；R_o > 1.0% 阶

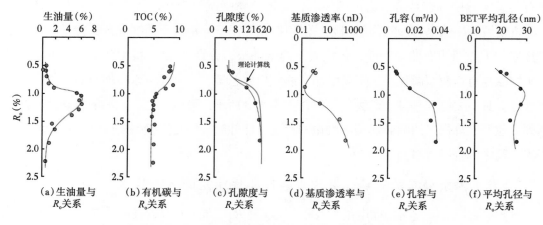

图 6-1-9　古龙页岩生油量、有机碳含量和物性与 R_o 关系

段，在 1.3% 左右干酪根停止生油使有机碳不变、生油量减小，吸附油向轻质游离油转化及解堵孔喉，使渗透率增大；孔隙度的增加主要来自纳米级孔隙的贡献。

二、古龙页岩油形成演化模式

1. 加水生排烃热模拟实验条件

应用加水生排烃热模拟实验技术开展页岩油形成演化研究。针对以往含水热模拟实验加水量大，而页岩在生烃阶段含水量并不大的实际，本次对实验条件进行了改进：在石英玻璃管下面先铺一层水润湿的石英砂，然后将准备好的块状页岩放在上面，再用水润湿的石英砂覆盖充填。实验加热温度为 300℃，325℃，350℃，365℃，375℃，400℃，420℃和 450℃，加热时间为 24h，48h 和 72h，对应的 Easy%R_o 为 0.64%~2.70%（表 6-1-1），平均间隔 0.15%。依据青山口组页岩实际生烃剖面，建立实验条件下 Easy%R_o 与镜质组反射率（R_o）的关系，R_o=1.01Easy%R_o-0.13。热模拟实验完成后，计量生成气的体积、排出油量、页岩总滞留油量、游离油量及吸附油量。

表 6-1-1 加热温度、时间与 Easy% R_o 的关系表

加热温度（℃）	加热时间（d）	Easy% R_o（%）
300	1	0.64
300	3	0.70
325	2	0.81
350	1	0.93
350	2	1.03
365	1	1.18
365	2	1.19
365	3	1.26
375	2	1.31
375	3	1.39
400	1	1.50
400	2	1.66
400	3	1.77
420	2	2.00
450	1	2.33
450	3	2.70

2. 古龙页岩生、排、滞留油特征

根据不同模拟温度下页岩有机质含量的系列测定结果，分别确定了页岩的总生烃量、滞留烃量和排烃量（图 6-1-10）。结果表明古龙页岩生、排、滞留油窗口 R_o 主要在 0.9%~1.6% 之间，生、排、滞留油主峰 R_o 在 1.1%~1.3% 之间。生油量一般大于 2%，主峰为 6.12%；滞留油量一般大于 1.8%，主峰为 4.9%；排油量一般大于 0.4%，主峰为 1.29%。需要说明三点：一是本次研究确定的页岩生、排、滞留油窗口成熟度范围高于 Tissot 提出的生油窗口。二是在生油窗外，R_o 达 1.9% 时仍具有生油潜力，生油量为生油高峰值的 22%。如果按照 Pepper 等（1995）对生油窗的定义，以生油高峰值的 10% 作为开始和结束生油的截止值，则古龙页岩生油窗底界 R_o 可达 2.1%，远高于 Tissot 经典生油模式确定的生油窗底界，后者对应的 R_o 仅为 1.3%。三是本次实验仅在上下覆盖的石英砂中加少量水，排油效率低，生油高峰期排油效率平均仅为 20% 左右，低于古龙页岩传统含水模拟实验结果，其生油高峰期排油效率可达 60%~80%。与前人的研究普遍认为的优质烃源岩能够高效排油，在生油高峰期排油效率达 70%，总排油效率可达 80% 以上的结论并不相同。

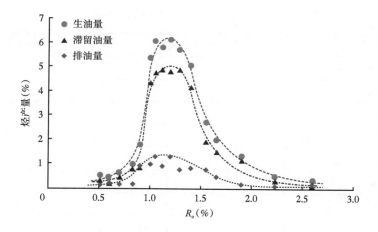

图 6-1-10　页岩生、排、滞留烃量生成演化曲线

3. 古龙页岩生、排、滞留烃量生成演化曲线

页岩油的赋存状态主要有游离态和吸附态（或互溶态），关于游离油量与吸附油的定量评价方法目前还没有统一的认识，或通过不同极性溶剂逐级抽提，或通过不同的程序升温进行分步热解，或通过对岩石热解峰进行数值分解。Jarvie（2012）把岩石热解 S_1 定义为游离油，有机溶剂抽提前后岩石热解 S_2 的差值定义为吸附油，该定义简单实用且能利用现有的大量的岩石热解分析数据。古龙页岩氯仿抽提前后岩石热解 S_2 的差值与氯仿沥

青"A"减 S_1 含量的差值基本一致,即氯仿沥青"A"为总滞留油量,包括游离油 S_1 和吸附油(氯仿沥青"A"-S_1)。根据这一定义,在获得总滞留油量的同时,可将其分解为游离油和吸附油,以及两种赋存状态页岩油的生成演化图(图6-1-11)。从图6-1-11中可见,R_o < 0.9% 时,游离油和吸附油量均较小,一般低于0.5%;R_o 为 0.9%~1.1% 时,随成熟度增加,吸附油迅速增大,游离油缓慢增加;R_o 为 1.1%~1.3% 时,吸附油达到高峰3.97%并开始下降,游离油继续增加;R_o > 1.3% 时,吸附油量一般小于0.5%,游离油达到高峰4.63%并开始下降,当 R_o > 1.6% 后,游离油量一般小于2%。模拟实验结果反映2个现象:一是游离油形成高峰滞后于吸附油,这种滞后现象在实际地质剖面中也是很普遍的,说明游离油和吸附油的形成演化机制不同;二是游离油形成高峰值为4.63%,吸附油形成高峰值为3.97%,基于生烃过程物质守恒,说明游离油不完全是由吸附油裂解转化来的,部分是由干酪根直接裂解生成的。综合研究,建立古龙页岩油"两阶段"形成演化模式,第一阶段 R_o 为 0.8%~1.2%,干酪根生成吸附油,第二阶段为 R_o > 1.2%,如前所述,吸附油在黏土矿物加氢催化下转化为游离油。

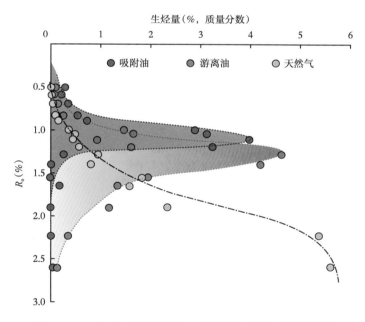

图6-1-11 古龙页岩游离油、吸附油及天然气生成演化图

4. 古龙页岩油形成演化

基于古龙页岩大量实测 S_1 数据及氯仿沥青"A"数据,结合保压岩心含油量测定结果进行轻烃校正,建立古龙页岩油形成演化模式(图6-1-12),具有3阶段特征:(1)R_o 值

小于 0.9% 时，主要为干酪根生油，游离油占滞留油 20%~40%，以吸附油为主；（2）R_o 值为 0.9%~1.6% 时，吸附油大量向游离油转化，游离油占滞留油 40%~80%；（3）R_o 值大于 1.6% 时，页岩油开始裂解成气，但游离油量远高于常规生油模式。通过分别定量计算干酪根和矿物基质及孔缝中的游离油和吸附油量，以 R_o 值等于 1.0% 为界，古龙页岩油赋存状态发生 2 个转化：中低演化阶段，页岩油从主要赋存于干酪根向主要赋存于岩石与有机孔缝（有机黏土复合孔）中转化；中高演化阶段，页岩油由吸附态向游离态转化。

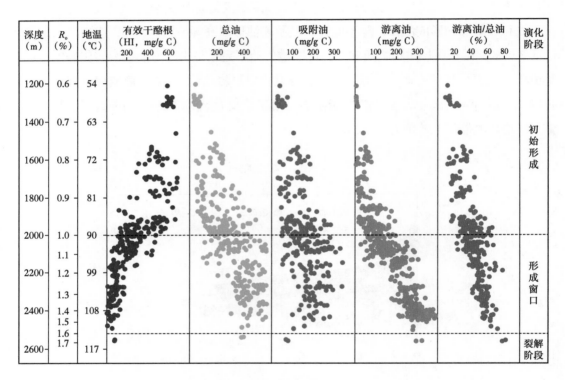

图 6-1-12　古龙页岩油形成演化模式

第二节　页岩成岩演化

页岩中含有多种无机矿物和丰富的有机质，在埋藏演化过程中，不同成岩环境和成岩体系下矿物和有机质的组成与演化不同，可形成不同的矿物序列和组合。页岩的成岩演化过程中包含了复杂的有机质生烃演化、机械与化学压实作用、固结与胶结作用、黏土矿物转化作用、溶蚀与交代重结晶作用等成岩作用类型。

一、页岩成岩作用特征

1. 压实作用

泥质沉积物在沉积后处于软泥状态，其初始孔隙度可达 75%~80%，随着埋深的增加，在上覆水体和沉积物负荷的重压下，受压实作用影响，黏土质点将重新排列、变形或破裂，孔隙水不断排出，原始沉积物的孔隙体积缩小，在埋深 50m 的范围内孔隙度迅速降低，埋藏达到 300m 时脱水作用终止，孔隙度减少至一半，埋深至数百米后，压实作用可使孔隙度迅速降低到 10% 以下。早成岩阶段泥页岩的压实作用显著，表现为快速压实；中成岩阶段缓慢压实或压实基本停止。古龙凹陷青山口组页岩的压实作用主要表现为黏土矿物的定向和云母等塑性矿物的错断、弯曲变形和定向排列（图 6-2-1），石英、长石等刚性颗粒并没有明显的错动和碎裂现象。

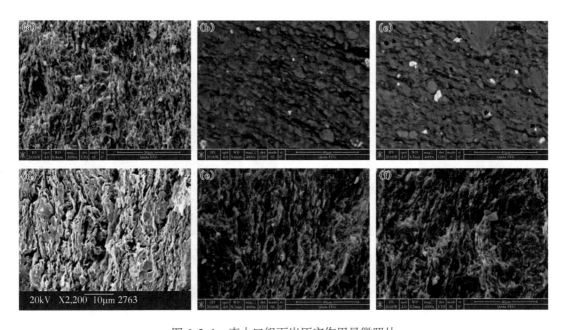

图 6-2-1　青山口组页岩压实作用显微照片

（a）塑性颗粒受压实作用定向排列，古页 1HC 井，2530.92m，SEM；（b）塑性颗粒受压实作用定向排列，古页 1HC 井，2528.92m，SEM；（c）塑性颗粒受压实作用定向排列，古页 1HC 井，2566.00m，SEM；（d）云母压实作用变形与水化膨胀，古页 8HC 井，2456.23m，SEM；（e）黏土矿物受压实作用变形，古页 3HC 井，2476.73m，SEM；（f）黏土矿物受压实作用变形，古页 8HC 井，2456.23m，SEM

2. 胶结作用

青山口组页岩中由胶结作用形成的胶结产物种类繁多，包括碳酸盐（方解石、白云石、铁白云石、菱铁矿），黏土矿物（伊利石、伊蒙混层、绿泥石、高岭石），硅质、黄铁矿等胶结物。各胶结作用的强度不尽相同。

（1）碳酸盐胶结作用。

岩相学研究表明，青山口组页岩发生了早、中、晚三期碳酸盐胶结作用。早期碳酸盐胶结作用主要发生在同生期—早成岩 B 期，主要为早期方解石、菱铁矿与白岩石。菱铁矿与早期方解石具有较好的晶体形态，常呈菱形散布于黏土矿物基质中［图 6-2-2（a）］。早期白云石结晶程度低，横切面呈圆形或椭圆形，常分散分布在页岩中［图 6-2-2（b）］、充填介壳生物体腔［图 6-2-2（c）］，或呈白云石纹层与黏土有机质纹层间互。电子探针成分分析显示，早期白云石具有高 Mg、低 Fe 的特点，FeO 含量普遍小于 5%（图 6-2-3）。

中期碳酸盐胶结主要发生在中成岩 A 期，主要为铁白云石和方解石。铁白云石结晶程度高，横切面呈菱形，常附着于早期白云石表面呈次生加大生长，具雾心亮边结构［图 6-2-2（d）］，或以铁白云石晶粒分散分布在页岩中，再或呈亮晶铁白云石充填在砂岩粒间［图 6-2-2（e）］。中期方解石呈亮晶充填于砂岩粒间和生物介壳间［图 6-2-2（c），（f）］。由电子探针成分分析可知，铁白云石具有低 Mg、高 Fe 的特点，MgO 含量普遍小于 7%；中期方解石 Ca 含量相对较高，FeO 与 MgO 含量普遍小于 1%（图 6-2-3）。

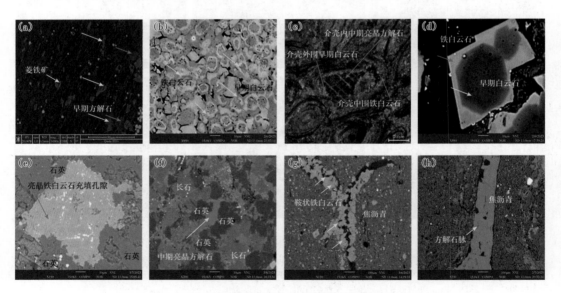

图 6-2-2　碳酸盐胶结物扫描电镜及普通薄片照片

（a）菱铁矿与早期方解石分布于黏土矿物基质，古斜 7091 井，2175.14m；（b）早期白云石与外围铁白云石加大，太 2021 井，1528.83m；（c）白云石、铁白云石、亮晶方解石充填介壳体腔，古页 1 井，2574.28m；（d）铁白云石在白云石外围呈次生加大，太 2021 井，1528.83m；（e）亮晶铁白云石，古斜 7091 井，2181.09m；（f）亮晶方解石，古页 1 井，2521.7m；（g）鞍状铁白云石与焦沥青共生，古页 1 井，2521.7m；（h）方解石脉与焦沥青共生，古页 2HC 井，2365.72m

晚期碳酸盐胶结作用主要发生在中成岩 B 期，主要为晚期铁白云石和方解石脉。晚期铁白云石呈鞍状充填于裂缝内，常与焦沥青共生，粒径最大可达 80μm，明显大于围岩［图 6-2-2（g）］。方解石脉呈亮晶胶结充填于页理缝内，常与焦沥青共生［图 6-2-2（h）］。由电子探针成分分析可得，晚期鞍状铁白云石具有高 Fe、高 Mg 的特征，FeO（11%~19%），MgO（14%~21%）含量明显高于前期铁白云石；方解石脉中的 Ca 较中期方解石低，但相比而言具有较高的 FeO（1%~7%）与 MgO（2%~7%）含量（图 6-2-3）。

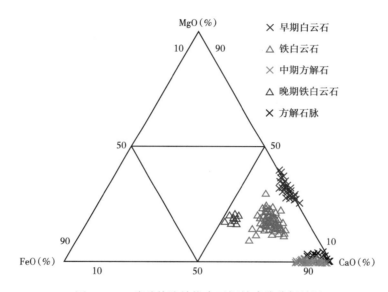

图 6-2-3　碳酸盐胶结物电子探针成分分析结果

（2）黏土矿物胶结作用。

青山口组页岩中的黏土矿物胶结物主要为伊利石、伊蒙混层、绿泥石和高岭石。绿泥石胶结作用发生在早成岩 A 期，晶体形态常呈针叶状、叶片状，通常以孔隙衬垫式包裹在颗粒外围，常与自形的微晶石英共生［图 6-2-4（a）］，形成于自生石英之前，在青山口组页岩中分布稳定；此外，高岭石在晚期的转化也形成了一定量的绿泥石，其晶体形态呈针叶状、叶片状集合体，部分晶体形态继承了高岭石的晶型特征［图 6-2-4（b）］。高岭石胶结物含量稀少，只有部分样品中可见少量高岭石，可能与其向绿泥石的转化有关，呈手风琴状集合体［图 6-2-4（c）、（d）］。伊蒙混层和伊利石胶结作用主要发生在中成岩 A 期。伊蒙混层多呈片絮状、蜂窝状，伊利石常呈发丝状或片状［图 6-2-4（e）、（f）］，片状伊利石继承了伊蒙混层矿物的晶型特征，是蒙皂石向伊利石转化的产物。

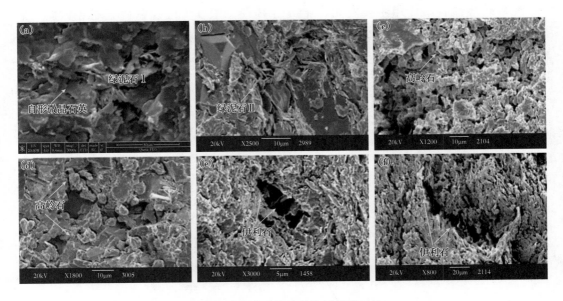

图 6-2-4　黏土矿物胶结物显微镜照片

（a）早期绿泥石胶结，C21 井，1605.80m；（b）由高岭石转化的绿泥石，古页 3HC 井，2422.3m；
（c）高岭石胶结，C6801 井，1112.55m；（d）高岭石胶结，C6801 井，1112.55m；（e）伊利石胶结，
古页 1 井，2574.28m；（f）伊利石胶结，古页 1 井，2574.28m

（3）硅质胶结作用。

青山口组页岩的硅质胶结作用可分为早、晚两期，并具有不同的产状和硅质来源。早期硅质胶结发生在早成岩 A 期，这类硅质胶结物含量极少，主要呈石英加大充填粒间［图 6-2-5（a）］。晚期硅质胶结作用主要发生在中成岩 A 期—中成岩 B 期，胶结物主要为半自形石英、自形石英与不定形微晶石英。半自形、自形石英充填颗粒之间或生物体腔［图 6-2-5（b），（c）］，其成因可能受热液作用影响。不定形的微晶石英常与伊利石共生［图 6-2-5（d）］，硅质主要来源于蒙皂石向伊利石转化过程中析出的 Si^{4+}。

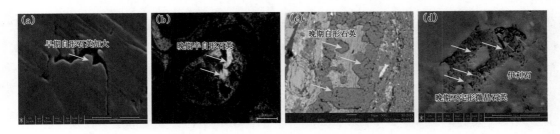

图 6-2-5　硅质胶结物显微镜照片

（a）早期自形石英加大，古页 8HC 井，2518.6m；（b）充填于生物体腔的晚期半自形石英，古页 6HC 井，2361.71m；（c）充填于粒间的晚期自形石英，古页 2HC 井，2365.72m；（d）与伊利石共生的晚期不定形微晶石英，古页 2HC 井，2335.62m

（4）黄铁矿胶结作用。

黄铁矿是青山口组页岩中常见的胶结物组分，可分为早、晚两期。早期黄铁矿形成于（准）同生期，常以胶黄铁矿和草莓状黄铁矿的集合体出现［图6-2-6（a）,（b）］，其微晶多呈规则的几何形态，如正六面体、正八面体、五角十二面体和近球形。晚期黄铁矿形成于中成岩B期，为自形粒状或块状黄铁矿，形态各异，充填于铁白云石溶蚀孔隙或黏土矿物晶间孔内［图6-2-6（c）,（d）］。

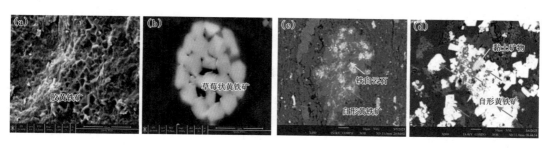

图6-2-6　黄铁矿胶结物显微镜照片

（a）早期胶黄铁矿，古页8HC井，2501.3m；（b）早期草莓状黄铁矿，古页6HC井，2325.1m；（c）晚期自形黄铁矿充填在铁白云石溶蚀孔内，C21井，1643.68m；（d）晚期自形黄铁矿充填在黏土矿物晶间孔，古页1井，2521.7m

3. 溶蚀作用

青山口组页岩中的碎屑矿物、碳酸盐胶结物均发生了不同程度的溶蚀作用。溶蚀作用至少可分为三期。早期溶蚀作用发生在早成岩A期，溶蚀强度相对较弱，形成的部分溶蚀孔隙被压实作用和胶结作用破坏［图6-2-7（a）］；中期溶蚀作用发生在早成岩B期—中成岩A1期，以早期白云石与长石溶蚀为主［图6-2-7（b）］，溶蚀强度相对较强，该期溶蚀孔隙保存好，少部分长石溶孔被中期亮晶方解石充填［图6-2-7（c）］；晚期溶蚀作用发生在中成岩A2期—中成岩B期，主要为长石、铁白云石，以及部分自生黏土矿物的溶蚀，溶蚀强度相对较弱，但该期溶蚀孔隙保存较好，少部分被热液黄铁矿充填［图6-2-7（d）～（f）］。

二、自生矿物的物质来源与成因机理

1. 碳酸盐胶结物的物质来源与成因机理

古龙凹陷青山口组页岩中的碳酸盐胶结物可分为5类：白云石、铁白云石、亮晶方解石、鞍状铁白云石、方解石脉。在岩相学观察基础上，对上述五种碳酸盐胶结物采用微钻取样，分别开展了C、O同位素分析。结果表明，白云石的$\delta^{13}C_{PDB}$值为3.4‰~9.8‰（平均7.7‰）、$\delta^{18}O_{SMOW}$值为15.3‰~21.2‰（平均19.1‰）；铁白云石的$\delta^{13}C_{PDB}$值为-2.2‰~

12.8‰（平均 3.95‰）、$\delta^{18}O_{SMOW}$ 值为 12.2‰~21.8‰（平均 16.1‰）；亮晶方解石的 $\delta^{13}C_{PDB}$ 值为 -3‰~2.1‰（平均 -0.2‰）、$\delta^{18}O_{SMOW}$ 值为 7.4‰~15.9‰（平均 10.2‰）；鞍状铁白云石的 $\delta^{18}C_{PDB}$ 值为 2‰~3.9‰（平均 3.0‰）、$\delta^{18}O_{SMOW}$ 值为 7.9‰~10.7‰（平均 9.6‰）；方解石脉的 $\delta^{13}C_{PDB}$ 值为 -3.9‰~2‰（平均 -0.8‰）、$\delta^{18}O_{SMOW}$ 值为 6.6‰~8.7‰（平均 7.7‰）（表 6-2-1）。

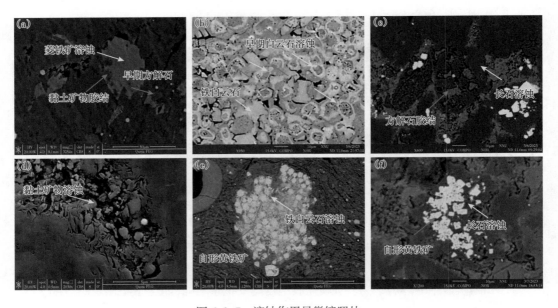

图 6-2-7　溶蚀作用显微镜照片

（a）菱铁矿与早期方解石溶蚀孔内胶结黏土矿物，C 页 6801 井，1131.72m；（b）白云石溶蚀，古页 1 井，2553.16m；（c）长石溶蚀孔内充填亮晶方解石，太 2021 井，1528.83m；（d）黏土矿物溶蚀，古敖 34 井，2198.21m；（e）铁白云石溶蚀后胶结晚期自形黄铁矿，C21 井，1643.68m；（f）长石溶蚀孔隙内胶结晚期自形黄铁矿，古页 2HC 井，2323.79m

表 6-2-1　不同类型碳酸盐矿物 C、O 同位素值及其古盐度、古温度统计表

井名	样品编号	层位	碳酸盐类型	$\delta^{13}C_{PDB}$（‰）	$\delta^{18}O_{PDB}$（‰）	$\delta^{18}O_{SMOW}$（‰）	盐度（NaCl 质量分数，%）	温度（℃）
敖 34	11-1	青一段	方解石脉	-1.1	-21.2	8.1	114.50	172.46
敖 34	11-2	青一段	方解石脉	-1.5	-21.5	7.8	113.44	175.37
太 2021	1	青一段	方解石脉	-0.3	-21.9	7.4	115.83	179.05
太 2021	2	青一段	方解石脉	-1.3	-21.0	8.3	114.21	170.65
南 256-X206	2-1	青一段	方解石脉	1.2	-22.4	6.9	118.62	183.70
南 256-X206	2-2	青一段	方解石脉	1.8	-22.7	6.6	119.77	185.78
南 256-X206	4	青一段	方解石脉	2.0	-22.7	6.6	120.18	185.87
南 256-X206	11-1	青一段	方解石脉	-1.6	-20.7	8.7	113.79	167.50

井名	样品编号	层位	碳酸盐类型	$\delta^{13}C_{PDB}$（‰）	$\delta^{18}O_{PDB}$（‰）	$\delta^{18}O_{SMOW}$（‰）	盐度（NaCl质量分数，%）	温度（℃）
南 256-X206	11-2	青一段	方解石脉	−1.0	−20.7	8.6	114.99	168.11
古龙北 544-X436	11-1	青一段	方解石脉	−2.3	−21.7	7.6	111.72	177.06
古龙北 544-X436	11-2	青一段	方解石脉	−3.9	−21.6	7.8	108.57	175.63
古龙北 544-X436	11-3	青一段	方解石脉	−1.7	−22.0	7.4	112.90	179.24
南 256-X206	19	青一段	铁白云石	1.8	−14.9	14.6	123.59	119.49
古页 8HC	6-1	青一段	铁白云石	1.6	−17.0	12.4	122.04	136.63
古页 8HC	6-2	青一段	铁白云石	1.5	−17.2	12.2	121.79	138.24
C 页 6801	2	青一段	铁白云石	−2.2	−14.0	15.6	115.83	112.66
太 2021	13	青一段	铁白云石	0.8	−15.4	14.2	121.28	123.09
古页 6HC	2	青一段	铁白云石	12.8	−9.4	20.4	148.75	79.62
古页 6HC	3	青一段	铁白云石	4.9	−12.4	17.3	131.19	100.41
古页 1	1	青一段	铁白云石	10.4	−8.0	21.8	144.53	70.78
古页 6HC	10	青一段	亮晶方解石	−1.2	−17.5	12.0	116.18	140.33
肇页 1H	20	青一段	亮晶方解石	−0.3	−19.1	10.3	117.22	153.71
古斜 7091	8-2	青一段	亮晶方解石	−1.6	−18.6	10.9	114.77	149.39
南 256-X206	10-2	青一段	亮晶方解石	−2.6	−20.7	8.7	111.59	167.89
南 256-X206	10-1	青一段	亮晶方解石	−3.0	−20.8	8.6	110.74	168.74
古页 8HC	14	青一段	亮晶方解石	0.4	−21.4	7.9	117.39	174.19
古页 8HC	2-1	青一段	亮晶方解石	1.4	−21.9	7.5	119.28	178.33
古页 8HC	2-2	青一段	亮晶方解石	1.7	−22.0	7.4	119.90	179.23
古斜 7091	8-1	青一段	亮晶方解石	0.4	−16.7	12.7	119.86	134.17
古页 2HC	9	青一段	亮晶方解石	0.1	−18.7	10.7	118.16	150.51
C 页 6801	8	青一段	亮晶方解石	2.1	−13.7	15.9	124.75	110.05
古页 6HC	8-1	青一段	鞍状铁白云石	3.0	−19.2	10.0	123.87	155.13
古页 6HC	8-2	青一段	鞍状铁白云石	2.0	−18.7	10.7	122.08	150.42
古页 6HC	8-3	青一段	鞍状铁白云石	3.9	−21.4	7.9	124.63	174.15
敖 34	10	青一段	白云石	8.3	−8.6	21.2	140.05	74.45
肇页 1H	8	青一段	白云石	3.4	−14.2	15.3	127.21	114.39
古龙北 544-X436	5-1	青一段	白云石	9.3	−10.9	18.7	140.82	90.36
古龙北 544-X436	5-2	青一段	白云石	9.8	−8.6	21.2	143.15	74.38

前人研究表明，碳酸盐胶结物中碳同位素为无机来源时，其 $\delta^{13}C$ 值偏重，若为有机来源时，其 $\delta^{13}C$ 值偏轻（-25‰左右）。氧同位素值的大小主要受温度影响，温度越高则 $\delta^{18}O$ 值越轻（蔡观强等，2009）。青山口组页岩中的早期白云石与铁白云石相对富集 ^{13}C，为无机碳源，碳同位素组成区间由海水碳酸盐向淡水碳酸盐处偏移；中期亮晶方解石、晚期鞍状铁白云石、晚期方解石脉相对亏损 ^{13}C，受有机碳源影响，碳同位素组成区间由淡水碳酸盐向沉积有机质处偏移（图6-2-8）。早期白云石与铁白云石相对富集 ^{18}O，与沉积岩氧同位素组成区间重合；中期亮晶方解石、晚期鞍状铁白云石、晚期方解石脉相对亏损 ^{18}O，部分氧同位素组成与岩浆岩的氧同位素区间重合（图6-2-8）。

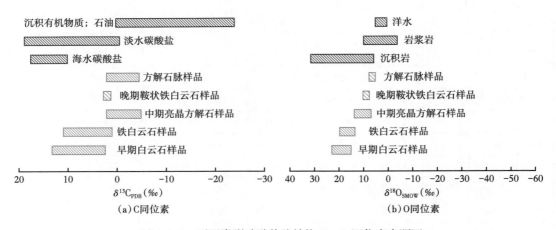

图 6-2-8　不同类型碳酸盐胶结物 C、O 同位素来源图

在此基础上，根据 Keith 和 Weber 提出的古盐度（Z）计算公式［公式（6-2-1）］与 Shackleton 提出的碳酸岩成岩温度（T）计算公式［公式（6-2-2）］分别计算了各类碳酸盐的成岩盐度与温度，并结合碳酸盐胶结物成因图版，判断不同期次碳酸盐胶结物的成因。结果表明，早期白云石、铁白云的 Z 值大于 120，其形成温度（61.7~123.6℃）符合早—中期成岩演化温度，属于饱和碱性海水（咸水环境）中析出、后经成岩早期去碳酸作用或埋藏成岩的产物（图6-2-9）。中期亮晶方解石、晚期鞍状铁白云石与方解石脉形成的流体盐度接近淡水环境，其形成温度（134.2~185.8℃）部分高于正常成岩演化温度（表6-2-1），结合其往往与热液矿物（热液石英、胶黄铁矿）和焦沥青共生，为同时受深部岩浆热流体与沉积有机质影响的成岩产物（图6-2-9）。

$$Z=2.048\times(\delta^{13}C+50)+0.498\times(\delta^{18}O+50) \qquad (6\text{-}2\text{-}1)$$

$$T=16.9-4.38\times\delta^{18}O_{PDB}+0.1\times(\delta^{18}O_{PDB})^2 \qquad (6\text{-}2\text{-}2)$$

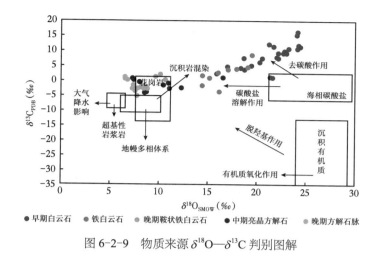

图 6-2-9　物质来源 $\delta^{18}O$—$\delta^{13}C$ 判别图解

2. 黄铁矿胶结物的物质来源与成因

通过薄片在透射光与反射光显微镜下黄铁矿岩相学研究基础上，划分出黄铁矿的不同类型，结合黄铁矿与其他自生矿物间的相互关系，判断其形成在哪个成岩作用阶段。并在薄片上对不同类型和产状（粒状和胶状）的黄铁矿进行标记，利用激光剥蚀等离子体质谱仪（LA-MCiCP-MS），分别对不同期次黄铁矿胶结物开展了微区原位 S 同位素分析。结果表明，古龙凹陷青山口组页岩中的黄铁矿胶结物可分为 2 类：早期胶状黄铁矿、草莓状黄铁矿与晚期自形粒状/块状黄铁矿。早期黄铁矿的 $\delta^{34}S$ 值为 11.1‰~12.8‰（平均 12.2‰），晚期黄铁矿的 $\delta^{34}S$ 值为 13.4‰~22.6‰（平均 18.7‰）。前人研究发现，黄铁矿一般具有早期细菌硫酸盐还原作用（BSR）及后期热化学硫酸盐还原作用（TSR）两种成因。早期细菌硫酸盐还原作用（BSR）成因黄铁矿的 $\delta^{34}S$ 值一般小于 10‰；后期热化学硫酸盐还原作用（TSR）成因黄铁矿的 $\delta^{34}S$ 值一般为 11.2‰~31.3‰。古龙凹陷青山口组页岩中的早期黄铁矿相对亏损 $\delta^{34}S$，主要为 BSR 的产物经后期热液改造导致 $\delta^{34}S$ 富集。晚期黄铁矿的 $\delta^{34}S$ 与岩浆岩硫同位素组成区间重合，其中的硫可能为受深部岩浆热流体影响并通过 TSR 的产物（图 6-2-10 和图 6-2-11）。

草莓状黄铁矿的形成一般经过了以下几个阶段：硫酸盐还原菌在还原条件下，以聚集的有机质还原海水硫酸盐，产生原始的生物硫化氢或硫离子［公式（6-2-3）］；硫氢根离子与亚铁离子反应生成硫化亚铁［公式（6-2-3）］；硫化亚铁通过生物电子传导作用形成早期胶黄铁矿［公式（6-2-5）和公式（6-2-6）］；胶状黄铁矿颗粒在磁力作用下聚集成团演变成早期草莓状黄铁矿。晚期自形黄铁矿的硫源多为深部岩浆热流体，在热液骤然冷却或强过饱和条件下，可直接结晶形成自形黄铁矿，也可以草莓状黄铁矿为核部，在热液条件下经过成岩改造形成自形黄铁矿。

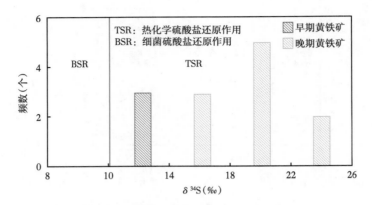

图 6-2-10　黄铁矿胶结物的 $\delta^{34}S$ 分布图

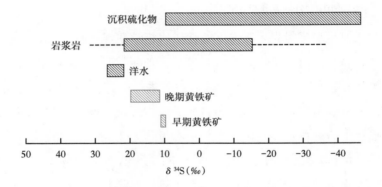

图 6-2-11　黄铁矿胶结物的硫同位素来源图

$$2CH_2O + SO_4^{2-} \longrightarrow 2HCO_3^- + HS^- + H^+ \qquad (6-2-3)$$

$$Fe^{2+} + HS^- \longrightarrow FeS + H^+ \qquad (6-2-4)$$

$$FeS + S \longrightarrow FeS_2 \qquad (6-2-5)$$

$$2FeS \longrightarrow FeS_2 + 2e + Fe^{2+} \qquad (6-2-6)$$

3. 黏土矿物的成因与转化过程

（1）高岭石的成因。

对研究区页岩中高岭石绝对含量随深度变化的研究发现，高岭石绝对含量随地层深度的增加而减少，这符合高岭石的一般分布规律。但古页 1 井与古页 2HC 井在 2400~2600m

处出现高岭石绝对含量异常增高的现象（图6-2-12）。前人研究认为，在酸性孔隙溶液中，当 Al^{3+} 和硅酸根达到饱和时，高岭石通过公式（6-2-7）发生化学沉淀。目前普遍认为长石的溶蚀提供了形成高岭石的大部分 Al、Si、O，二者常呈较好的空间伴生性。低温条件下，钙长石可以大量溶解并引发高岭石的显著沉淀，且溶液中的硅质也主要以高岭石的形式存在［公式（6-2-8）］。因此，在浅埋藏水—岩体系内，长石的溶解对高岭石的生长起决定性作用。当压力不变时，钾长石、钠长石的吉布斯自由能增量随温度的升高而逐渐降低，反应更易发生，说明高温促使钾长石、钠长石的溶解趋势增强，长石类矿物可通过公式（6-2-8）至公式（6-2-10）发生溶解形成高岭石。研究区 2400~2600m 处高岭石绝对含量的异常增大，可能是页岩受某种热流体影响，长石类矿物发生溶解而形成高岭石所致。

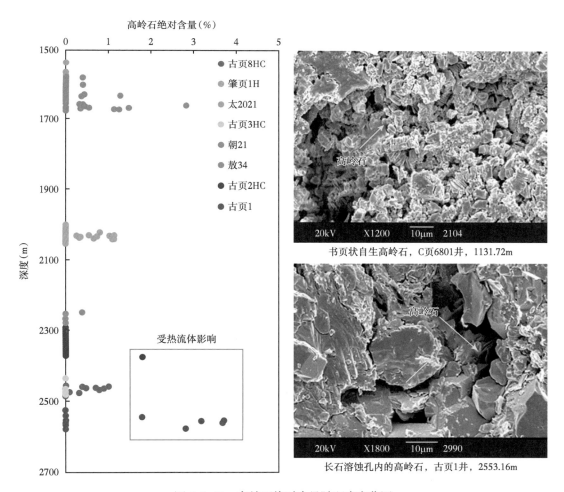

图6-2-12　高岭石绝对含量随深度变化图

$$2Al^{3+}+2H_4SiO_4+6OH^- \longrightarrow Al_2Si_2O_5(OH)_4(高岭石)+5H_2O \qquad (6-2-7)$$

$$CaAl_2Si_2O_8(钙长石)+2H^++H_2O \longrightarrow Al_2Si_2O_5(OH)_4(高岭石)+Ca^{2+} \qquad (6-2-8)$$

$$2KAlSi_3O_8(钾长石)+2H^++H_2O \longrightarrow Al_2Si_2O_5(OH)_4(高岭石)+$$
$$4SiO_2(石英)+2K^+ \qquad (6-2-9)$$

$$2NaAlSi_3O_8(钠长石)+2H^++H_2O \longrightarrow Al_2Si_2O_5(OH)_4(高岭石)+$$
$$4SiO_2(石英)+2Na^+ \qquad (6-2-10)$$

（2）绿泥石的成因。

①蒙皂石向绿泥石转化。

蒙皂石向绿泥石转化的过程是在富含 Fe^{3+}（Fe^{2+}）、Mg^{2+} 的碱性水介质中完成的。其转化途径分为两种典型情况：一种是在有 Al^{3+} 参与时，Mg^{2+} 进入蒙皂石形成 $Mg(OH)_2$ 层，通过交代作用形成绿蒙混层，并最终转变为绿泥石［公式（6-2-11）］。

$$蒙皂石 +1.2Mg^{2+}+1.4Al^{3+}+8.6H_2O \longrightarrow 绿泥石 +$$
$$0.1Ca^{2+}+0.2Na^++0.8SiO_2+9.2H^+ \qquad (6-2-11)$$

研究区页岩中绿泥石由蒙皂石、绿蒙混层转化的最直观证据就是绿泥石与绿蒙混层同时存在，而且同井同深度段绿蒙混层含量与绿泥石含量呈反消长关系（图6-2-13），暗示页岩中的一部分早期绿泥石是蒙皂石经过绿蒙混层最终转化为绿泥石的。这也可由绿泥石包膜的形态和化学成分与蒙皂石类似得到证明。

②直接从孔隙流体中沉淀。

图6-2-13还显示出绿泥石绝对含量随地层深度的增加变化不大，在页岩中分布较均匀的事实，推测古龙凹陷青山口组页岩中一部分早期绿泥石是孔隙水中直接结晶形成［图6-2-13（a）］，所需 Fe^{2+}、Mg^{2+} 来源于火山碎屑、长石溶蚀和泥页岩压释流体等。

③高岭石向绿泥石转化。

晚期绿泥石的生长机制可能与在较高的温度（如热流体影响）和压力下（埋深加大），高岭石在富 Fe^{2+}、Mg^{2+} 流体的碱性介质中向绿泥石转化［公式（6-2-12）］有关［图6-2-13（b）］。高岭石/绿泥石混层的发育和绿泥石包膜中高含量的铝等成岩现象明确了高岭石向绿泥石的转化过程［公式（6-2-12）］。Fe^{2+} 和 Mg^{2+} 可由火山碎屑溶蚀或深部热流体等提供。

$$2.88Al^{3+}+3.27Fe^{2+}+0.96Mg^{2+}+2.89H_4SiO_4+6.72H_2O \longrightarrow (Al_{1.77}Fe_{3.27}Mg_{0.96})$$
$$Si_{2.89}Al_{1.11}O_{10}(OH)_8(绿泥石)+17.1H^+ \qquad (6-2-12)$$

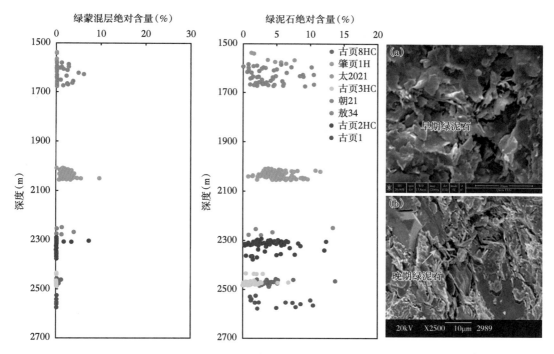

图 6-2-13　绿蒙混层与绿泥石绝对含量随深度变化图

（3）伊利石的成因。

① 蒙皂石向伊利石转化。

在蒙皂石脱水且八面体中 Al^{3+} 替换四面体中 Si^{4+} 的过程中，层间负电荷增加致使 K^+ 进入晶层并替换其他阳离子，通过形成伊蒙混层直至完全伊利石化 ［公式（6-2-13）］。学者不断完善了蒙皂石的脱水规律曲线，认为实际地层中蒙皂石的脱水曲线分为高地温梯度背景下和低地温梯度背景下两种情况（图6-2-14）。

$$4.5K^+ + 8Al^{3+} + 蒙皂石 \longrightarrow 伊利石 + Na^+ + 2Ca^{2+} + 2.5Fe^{3+} + 2Mg^{2+} + 3Si^{4+} + 10H_2O \qquad （6-2-13）$$

蒙皂石快速脱出部分吸附水后（图6-2-14中Ⅰ段）将造成某些层间塌陷，导致晶格的重新水排列和碱性阳离子的吸附。随后，蒙皂石先后经历两期快速转化和层间脱出时期，第一期对应向无序伊蒙混层转化阶段（图6-2-14中Ⅱ段）；随着温度、压力的持续增加，蒙皂石层状结构彻底坍塌，伊蒙无序混层转变为有序混层（图6-2-14中Ⅲ段）。整个转化过程中，蒙皂石结构基本不变，水介质中的 Al^{3+}、K^+ 置换出蒙皂石中的 Fe^{3+}、Ca^{2+}、Mg^{2+} 等。新形成的伊利石在颗粒大小和形态上保留了先前蒙皂石的特征，但受限于交代过程的非均一性，化学成分上常具有一定差异。释放出的阳离子随酸性流体滞留在页岩内部，并与长石发生溶蚀作用形成高岭石。

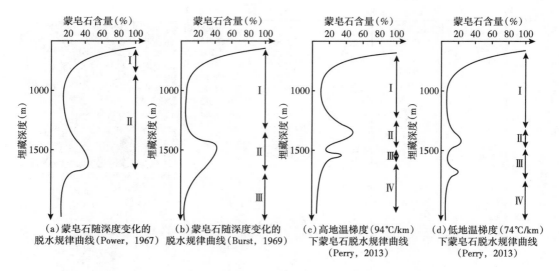

图 6-2-14　蒙皂石脱水规律曲线

研究区页岩中伊利石与伊蒙混层绝对含量随深度变化显示，伊利石绝对含量随地层深度的增加呈现先减少、后增加的特征，但同一口井相同深度段页岩中的伊蒙混层绝对含量与伊利石含量呈反消长关系（图 6-2-15），指示了蒙皂石的转化是伊利石的生长机制之一。温度是控制蒙皂石脱水、伊利石化的一个关键因素，其转化速率与地温梯度密切相关，当地温梯度较高时，浅埋条件下也可快速转变，反之亦然。伊蒙混层中蒙皂石质量分数的突变往往揭示了热异常事件的存在。但蒙皂石向伊利石转化的初始温度目前仍存分歧，先后有 50~95℃、70~100℃、80~120℃，甚至 130~180℃ 的认识。其中，130~180℃ 的认识与蒙皂石向伊利石转化的终止温度 120~140℃ 有明显冲突，是值得深入探讨的另一重要问题。

②高岭石向伊利石转化。

Berger 等提出，成岩流体中的 K^+/H^+ 活度比控制了伊利石化作用过程，该比值越高，反应发生的能量门限就越低，而地层温度是伊利石化动力学屏障得以克服的关键（图 6-2-16）。在 50~120℃ 范围内，有机质熟化过程所排出的有机酸、CO_2 等导致流体中 H^+ 浓度较大，K^+/H^+ 达不到高岭石伊利石化的能量门限，高岭石在酸性孔隙水中稳定存在。这也印证了距烃源岩越近的砂岩中高岭石含量越高，因其更易受到富 H^+ 流体的影响。随着埋深加大，温度、压力继续升高，相对封闭系统内长石的溶解速度大于介质的迁移速度，H^+ 的不断消耗和 K^+、Na^+ 等碱性离子逐渐积累导致孔隙介质向碱性环境转变，自生高岭石的稳定性开始变差。在钾长石的不断溶解［公式（6-2-9）］下，K^+/H^+ 活度比逐渐增大到伊利石和高岭石的两相边界，高岭石的伊利石化［公式（6-2-14）］将快速发生并成为自生伊利石形成的主要途径，对应的阈值温度为 120~140℃。

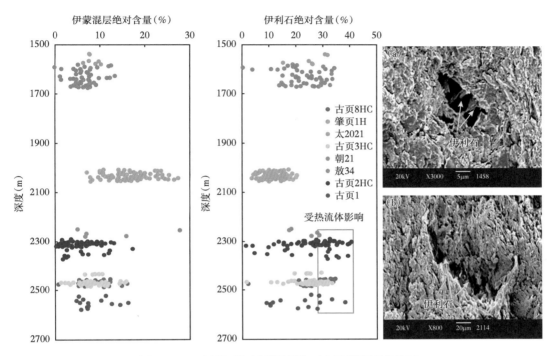

图 6-2-15 伊利石与伊蒙混层绝对含量随深度变化图

（a）长石溶蚀孔内的伊利石，古页 1 井，2574.28mm，SEM；（b）伊利石，古页 1 井，2574.28mm，SEM

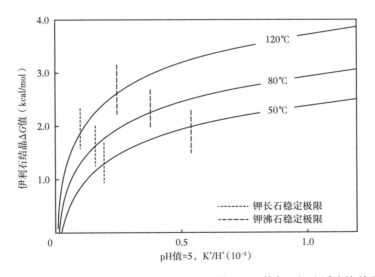

图 6-2-16 含钾矿物欠饱和状态下伊利石结晶 ΔG 值与 K^+/H^+ 活度比关系

$$0.35KAlSi_3O_8（钾长石）+1K_{0.13}X^{+1}_{0.44}Mg_{0.32}Fe_{0.45}Al_{1.47}Si_{3.75}O_{10}（OH）_2（伊蒙混层）+$$

$$0.17Al_2Si_2O_5（OH）_4（高岭石）\longrightarrow 1K_{0.48}X^{+1}_{0.22}Mg_{0.19}Fe_{0.20}Al_{2.16}Si_{3.45}O_{10}（OH）_2$$

$$（伊利石）+1.69SiO_2+0.125\,Fe_2O_3+0.13MgO+0.11X_2O+0.34H_2O \qquad （6-2-14）$$

就古龙凹陷页岩没有额外 K^+ 供给的封闭系统而言，"本地钾"是实现高岭石伊利石化的唯一钾源，主要来自钾长石溶解的两个反应路径：一是钾长石高岭石化过程中释放的 K^+ [公式（6-2-9）]，另一类来自钾长石直接蚀变为伊利石的反应过程 [公式（6-2-15）]。由黏土矿物与全岩 X 射线衍射分析可知，研究区青山口组页岩中的钾长石含量（平均 7.2%）大于高岭石（平均 2.1%），少部分伊利石可能是部分钾长石发生溶解形成的高岭石转化而来。

$$3KAlSi_3O_8（钾长石）+2H^+ \longrightarrow KAl_3Si_3O_{10}（OH）_2（伊利石）+6SiO_2+2K^+ \qquad （6-2-15）$$

长石溶孔中的发丝状伊利石和呈长石颗粒假象的伊利石表明，交代长石是伊利石形成的另一重要途径，转化进程受长石溶解—K^+ 迁移—伊利石化三元体系中速率最慢阶段的控制。在三类长石中，钙长石向伊利石的转化需要的吉布斯自由能增量最低，说明在有 K^+ 供应的条件下更易转变成伊利石 [公式（6-2-16）]。钾长石和钠长石形成伊利石的反应 [公式（6-2-17）和公式（6-2-18）] 主要受动力学约束，需要 K^+/H^+ 活度比维持在伊利石的稳定域。

$$3CaAl_2Si_2O_8（钙长石）+2K^++4H^++H_2O \longrightarrow KAl_3Si_3O_{10}（OH）_2$$
$$（伊利石）+3Ca^{2+}+H_2O \qquad （6-2-16）$$

$$3KAlSi_3O_8（钾长石）+2H^++H_2O \longrightarrow KAl_3Si_3O_{10}（OH）_2$$
$$（伊利石）+6SiO_2+2K^++H_2O \qquad （6-2-17）$$

$$3NaAlSi_3O_8（钠长石）+K^++2H^++H_2O \longrightarrow KAl_3Si_3O_{10}（OH）_2$$
$$（伊利石）+3Na^++6SiO_2+H_2O \qquad （6-2-18）$$

三、古龙页岩矿物演化规律研究

通过对古龙地区青山口组页岩 X 衍射全岩分析，结果表明，研究区页岩矿物主要由黏土矿物、石英、长石组成，含有少量的方解石、白云石、黄铁矿等，如图 6-2-17 所示。

从分布图可以看出，页岩具有高黏土特征，黏土矿物含量多分布在 30%~50%，且随着埋深增加其含量略呈增加趋势。应用 X 射线黏土相对量分析技术，对研究区页岩进行了大量黏土相对量分析实验，结果显示黏土矿物主要以伊利石、伊蒙混层和绿泥石组合模式为主（图 6-2-18），其中伊利石占黏土矿物总量的 50%~90%，伊蒙混层相对含量 20%~40%，绿泥石相对含量 10%~30%。蒙皂石主要存在于埋深小于 1200m 的储层中，绿蒙混层、高岭石含量较少且不均匀分布，在不同演化阶段，黏土矿物组合和分布呈现不同特征，随着埋藏深度增加，伊利石、绿泥石含量呈增加趋势，埋深大于1200m后蒙皂石逐渐消失，伊蒙混层、绿蒙混层则呈现先增加后减少的趋势。

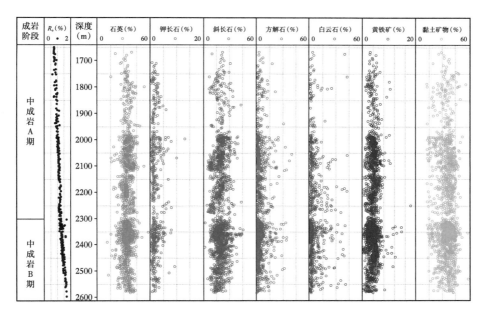

图6-2-17　古龙页岩全岩矿物纵向分布图

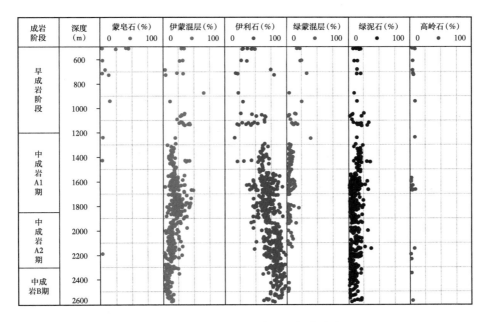

图6-2-18　古龙页岩黏土矿物纵向分布图

第三节　页岩成储机制

一、古龙页岩成岩作用对储层影响研究

古龙页岩泥级碎屑发育，黏土矿物含量高，经历多期次多类型成岩作用改造。综合应用 X 射线衍射、场发射扫描电镜、TOC、R_o 等方法分析，对古龙地区青山口组页岩成岩作用进行了系统的研究，明确划分了成岩演化阶段，揭示了成岩对页岩储集空间的影响。

1. 成岩作用对储层影响

黏土矿物转化主要发生在埋藏成岩过程，受到温度、压力等的影响，蒙皂石向伊蒙混层、绿蒙混层转化，继而再向伊利石、绿泥石转化。转化过程中黏土矿物晶间孔形态和结构会随之改变，并且伴随二氧化硅的析出。在古龙页岩中黏土矿物转化发生在早成岩—中成岩 B 期多个演化阶段，其演化途径主要表现为两种方式，其一是蒙皂石向混层矿物（伊蒙混层、绿蒙混层）演化，直至转化为伊利石或绿泥石；其二是沉积埋藏时期一些杂乱分布、多呈不规则状的陆源伊利石，随着机械压实增强、热演化程度增加导致晶格变化，而逐渐转化为定向排列分布的片状伊利石（图 6-3-1）。在中成岩阶段之后，随着地层温度、压力的升高，页岩黏土矿物中的伊利石含量达到 70% 以上，这些大量定向分布的伊利石及其晶片间存在的孔缝都会促进页岩中层理或页理生成，进而促进丰富的页理缝形成，有助于油气在页岩中储集和运移。

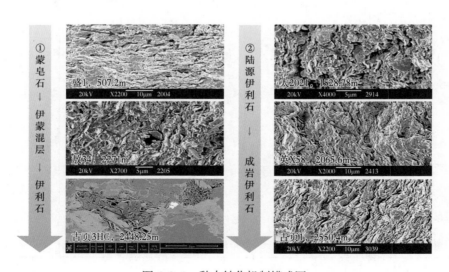

图 6-3-1　黏土转化机制模式图

溶蚀作用是页岩中较为普遍存在的成岩作用类型，主要指易溶矿物颗粒或胶结物受到酸性孔隙水或有机酸的作用而被溶解形成次生孔隙。古龙页岩中，溶蚀作用贯穿于沉积—埋藏—成岩的各个阶段。在早期成岩阶段，不稳定矿物（长石、碳酸盐）的溶解主要受地层酸性流体的影响；成岩阶段中期干酪根开始生烃之后，随着大量有机酸和 CO_2 气体的排出，促进了不稳定矿物长石类、碳酸盐类矿物的溶蚀作用，形成大量的颗粒溶蚀孔隙，为油气提供有效的储集空间（图 6-3-2）。显微薄片、扫描电镜及氩离子—场发射电镜下，可见到一些陆源碎屑颗粒、碳酸盐颗粒、生物体等的边缘或内部出现溶蚀特征。

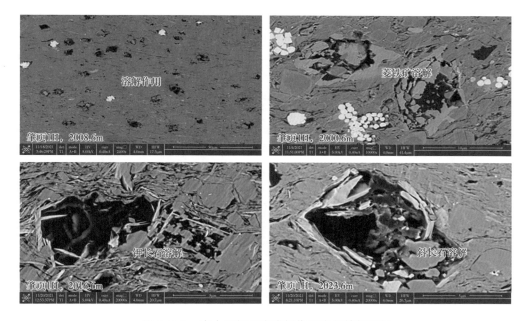

图 6-3-2 青山口组页岩溶解作用微观特征图版

有机质生烃及裂解作用是富有机质页岩中一种特殊的成岩作用类型。有机质生烃作用主要表现为，在有机质成熟阶段，干酪根演化生成油气的过程中，在干酪根中产生丰富的纳米级有机质孔。随着有机质热演化程度进一步增加，一些固体沥青质进一步热裂解形成小分子的油气，这些油气逸出形成有机质裂解孔（图 6-3-3）。古龙页岩 R_o 在 0.5%~1.2% 范围，处于干酪根开始生烃到生烃高峰阶段，以有机质生烃作用为主，主要形成蜂窝状、海绵状、网状的有机质孔，以及呈条带状定向分布的有机质收缩缝；$R_o > 1.2\%$，处于有机质过成熟阶段，以有机质（沥青质）裂解作用为主，主要形成网状的裂解孔、网状缝及有机质缝。这些由于有机质热演化生烃在古龙页岩中形成的大量有机孔、有机缝，不仅为油气的储集提供丰富的储集空间，也有助于油气连通和运移。

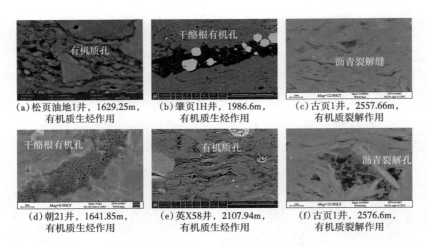

(a) 松页油地1井，1629.25m，有机质生烃作用
(b) 肇页1H井，1986.6m，有机质生烃作用
(c) 古页1井，2557.66m，有机质裂解作用
(d) 朝21井，1641.85m，有机质生烃作用
(e) 英X58井，2107.94m，有机质生烃作用
(f) 古页1井，2576.6m，有机质裂解作用

图 6-3-3　有机质生烃作用特征图版

2. 古龙页岩成岩演化阶段及对储层的影响

镜质组反射率（R_o）、最大热解温度（T_{max}）反映岩石成岩过程中热演化程度，是划分成岩阶段的主要依据。地化资料统计表明，研究区青山口组 R_o 主要为 0.5%~1.6%，依据碎屑岩成岩阶段划分标准，结合黏土矿物组成、混层比等各项指标，将青山口组划分为早成岩和中成岩两个阶段，并将中成岩阶段细分为中成岩 A1 期、中成岩 A2 期和中成岩 B 期（图 6-3-4）。其中古龙地区青山口组页岩主体主要处于中成岩 A2 期，局部为中成岩 A1 期、中成岩 B 期；三肇地区青山口组泥页岩主要处于中成岩 A1 期和 A2 期，局部为早成岩期。

不同的演化阶段，成岩作用表现有所不同（图 6-3-5），对储层影响程度也有所不同。在早期成岩阶段主要表现为机械压实作用、黏土矿物转化作用、胶结作用、交代作用，在该阶段泥页岩基质颗粒接触较为松散，在机械压实作用下，泥页岩受挤压孔隙水快速脱出，基质颗粒排列趋于紧密，孔隙度趋于降低，为缓慢减孔阶段。中成岩 A1 期，有机质低熟阶段期，随着埋深和温度增加，机械压实作用增强，泥页岩孔隙水和黏土矿物层间水排出，基质颗粒接触更加致密，蒙皂石向伊蒙混层转化，该阶段促使泥页岩孔隙度快速下降，孔隙度达到最低；中成岩 A2 阶段，机械压实作用已经难以对致密的页岩造成影响，混层黏土矿物转化为片状伊利石，并呈水平定向分布，随着地温进一步升高，有机质趋于成熟，有机质生烃作用释放出大量的有机孔，同时油气生成时伴随的有机酸、二氧化碳等酸性流体对储层中易溶矿物长石、碳酸盐类进行溶蚀，产生微米级的粒间孔，对储集空间起到增孔作用，油气在页岩生成和运聚过程中促进页理的形成；中成岩 B 阶段，随着地温逐渐升高，有机质过成熟，固体沥青质裂解形成气态烃，气态烃类易于逸散排出，产生有机质裂解孔，一部分会被新生矿物充填，因此该阶段页岩总孔隙度基本保持稳定（图 6-3-5）。

黏土有机复合物是古龙页岩沉积、成岩共同作用的产物，在成岩演化过程中，随着热演化程度升高，有机质经过生烃裂解在黏土层间形成古龙页岩特有的有机孔隙，为油气储集提供了有利的空间。这些有机孔与黏土矿物晶片间孔、缝在空间上具有较好的连通性，FIB实验分析结果也显示了对于有机质页岩，纳米级的黏土有机复合孔为油气的运移提供重要的途径。

3. 不同岩性孔隙类型及物性差异

为了更好地表征页岩孔隙分布特征，建立了场发射电镜大视域自动拼接技术，提高样品分析代表性。基于人机交互孔隙定量分析技术，对微纳米级孔隙数量、体积自动提取，实现了页岩孔隙从纳米到微米的全尺度连续表征。通过对古龙地区青山口组不同岩石类型页岩开展孔隙定量分析和统计（图6-3-9），揭示了高成熟纯页岩以有机孔、黏土晶间孔、粒间孔等为主，纹层较发育页岩孔隙类型以粒间孔、有机孔、黏土晶间孔为主，粉砂岩以粒间孔、有机孔、黏土晶间孔为主。

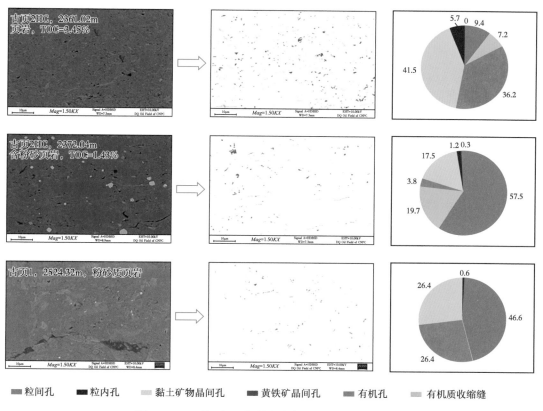

■ 粒间孔　■ 粒内孔　■ 黏土矿物晶间孔　■ 黄铁矿晶间孔　■ 有机孔　■ 有机质收缩缝

图 6-3-9　不同岩石类型孔隙类型及定量分布特征图

利用页岩孔隙成因识别技术，扫描电镜、场发射电镜下可观察到，黏土矿物晶间主要为发育在片状伊利石晶间的缝状孔，丝状、针状伊利石晶间孔，片状绿泥石晶片间的缝状孔、搭桥状孔等。借助于页岩孔隙定量分析技术可知，黏土矿物晶间孔在纯页岩中最为发育（图6-3-9），占孔隙总量的40%左右，这与纯页岩中黏土矿物含量高有着密切关系。X射线衍射矿物定量分析和页岩总孔隙度测量结果也表明，黏土矿物含量与总孔隙度之间具有较好的正相关性（图6-3-10），进一步证实了页岩中纳米级黏土矿物晶间孔对储集空间具有较大贡献。通过对不同类型页岩岩相的物性特征对比研究，可以看出黏土矿物含量高的岩相其物性相对较好，图6-3-11表明纯页岩相物性最好，其次是粉砂质页岩相，灰质页岩相和云质页岩物性相对较差。

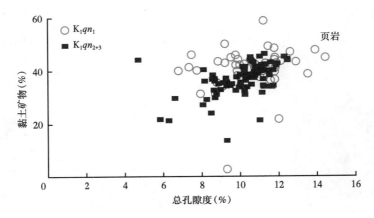

图 6-3-10　黏土矿物含量与总孔隙度关系图

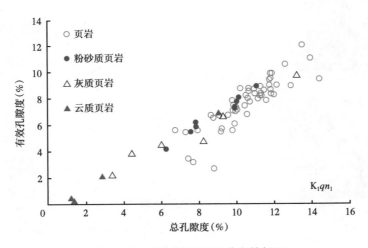

图 6-3-11　不同岩相孔隙分布特征图

4. 古龙页岩孔隙结构分布特征研究

在明确了页岩孔隙类型和成因的基础上，开展古龙页岩孔隙结构特征研究，进行了页岩高压压汞、氮气吸附实验分析，并结合场发射电镜观察、微纳米 CT 实验，建立页岩全尺度孔径分布特征的表征技术。

高压压汞实验结果表明，页岩孔喉半径分布范围较广，从几个纳米到几十个微米，孔隙数量和体积都主要以纳米级小孔喉为主，随着演化程度升高，孔喉半径小于 4nm 的小孔隙和微米级大孔隙数量都更加发育（图 6-3-12），由于成熟阶段溶解作用增强，颗粒溶蚀孔增加，微米级孔隙也有所增加。

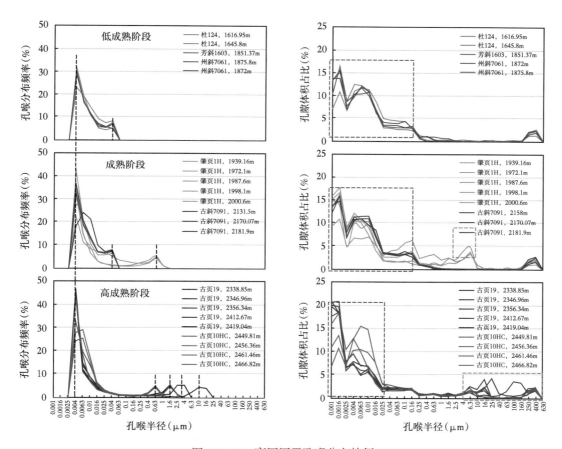

图 6-3-12 高压压汞孔喉分布特征

氮气吸附实验对孔径小于 200nm 孔隙结果更为准确，其结果也表明（图 6-3-13），页岩中多以孔径小于 32nm 的孔隙为主，且随着埋深增加孔径更加集中于小于 32nm 的区间，页岩比表面积和总孔容都随深度增加而增加，这与页岩孔隙度的演化规律具有一致性。

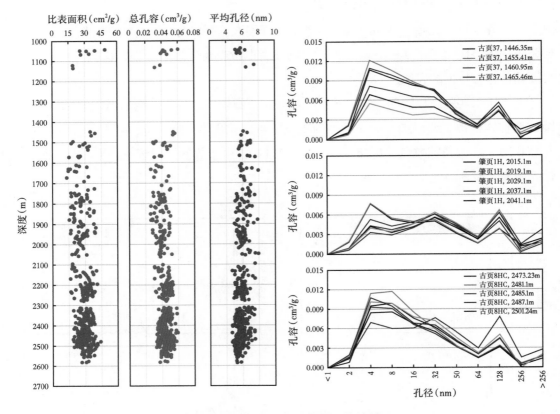

图 6-3-13　古龙地区页岩孔隙结构特征图

由于页岩中孔隙大小为几个纳米到几十个微米，单一的实验分析技术很难全面表征其孔隙结构特征，故用测得的页岩总孔隙度作为总标定值，综合高压压汞、氮气吸附、CT等分析结果，对古龙页岩孔径大小进行了全尺度融合表征。融合显示：随成熟度增加，页岩孔径分布由"三峰"向"双峰"和"单峰"转变（图 6-3-14），小于 100nm 孔隙对孔隙度贡献呈增加趋势，融合结果与页岩孔隙演化特征具有一致性。

页理是页岩形成的重要特点，页理缝的发育更是为页岩油提供了重要的渗流通道。岩心剖面上宏观上可以直观地观察到层层书页状的页理存在，并随着演化程度的升高，页理密度也呈增大的趋势［图 6-3-15（a）］。在三肇地区，热演化程度较低，有机质处于低熟—成熟阶段，页理密度多为 1000 条 /m；在古龙地区有机质多处于高熟阶段，页理更为发育，为 2000~3000 条 /m。通过场发射电镜和 CT 分析也可观察到页岩中发育大量的纳米级页理缝［图 6-3-15（b），（c）］，纳米级页理缝主要发育在黏土矿物和有机质层间，与有机质含量和成熟度具有密切关系。场发射电镜下观察和定量分析统计表明（图 6-3-16），页岩中纳米

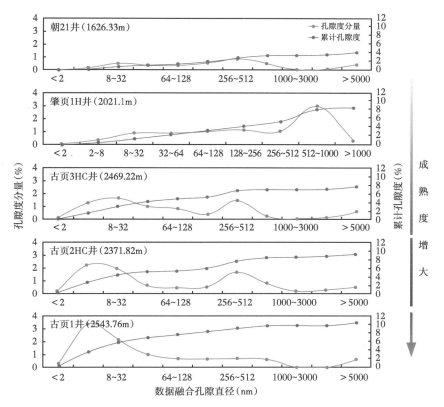

图 6-3-14　古龙页岩全尺度孔径分布特征图

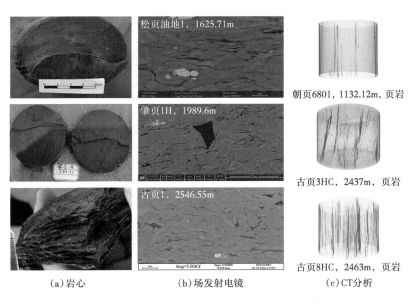

（a）岩心　　　　　　（b）场发射电镜　　　　　　（c）CT分析

图 6-3-15　古龙地区页岩不同尺度页理缝分布

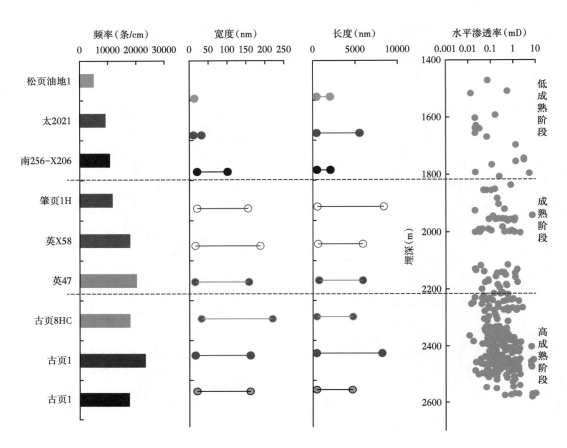

图 6-3-16　古龙页岩页理缝发育特征图

级页理缝为 50 万条 /m 左右，缝长为 200~5000nm，缝宽为 50~150nm，微米 CT 重构缝宽达到 6.8μm，这些页理缝为页岩提供总孔隙度约 2%，提高水平渗透率 0.1~0.5mD，因此页理缝不仅是页岩中重要的储集空间，也是关键的渗流通道。

三、储集空间演化规律研究

通过矿物转化、成岩作用、储集空间分布与演化的综合研究，认为古龙页岩具有成岩成储协同演化特点，且控制了古龙页岩优质储层的发育。松辽盆地北部青山口组页岩主要分布在早成岩晚期到中成岩晚期阶段，有机质热演化分布在低熟—高熟期。在古龙页岩不同的演化阶段，成岩作用表现有所不同，对储层影响程度也不同（图 6-3-17）。有机孔的形成改变了随埋深增加页岩孔隙度下降的传统认识。中成岩 A2 期以溶蚀孔 + 有机孔 + 粒间孔为主，溶蚀孔贡献率最高，为 50%；中成岩 B 期以有机孔为主，孔隙贡献率最高超 70%，总孔隙度最高为 15%。

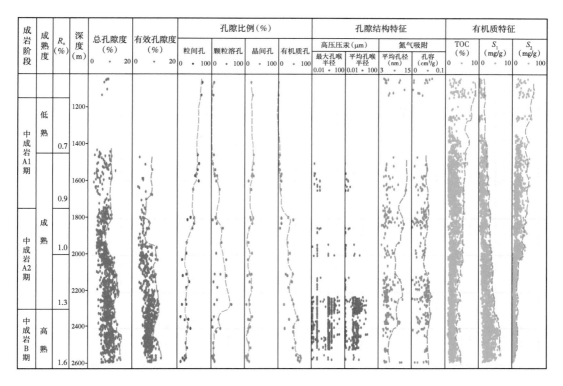

图 6-3-17　青山口组页岩储集空间演化模式图

第四节　页岩油成藏过程

一、古龙页岩油自封闭成藏机理

通过不同演化阶段单井页岩内滞留油、钻井液气碳同位素与干酪根碳同位素分析，结果表明（图 6-4-1），不同演化阶段页岩内滞留油、钻井液气碳同位素与干酪根碳同位素变化趋势一致，并存在相同的分段特征，说明青山口组页岩本身可以作为页岩油藏的顶底板，具有自封闭特征。

通过高压压汞分析（图 6-4-2），页岩平均孔喉半径在高演化阶段（$R_o > 1.3\%$，埋深大于 2300m），受机械压实及成岩胶结充填作用，页岩的孔喉半径呈快速下降的趋势，排替压力增大，促进页岩油的自封闭。古龙页岩古压力恢复研究表明（图 6-4-3），明化镇组沉积末期大规模排烃形成长垣大油田后，孔隙压力逐渐下降，有利于页岩油的自封闭。

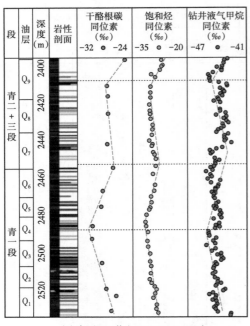

（a）古页8HC井（R_o=1.37%~1.53%）

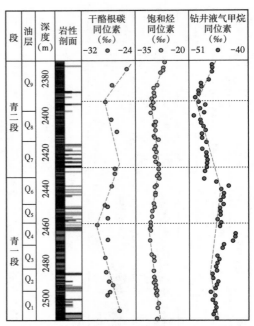

（b）古页3HC井（R_o=1.28%~1.46%）

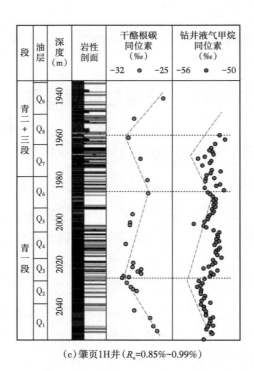

（c）肇页1H井（R_o=0.85%~0.99%）

图 6-4-1　青山口组不同演化阶段单井同位素剖面图

综上研究表明，古龙页岩油的形成受页岩自身封隔层、成岩孔喉下降增大排替压力，以及排烃压力释放等多因素封闭机制控制。

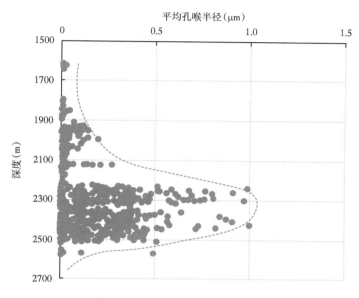

图 6-4-2　古龙页岩高压压汞平均孔喉半径与埋深关系

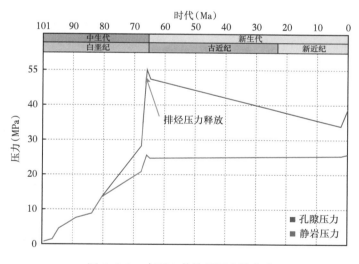

图 6-4-3　古页 1 井地层压力演化史

二、页岩油与常规油有序成藏

在古龙页岩油形成演化新模式认识的基础上，应用含油气系统数值模拟技术，开展古龙页岩生、排、滞留烃盆地模拟，结果表明（图 6-4-4）嫩江组沉积末期至明化镇组沉积末期古龙页岩大量生油、超压排油，滞留油连续富集成藏，晚期吸附油向游离油转化，油质逐渐变轻。结合古地温演化史，成烃、成岩、成储和成藏演化史研究，建立了古龙页岩油"五史"耦合模式图，明确了松辽盆地坳陷层常规油与页岩油的有序成藏过程（图6-4-5）：（1）R_o=0.8%~1.2%时干酪根大量裂解，生烃超压排烃、常规油气聚集成藏，滞留油量达到最大，页岩油以吸附油为主，油质较重，游离油则主要赋存于有机质孔缝和有机酸溶蚀孔中，此阶段为常规油与重质页岩油形成阶段；（2）R_o＞1.2%后干酪根裂解生烃结束，页岩油在黏土矿物催化下，持续裂解转化为轻质油和气，页岩油主要赋存于有机质黏土复合孔中，此阶段为轻质页岩油形成时期。

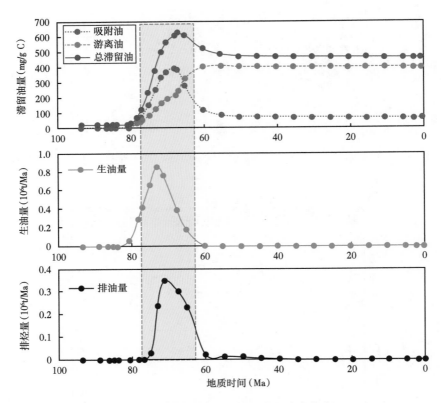

图 6-4-4　古龙页岩生、排、滞留油演化史图

明确古龙页岩油"五史"耦合机理及内涵。松辽盆地以高古地温、页岩富黏土、有机质富氢为特点，高温加快黏土矿物转化和有机质生烃，黏土矿物片状结构增强、结晶程度高，促进页理缝的发育，层状藻生烃转化率高、释放有机酸，形成大量有机孔缝和矿物溶蚀孔，油气生成与孔缝形成时空耦合，页岩油形成富集条件优越。高古地温致使蒙皂石"死亡"线和有机质孔缝形成的埋深浅，受机械压实作用小，孔缝保存条件好，中高演化

阶段页岩孔隙度高，成储条件优越。

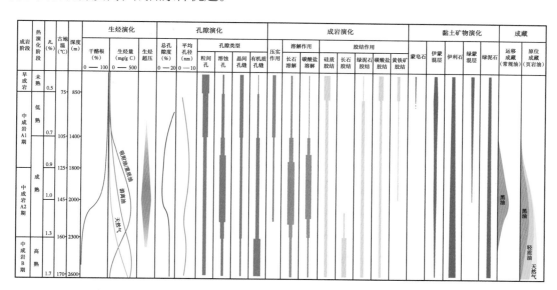

图 6-4-5　古龙页岩油"五史"耦合综合评价图

三、页岩及致密砂岩油藏古压力与温度

在页岩及致密砂岩储层原油成藏研究中需要恢复油藏形成时的古压力和温度，推断成藏过程及模式，为页岩油致密砂岩成藏机理研究提供地质实验依据。油藏成藏时流体被捕获形成的次生包裹体的捕获压力，代表油藏形成的古压力，但获取该压力有较大的难度。近年来，发展了一种利用有机包裹体的气液比和 PVTsim 模拟软件计算捕获压力，即联合 LeicaQwin 和 PVTsim 软件，模拟计算出同期石油包裹体和含气态烃液体包裹体的等容线方程，然后把两类包裹体等容线方程联立求出该期包裹体的捕获温度和捕获压力，取得了较好的应用效果。

1. 实验方法

1）技术关键

（1）克服包裹体显微镜下平面测量气液比不准确的问题。

（2）油包裹体密度测定方法。

（3）油包裹体成分确定方法。

2）解决途径

（1）测定油包裹体均一温度和盐水包裹体均一温度，如图 6-4-6 所示。

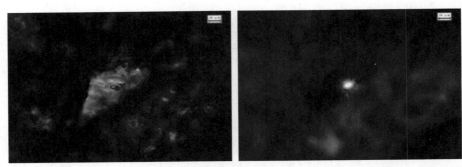

（a）金28-直3井，K_2qn_{2+3}，2216.7m，油包裹体均一温度86.5℃，气液比10.0%，盐水包裹体均一温度98.0℃

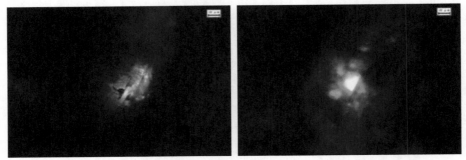

（b）英X58井，K_1q_4，2123.41m，油包裹体均一温度69.1℃，气液比10.3%，盐水包裹体均一温度99.5℃

图6-4-6　油包裹体均一温度和盐水包裹体均一温度测定

（2）研发激光共聚焦技术，准确测定油包裹体体积气液比，如图6-4-7所示。

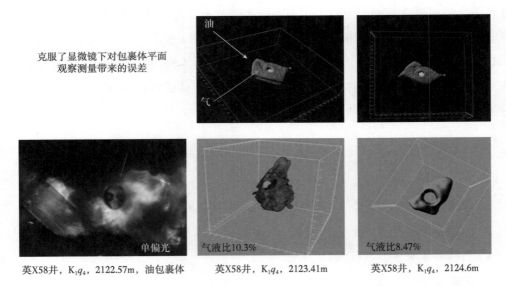

图6-4-7　油包裹体体积气液比激光共聚焦测定图

（3）建立包裹体中油密度测定方法。

采用激光共聚焦单一包裹体不同扫描波长范围比，建立峰强度（650~730nm）/峰强度（450~550nm）与原油密度相关性（图6-4-8），用于预测单一包裹体中油的密度（表6-4-1）。

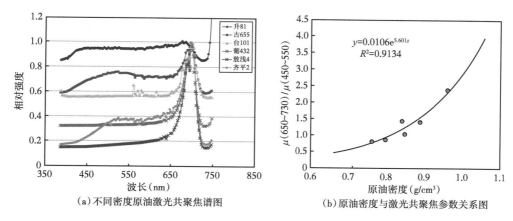

（a）不同密度原油激光共聚焦谱图　　　　（b）原油密度与激光共聚焦参数关系图

图 6-4-8　包裹体中油的密度预测图

表 6-4-1　单一包裹体油密度预测结果

井号	井深（m）	包裹体号	密度（g/cm³）
金28-直3	2202.62	A1-b1	0.802
		A1-b	0.798
		A1-c	0.800
		A1-d	0.772
		A2-b	0.774
		A2-c	0.807

（4）油包裹体成分确定方法。

单一包裹体中烃类成分（包括气、液）很难通过实验方法准确测得，Montel 提出采用 a 和 b 两个参数来描述包裹体中烃类的组成，a 代表烃类中重组分（C_{10+}）的含量和分布特征，b 代表甲烷的含量，包裹体中石油的物理化学性质由 Peng-Robinson 状态方程计算。Thiery 编制了 PIT（石油包裹体热动力学软件），进行包裹体 a 和 b 的计算和 p—T 相图的研究。利用油包裹体的均一温度和气液比，确定出包裹体 a 和 b 参数变化曲线，根据原油的密度可以确定出油包裹体成分参数 a 和 b 值。

（5）利用模拟软件得到包裹体相图。

利用法国布莱兹·帕斯卡大学编制的 FIT-OIL 软件，输入油包裹体的均一温度、气液比、成分参数 a 和 b 值、原油的密度、油包裹体相对应的盐水包裹体的均一温度，获得油包裹体相图。

3）实验流程及步骤

致密油藏古压力恢复实验流程及步骤如图 6-4-9 所示。

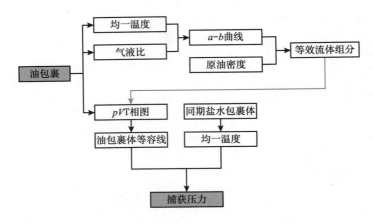

图 6-4-9　页岩油致密砂岩储层古压力恢复实验流程图

2. 实验结果及应用

1）页岩油成藏古压力及模式

J28 井页岩油青二＋三段致密砂岩油层 2228m 和 2241.9m 埋深古压力分别为 14MPa 和 18MPa（图 6-4-10），压力系数为 1.06~1.17，常压—高压充注，成藏时间分别为 76Ma 和 67Ma（图 6-4-11），为边致密边成藏模式。

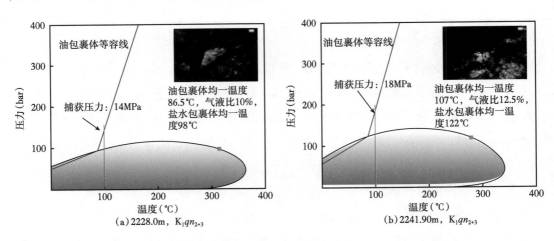

图 6-4-10　J28 井页岩油成藏古压力图

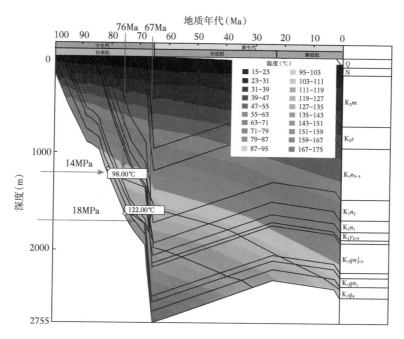

图 6-4-11　J28 井页岩油成藏时间图

2）扶余油层致密油成藏古压力及模式

YX58 井扶余油层成藏时古压力分别为 17.2MPa、20.1~20.3MPa、22.9MPa（图 6-4-12），压力系数为 1.20~1.40（图 6-4-13），成藏时间为 70Ma 和 66Ma，为边致密边成藏模式。

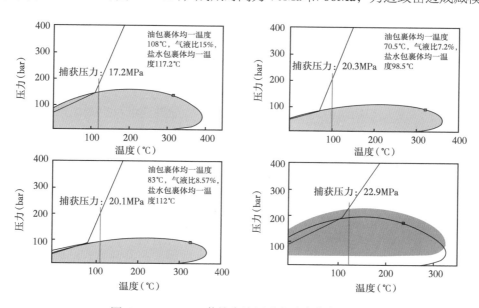

图 6-4-12　YX58 井扶余油层致密油成藏古压力图

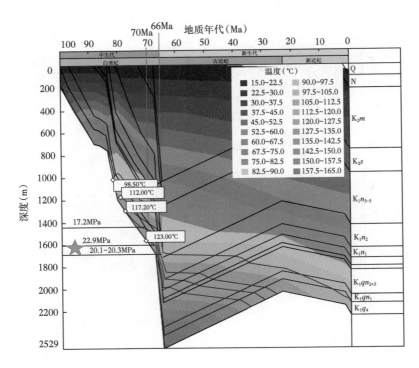

图 6-4-13　YX58 井扶余油层致密油成藏时间图

第五节　页岩油"四性"评价

　　松辽盆地北部古龙页岩油为源储一体型非常规资源，古龙—三肇地区页岩层的岩性、物性、含油性存在明显的非均质性，优选古龙凹陷、三肇凹陷重点井9口，通过薄片鉴定、场发射扫描电镜、孔隙度、镜质组反射率、热解色谱、有机碳及激光共聚焦三维重建等技术方法，研究青山口组页岩储层的岩性、物性、含油性特征及控制因素，为古龙页岩油富集层、富集区的优选提供理论依据和技术支撑。

　　古龙页岩在凹陷沉积时期发生了2次湖侵，盆地中部出现较大面积的深湖—半深湖区，形成青山口组和嫩江组2套大规模湖相沉积页岩，成为页岩油储层主要发育层位。研究区涉及古龙凹陷、大庆长垣、三肇凹陷和朝阳沟阶地。松辽盆地北部青山口组页岩是温暖潮湿、藻类发育、水体厌氧的还原环境下的细粒沉积产物，发育了面积广、厚度大的富有机质页岩层，为古龙页岩油的规模发育奠定了物质基础。古龙页岩有机质类型为湖相 I 型，生油母质比较单一，主要为层状藻呈条带状沿层发育，在高成熟演化阶段层状藻收缩形成有机孔、缝，成为页岩油重要的赋存空间。

一、页岩油评价

1. 岩性特征评价

松辽盆地北部青山口组发育一套暗色细粒沉积岩，为半深湖—深湖相沉积，受早期沉积作用、后期成岩作用控制的富有机质页岩，具有岩性复杂、微纹层及页理发育等特点。结合古龙页岩 9 口井薄片鉴定结果，发现青山口组发育 5 大类岩石类型（图 6-5-1），包括页岩、粉砂质页岩、粉砂岩、泥—粉晶云岩、介屑灰岩等，其中页岩、粉砂质页岩为最主要的储集岩。纯页岩中泥级碎屑均匀分布，纹层不发育。粉砂质页岩纹层较发育，纹层形态较平直，纹层类型主要为长英质粉砂薄层。岩石中普遍发育泥晶云岩、粉晶云岩，成分主要为白云石，少量黏土矿物分布于白云石晶间。场发射电镜下可见白云岩呈他形、半自形分布，具次生加大边，为多期成因。发育少量介屑灰岩及介屑碎片纹层，成分主要为方解石。青山口组页岩具有典型陆相湖盆沉积的特征，岩性在纵向上、横向上变化快。

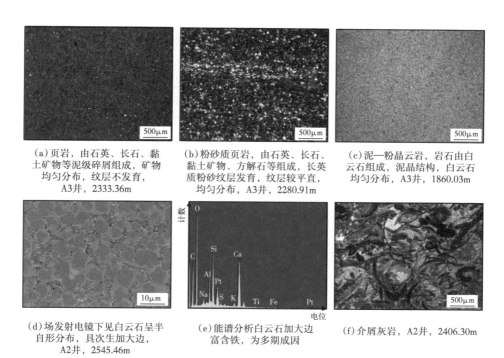

（a）页岩，由石英、长石、黏土矿物等泥级碎屑组成，矿物均匀分布，纹层不发育，A3井，2333.36m

（b）粉砂质页岩，由石英、长石、黏土矿物、方解石等组成，长英质粉砂纹层发育，纹层较平直，均匀分布，A3井，2280.91m

（c）泥—粉晶云岩，岩石由白云石组成，泥晶结构，白云石均匀分布，A3井，1860.03m

（d）场发射电镜下见白云石呈半自形分布，具次生加大边，A2井，2545.46m

（e）能谱分析白云石加大边富含铁，为多期成因

（f）介屑灰岩，A2井，2406.30m

图 6-5-1　古龙页岩不同岩石类型微观特征图版

应用薄片鉴定统计结果，对比不同地区岩石类型特征。由于沉积时期物源供给差异，成岩时期流体环境的不同，松辽盆地北部东西向、南北向剖面岩性变化较大。岩石类型总体上

以页岩为主，泥—粉晶云岩、粉砂质页岩较为发育。由西向东，泥—粉晶云岩呈增加趋势，占比由 12.4% 增加到 19%，由北向南，粉砂质页岩呈现先增加后减小趋势，坳陷中部最为发育，占比为 18.6%。泥—粉晶云岩整体呈增加趋势，占比由 5.4% 增加到 16%（表 6-5-1）。

表 6-5-1　研究区 5 种岩石类型数量占比

剖面方向	井名	体积百分数（%）				
		页岩	粉砂质页岩	粉砂岩	泥—粉晶云岩	介屑灰岩
西 ↓ 东	A3	79.0	4.8	1.9	12.4	1.9
	Z2	72.5	7.5	2.5	15.0	2.5
	C2	69.0	8.6	1.7	19.0	1.7
北 ↓ 南	L1	85.1	2.7	2.7	5.4	4.1
	A2	58.8	18.6	5.2	13.4	4.0
	A9	80.0	2.1	1.1	16.0	0

岩石矿物组成是储层评价的重要参数。不同于国内其他陆相盆地，古龙页岩黏土矿物含量偏高，石英、碳酸盐含量偏低。应用 X 衍射全岩矿物分析技术，揭示该区岩石矿物成分可达 10 种，包括石英、黏土矿物、斜长石、钾长石、方解石、白云石、黄铁矿、菱铁矿、重晶石、磷灰石等，其中以石英、黏土矿物、长石为主，石英质量分数为 0.5%~47.1%，平均为 32.9%，黏土矿物质量分数为 1.3%~50.5%，平均为 34.2%，长石质量分数为 1.9%~34.6%，平均为 17.3%。

据全岩数据统计结果，西部到东部石英、黏土矿物整体呈减小趋势，白云石、方解石整体呈增加趋势，长石含量略有减小趋势。北部到南部石英、黏土矿物含量呈先增加后减小趋势，坳陷中部含量最高，白云石、方解石整体呈增加趋势，长石含量略有减少（图 6-5-2）。

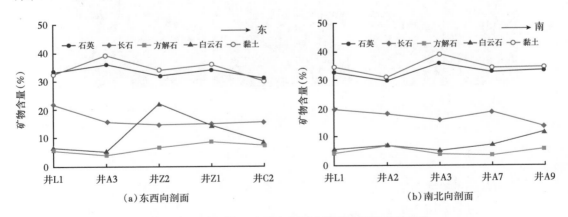

（a）东西向剖面　　　　　　　　　　（b）南北向剖面

图 6-5-2　东西向、南北向剖面全岩矿物质量分数变化

青山口组页岩成岩演化程度较高，蒙皂石基本消失，转化为伊利石、伊蒙混层，转化过程中形成自生绿泥石、自生石英。应用黏土相对量分析技术，揭示古龙页岩黏土矿物类型包括伊利石、伊蒙混层、绿泥石、绿蒙混层等，以伊利石、伊蒙混层为主，其中伊利石质量分数为11%~94%，平均为55.6%，伊蒙混层质量分数为3%~73%，平均为25.6%，绿泥石质量分数为1%~59%，平均为12.5%。

根据9口井黏土矿物相对量分析数据，对比松北不同地区黏土矿物成分差异。由西部到东部，随成熟度降低，页岩中黏土矿物转化程度降低，伊利石含量呈减小趋势，伊蒙混层含量呈增加趋势，绿泥石含量变化不大。由北部到南部，成熟度相对较高，成岩作用较强，黏土矿物整体变化趋势不明显。伊利石略呈现先增加后减小趋势，伊蒙混层呈现先减小后增加趋势，坳陷中部演化程度高，伊利石含量最高，伊蒙混层含量最低（图6-5-3）。

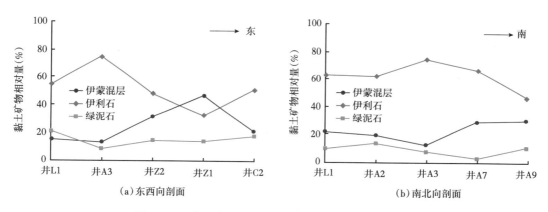

图 6-5-3　东西向、南北向剖面黏土矿物质量分数变化

2. 物性特征评价

孔隙度是表征储层储集能力的最有效指标，利用氦气法对古龙页岩总孔隙度和有效孔隙度测定。在东西剖面上，从古龙凹陷到三肇凹陷页岩总孔隙度呈减小趋势（图6-5-4）。C2井总孔隙度主要为2%~8%，平均为5.7%，Z1井总孔隙度为4%~11%，平均为7.3%，Z2井总孔隙度为3%~8%，平均为6.1%，A3井总孔隙度为5%~12.5%，平均为9.1%，Y8井总孔隙度为5%~11%，平均为8.3%。

在南北剖面上，从古龙凹陷南北两侧到盆地中心，页岩储层总孔隙度呈增加趋势。盆地中心A2井总孔隙度主要为4%~12%，平均为8.2%，A3井总孔隙度主要为5%~12.5%，平均为9.1%，古页3HC井总孔隙度主要为4%~11%，平均为8.3%。

南北两侧总孔隙度小于盆地中心。有效孔隙度大小分布趋势与总孔隙度相似，在东西剖面上，古龙凹陷页岩有效孔隙度高于三肇凹陷；在南北剖面上，古龙凹陷盆地中心有效孔隙度最高。

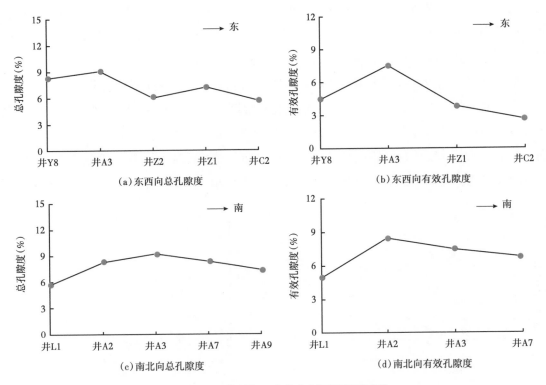

（a）东西向总孔隙度　　　　　　　（b）东西向有效孔隙度

（c）南北向总孔隙度　　　　　　　（d）南北向有效孔隙度

图 6-5-4　东西向、南北向剖面孔隙度变化

渗透率是评价页岩油可动性的重要参数之一。通过渗透率测试分析，表明松北页岩为低渗透储层，水平渗透率多小于 1mD，垂直渗透率多小于 0.05mD（表 6-5-2）。平面分布上，三肇凹陷水平渗透率小于古龙凹陷，盆地中心高于盆地边缘。孔隙度、渗透率大小与储层孔隙类型和发育程度有着密切联系，越靠近盆地中心，页岩成熟度、成岩演化程度越高，基质孔隙、页理缝越发育，孔隙度越高，孔隙连通性好，页岩水平渗透率高于垂直渗透率。

表 6-5-2　古龙页岩渗透率分布特征

井号	水平渗透率（mD）		垂直渗透率（mD）	
	分布范围	平均值	分布范围	平均值
L1	0.18~0.73	0.420	0.012~0.130	0.056
A2	0.01~1.77	0.377	—	—
A3	0.02~1.30	0.174	0.030~0.160	0.038
A7	0.02~2.84	0.610	0.004~0.040	0.014
C2	0.01~0.18	0.053	—	—

3. 含油性特征评价

从源储一体角度，评价页岩储层含油性特征的主要参数为总有机碳含量 [w（TOC）]、镜质组反射率（R_o）和游离烃含量（S_1），同时新鲜样品的石油饱和度参数（OSI）也具有重要的指示意义。

1）有机质丰度

页岩中总有机碳是生烃的物质基础，亦是评价页岩储层生烃能力的重要指标。无论是在浅埋藏区、还是深埋藏区，单井纵向总有机碳含量分布呈现出明显的规律，青一段页岩总有机碳含量高于青二 + 三段页岩的有机碳含量。以 w（TOC）大于 2% 为页岩油有效烃源岩的预估界限，青一段全层系可以作为潜在页岩油成藏层段，具有含油性好的特征，而青二 + 三段只有高有机质丰度层段才具备相应的烃源岩条件，呈现出局部含油特征。

在东西剖面上，青山口组相同层位的有机质丰度也存在明显的差异，经过钻井对比，由古龙凹陷到三肇凹陷，有机碳含量总体呈现增加趋势（图 6-5-5），尤其在三肇凹陷青一段平均 w（TOC）高达 3%，青二 + 三段 w（TOC）也接近 2%；在南北剖面上，从古龙凹陷北部到南部，有机碳含量变化较小，略呈增加趋势。但是在平面上，并不是有机质丰度越高，含油特征越好。古龙凹陷青一段有机质丰度相对较低，但含油特征最好，而三肇凹陷有机质丰度相对较高，但含油效果普遍较差。这便与另一个关键因素有关，即单位有机碳的生烃转化率，其受控于有机质成熟度和有机质类型。前人研究成果基本表明，松辽盆地青山口组有机质类型主要以 I 型和 II₁ 型为主，有机质来源主要为湖泊层状藻。有机质成熟度便成为控制含油性的另一个关键因素。

热解分析参数 S_1 代表页岩样品在 90~300℃ 温度区间热蒸发得到的 C_8—C_{33} 的液态烃量，显示了页岩储层含油气状态。从纵向分布来看，青一段页岩储层 S_1 一般高于青二 + 三段页岩储层的 S_1，说明青一段页岩含油气性好于青二 + 三段页岩（图 6-5-5）；在东西剖面上，从古龙凹陷到三肇凹陷，青一段页岩储层的 S_1 值呈降低趋势，青二 + 三段页岩储层的 S_1 值呈先降低后升高的趋势。在南北剖面上，从古龙北部到南部，青一段页岩储层的 S_1 值变化不明显，略呈增加趋势，青二 + 三段页岩储层的 S_1 值，呈先增加后降低的趋势，在深部凹陷区 A3 井区表现为高值。

镜质组反射率（R_o）是反映页岩成熟的重要参数，在东西向剖面上，从古龙凹陷西部到三肇凹陷随埋深变化，R_o 呈先升高再降低的趋势（图 6-5-5）。在南北向剖面上，从古龙凹陷北部到南部随埋深变化，R_o 值亦呈先升高再降低的趋势，这与古地貌起伏存在明显的关系。依据 A2 井、A3 井、A7 井、A9 井和 L1 井的埋深逐渐变浅，R_o 协同出现逐渐

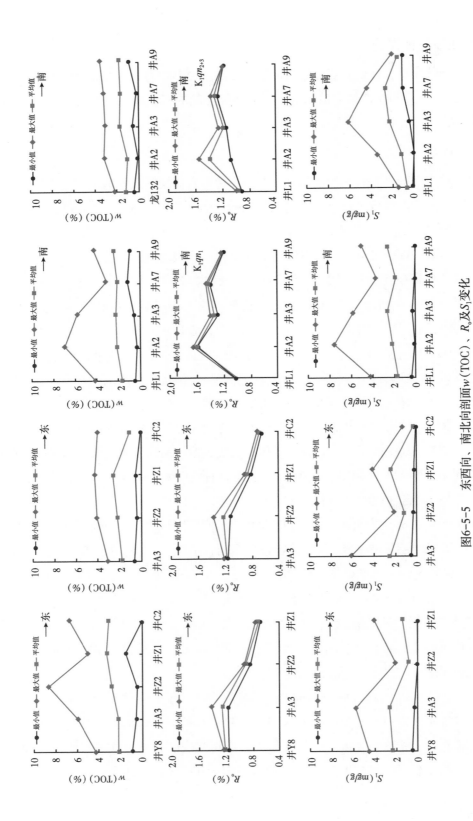

图6-5-5 东西向、南北向剖面w(TOC)、R_o及S_1变化

变小的趋势，由此显示 R_o 受埋深控制显著，埋深小于 1600m 时，R_o 一般小于 0.75%，有机质处于未熟—低熟阶段，有机质生烃量很少，页岩中含油量也很少；埋深为 1600~2300m，R_o 主要为 0.75%~1.3%，有机质处于成熟阶段，大量排烃，随着排烃量的增加，泥页岩中含油量逐步增加；埋深大于 2300m 时，R_o 大于 1.3%，有机质处于高成熟阶段，残留在泥页岩中的页岩油轻质化，油气可流动性增强。

2）含油饱和度指数（OSI）

OSI 值为 S_1/w（TOC）×100，其值大于 100，基本表示较高的石油饱和度，即发生石油超越效应，基于平均 w（TOC）和平均 S_1，基本可以看出在古龙凹陷青一段，OSI 普遍大于 100，显示出极好的含油性，古龙凹陷青二＋三段 OSI 值也相对较高，具有一定的含油性；而在三肇凹陷区域，整个青山口组 OSI 值整体偏低，含油性较古龙凹陷差。

二、页岩油"四性"控制因素

1. 岩性控制因素

研究区青山口组发育页岩、粉砂质页岩、粉砂岩、泥—粉晶云岩、介屑灰岩 5 大类岩石类型，其发育特征主要受物源供给、沉积环境与成岩环境的影响。

古龙凹陷物源主要来自盆地西部和北部，在凹陷西部和北部边缘主要为三角洲前缘与半深湖过渡带，粉砂岩较为发育。而向凹陷中央，受西部和北部三角洲前缘小规模频繁滑塌的影响，大量长英质矿物进入凹陷中央，在 Y2 井、A2 井、A3 井等井区发育多层粉砂质、介屑灰岩纹层或夹层，形成粉砂质页岩和介屑灰岩。而在凹陷南部，如 A9 井区，由于远离西、北部物源，浊积岩发育较少，主要为稳定的半深湖—深湖相环境，以页岩沉积为主。而由于凹陷东部和南部埋深较浅，成岩作用较弱，白云岩较为发育。由于成岩环境发生变化，东部、南部白云岩较为发育，白云石含量相对较高。

2. 物性控制因素

基于对东西向、南北向剖面孔隙度、渗透率对比分析，揭示古龙页岩储层物性具有明显非均质性。孔隙发育程度决定储层物性的变化。古龙页岩储层以微纳米级储集空间为主。按照形态可分为孔隙和裂缝两大类，基质孔隙主要包括粒间孔、有机质孔、黏土矿物晶间孔、白云岩晶间孔、粒内溶孔、介形虫体腔孔等，裂缝主要有页理缝、层间缝、成岩收缩缝及构造裂缝。

剖面上，由三肇凹坳陷到古龙凹陷，以及古龙凹陷南北两侧到盆地中心，随着成熟度升高，油气大量生成并产生有机质孔，排出的有机酸促进长石、碳酸盐岩的溶解，颗粒溶蚀孔增加。随着成岩转化作用增强，黏土矿物尤其是片状伊利石定向排列并形成晶间孔缝，且沿水平定向排列明显，更易形成页理缝（图6-5-6），增加页岩孔隙度，连通了页岩孔隙网络，提高储层水平渗透能力，有助于油气的运移。

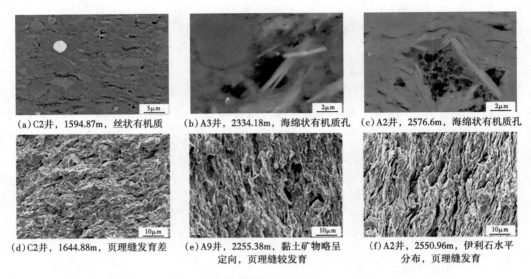

（a）C2井，1594.87m，丝状有机质　（b）A3井，2334.18m，海绵状有机质孔　（c）A2井，2576.6m，海绵状有机质孔

（d）C2井，1644.88m，页理缝发育差　（e）A9井，2255.38m，黏土矿物略呈定向，页理缝较发育　（f）A2井，2550.96m，伊利石水平分布，页理缝发育

图6-5-6　古龙页岩有机质孔特征照片

对比了不同岩性孔隙度分布特征（图6-5-7），总孔隙度、有效孔隙度具有较好相关性。页岩和粉砂质页岩孔隙度主要分布于5%~12%，且明显高于粉砂岩、泥—粉晶云岩和介屑灰岩等夹层岩性。综上认为，储层物性受岩性、有机质演化、成岩作用控制，大量有机质孔、溶蚀孔、黏土晶间孔等基质孔隙及页理缝构成了良好的连通储集空间网络，提高了储层孔隙度、水平渗透率。

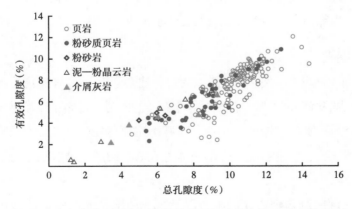

图6-5-7　古龙页岩不同岩性总孔隙度与有效孔隙度关系

3. 含油性控制因素

基于对不同层位和不同地区有机质丰度、成熟度对比分析，基本可以确定成熟度决定有机质生排烃程度，是控制页岩含油性的重要因素，一般在成熟中晚期—高熟早期，页岩高含油；在相同埋深情况下，有机质丰度是控制页岩含油性的另一关键因素，有机质丰度高的层段具有高的含油性。因此成熟度和有机质丰度协同控制页岩的含油性。

此外，对比不同类型岩石的含油性特征，结果表明中高成熟页岩 S_1 与 $w(TOC)$ 具有较好相关性，多数页岩已发生石油超越效应，其中页岩 $w(TOC)$ 最大，含油性最好，S_1 大于 8mg/g，其次为粉砂质页岩，S_1 大于 6mg/g，为页岩油高丰度层位；粉砂岩、白云岩和介壳灰岩含油性相对较差，多为低丰度页岩油层位（图 6-5-8）。

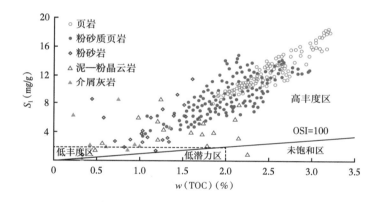

图 6-5-8 古龙页岩不同岩性 $w(TOC)$ 与 S_1 交会图

从储集空间的角度，借助于激光共聚焦分析，揭示页岩油在页理缝、基质孔隙中富集分布，且轻质组分高于重质组分。环境扫描电镜分析显示高黏土泥质纹层富含油，粉砂质纹层较致密，多被钙质、黄铁矿胶结。页理缝、基质孔隙中见轻质油膜分布，是页岩油最为主要的储集空间，其发育程度也是决定页岩油丰度的重要因素（图 6-5-9）。

综上所述：

（1）古龙页岩发育页岩、粉砂质页岩、粉砂岩、泥—粉晶云岩、介屑灰岩五种岩性，其中页岩、粉砂质页岩为最主要的储集岩；受沉积供给影响，坳陷中部粉砂质页岩较为发育；横向上古龙凹陷演化程度高于三肇凹陷，坳陷中部成熟度最高，石英、黏土矿物中伊利石含量较高，伊蒙混层、长石含量较低；由于成岩环境发生变化，东部、南部白云岩较为发育，白云石含量相对较高。

（2）古龙页岩储层物性主要受岩性、有机质热演化和成岩作用控制；页岩储层物性好于夹层粉砂岩、泥—粉晶云岩、介屑灰岩；由三肇凹陷到古龙凹陷，随成熟度升高，页岩有机质孔、溶蚀孔较为发育，黏土转化作用增强，形成大量黏土晶间孔、缝，构成了连通的储集空间网络，提高储层孔隙度、水平渗透率；在南北剖面上，古龙凹陷盆地中心成熟度最高，页岩储层物性最好。

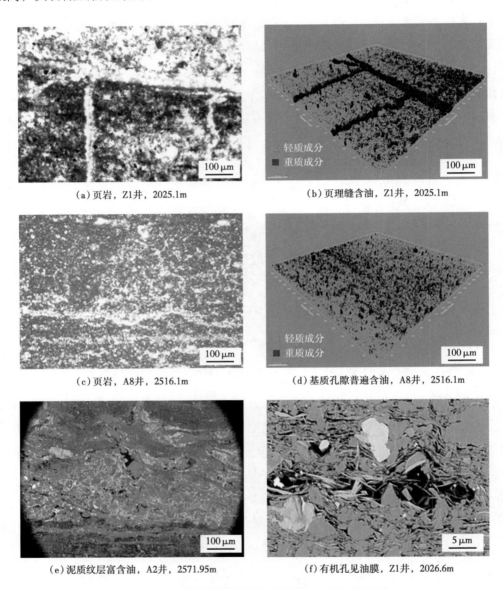

(a)页岩，Z1井，2025.1m　　　　(b)页理缝含油，Z1井，2025.1m

(c)页岩，A8井，2516.1m　　　　(d)基质孔隙普遍含油，A8井，2516.1m

(e)泥质纹层富含油，A2井，2571.95m　　　　(f)有机孔见油膜，Z1井，2026.6m

图 6-5-9　不同储集空间古龙页岩油分布特征图版

（3）热解参数、有机碳含量和镜质组反射率是定量表征页岩含油性的重要参数，有机质丰度和成熟度是控制宏观地质体含油性的关键因素，成熟度高，兼具有机质丰度高的层段，页岩含油性好，随成熟度降低和有机质丰度降低，页岩含油性变差；中高熟页岩形成的基质孔隙和页理缝是页岩油富集的主要空间；在相同埋深层系，岩性差异是导致页岩层段含油性非均质性的重要因素。

三、页岩油典型井"四性"评价

古页 18 井位于古龙凹陷核心区，南邻古页 8HC 井、古页 2HC 井等重点井，具有热演化程度高、有机质丰度高、储层物性好等特征。综合选取全岩矿物、黏土相对量、有机碳、岩石热解、孔隙度等实验核心参数，建立古页 18 井综合评价柱状图（图 6-5-10），揭示该井纵向上不同油层储集性、含油性变化规律及特征差异，为古龙页岩"甜点"层评价提供依据。

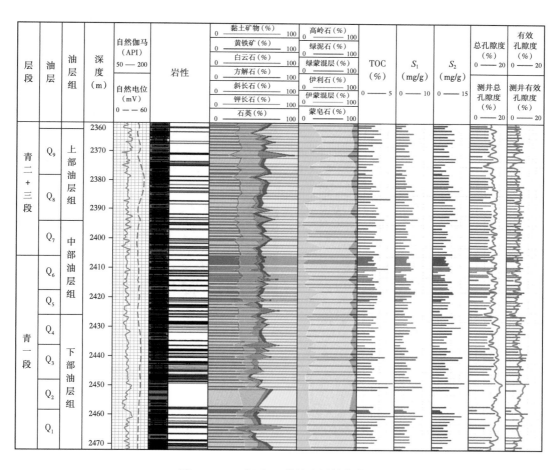

图 6-5-10　古页 18 井综合评价柱状图

通过柱状图综合分析，表明古页 18 井 Q_1—Q_9 油层整体处于高成熟阶段，成熟度 R_o 平均值在 1.38%，纵向上差异不大。有机质类型好，为 I 型层状藻，有机碳含量（TOC）

主要分布在 1.5%~4.6%，平均 2.3%，纵向上随埋深增加，有机碳含量呈增加趋势，Q_1—Q_3 油层有机碳含量最高，TOC 平均值在 2.69%，Q_8、Q_9 油层略低，TOC 平均值在 2.3%。

古页 18 井矿物成分以石英、长石、黏土矿物为主。石英含量主要分布在 21.1%~46.2%，平均 34.2%，长石含量主要分布在 8.3%~34.2%，平均 19.8%，黏土矿物主要分布在 25.2%~45.2%，平均 33.8%，方解石、白云石等碳酸盐矿物局部富集，含有少量黄铁矿。纵向上，石英含量随埋深增加，略有增加趋势，长石含量整体呈降低趋势，黏土矿物略有增加。不同层段对比显示，Q_9 油层石英、长石、碳酸盐矿物总含量略高于 Q_2 油层，整体脆性指数高，黏土矿物含量低于 Q_2 油层。综合岩心精描、薄片鉴定分析，古页 18 井整体以纯页岩、粉砂质页岩为主，岩性占比在 90% 以上，微米级粉砂质纹层、碳酸盐纹层局部发育，夹有薄层粉砂岩、碳酸盐岩。Q_9 油层粉砂质纹层较为发育，粉砂质页岩占比在 20% 以上，高于下部油层，因此，长石类矿物含量略高（图 6-5-11）。

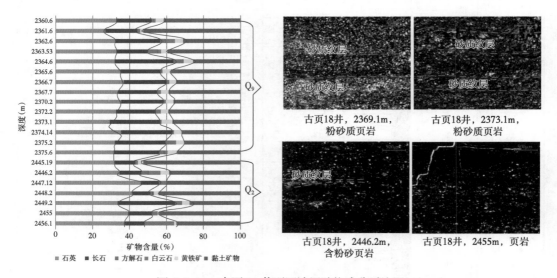

图 6-5-11　古页 18 井不同油层矿物成分对比图

古龙页岩以纯页岩为主，泥级碎屑发育。古页 18 井粒度细，粒度中值主要分布在 0.002~0.016mm，平均 0.006mm。粒径范围主要分布在小于 0.0156mm 范围内，占比 80% 以上，粒径小于 0.0039mm 占比在 50% 左右。纵向上粒度分布差异较大，整体上部油层粒度偏粗，下部油层粒度较细。不同油层粒度对比显示，Q_9 层微纹层发育，粉砂级长英质颗粒发育，粒径范围在 0.0156~0.0625mm 占比较高，达到 30% 以上，高于 Q_2 油层。小于 0.0156mm 泥级碎屑占比约为 65%，低于 Q_2 油层，反映了不同油层沉积环境差异（图 6-5-12）。

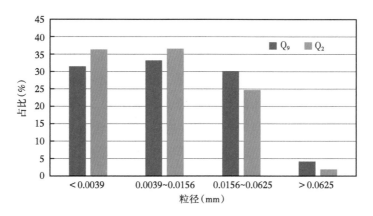

图 6-5-12　古页 18 井不同油层粒度对比图

古页 18 井总孔隙度主要分布在 8%~12%，平均 9.9%，孔隙度高，储层物性好。纵向上不同油层孔隙度略有差异。Q_3 油层孔隙度最高，平均 12.8%，Q_5 油层最低，孔隙度平均 9.1%。Q_1、Q_2、Q_8、Q_9 等油层孔隙度平均 10% 左右，差异不大。氮气吸附分析页岩孔隙结构，结果表明，该井平均孔径分布于 4.96~8.74nm，其中 Q_8、Q_9 油层平均孔径较高，主要分布在 8.58~8.74nm，大于 50nm 大孔占比分布于 16.51%~31.57%，Q_8、Q_9 油层大孔占比最高，达到 31.57%。由于上部油层组微米级粉砂纹层相对富集，残余粒间孔、溶蚀孔等无机孔隙较为发育，因此大孔及平均孔径高于下部油层（图 6-5-13）。

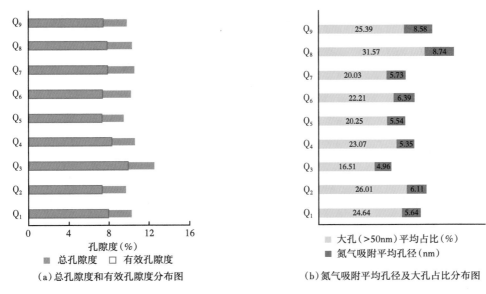

（a）总孔隙度和有效孔隙度分布图　　（b）氮气吸附平均孔径及大孔占比分布图

图 6-5-13　古页 18 井不同油层孔隙结构对比图

岩石热解分析表明，该井 S_1 主要分布于 1.52~7.55mg/g，平均为 3.37mg/g。S_2 主要分布于 2.02~13.07mg/g，平均为 6.32mg/g。纵向上，不同油层含油性略有差异。Q_2、Q_3 下部油层组含油量最高，S_1 平均在 4.24mg/g，Q_8、Q_9 油层含油量较高，S_1 平均在 3.47mg/g，应用激光共聚焦分析，开展古页 18 井页岩油微区分布定量分析。结果表明，该井页岩段具有普遍含油特征。Q_9 油层页岩（2375.6m）总含油量 S_1 为 3.04mg/g，轻质组分为 0.57%，重质组分 1.28%，轻重比 0.45，微观下可见页岩基质普遍含油，泥质富集部分含油性好，含油量更高，粉砂质纹层发育处含油性略差。Q_2 油层页岩（2447.12m）总含油量 S_1 为 6.93mg/g，轻质组分为 0.8%，重质组分为 1.25%，轻重比 0.64，基质孔隙、页理缝普遍含油（图 6-5-14）。

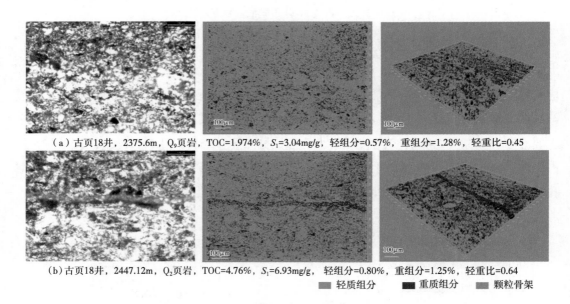

（a）古页18井，2375.6m，Q_9页岩，TOC=1.974%，S_1=3.04mg/g；轻组分=0.57%，重组分=1.28%，轻重比=0.45

（b）古页18井，2447.12m，Q_2页岩，TOC=4.76%，S_1=6.93mg/g，轻组分=0.80%，重组分=1.25%，轻重比=0.64

■ 轻质组分　■ 重质组分　■ 颗粒骨架

图 6-5-14　古页 18 井不同油层微观含油性对比图

综上所述，通过建立古页 18 井综合评价柱状图，对比了不同油层储集性、含油性等方面特征差异。总孔隙度、S_1 等实验分析表明，Q_2、Q_3 油层孔隙度略高，含油性略好，具备地质"甜点"特征，为古龙页岩潜力油层。Q_8、Q_9 油层石英、长石等脆性矿物含量高，黏土矿物含量低，粒度粗，50nm 以上大孔占比高于下部油层，含油性较好，孔隙度较高，具备地质＋工程双"甜点"特征，为古龙页岩现阶段增储高产油层。

参考文献

蔡观强, 郭锋, 刘显太, 等, 2009. 东营凹陷沙河街组沉积岩碳氧同位素组成的古环境记录 [J]. 地球与环境, 37 (4): 347-354.

陈彬滔, 潘树新, 方乐华, 等, 2016. 松辽盆地齐家—古龙凹陷青山口组泥页岩层段储层特征 [J]. 天然气地球科学, 27 (2): 298-308.

陈少伟, 刘建章, 2021. 含油气盆地微观裂缝脉体期次、成因与流体演化研究进展及展望 [J]. 地质科技通报, 40 (4): 81-92.

陈世加, 张焕旭, 路俊刚, 等, 2015. 四川盆地中部侏罗系大安寨段致密油富集高产控制因素 [J]. 石油勘探与开发, 42 (2): 186-193.

陈志海, 2011. 特低渗油藏储层微观孔喉分布特征与可动油评价: 以十屋油田营城组油藏为例 [J]. 石油实验地质, 33 (6): 657-661, 670.

谌卓恒, KIRK G O, 2013. 西加拿大沉积盆地 Cardium 组致密油资源评价 [J]. 石油勘探与开发, 40 (3): 320-328.

谌卓恒, 黎茂稳, 姜春庆, 等, 2019. 页岩油的资源潜力及流动性评价方法: 以西加拿大盆地上泥盆统 Duvernay 页岩为例 [J]. 石油与天然气地质, 40 (3): 459-468.

崔景伟, 邹才能, 朱如凯, 等, 2012. 页岩孔隙研究新进展 [J]. 地球科学进展, 27 (12): 1319-1325.

代全齐, 罗群, 张晨, 等, 2016. 基于核磁共振新参数的致密油砂岩储层孔隙结构特征: 以鄂尔多斯盆地延长组 7 段为例 [J]. 石油学报, 37 (7): 887-897.

丁文龙, 许长春, 久凯, 等, 2011. 泥页岩裂缝研究进展 [J]. 地球科学进展, 26 (2): 135-144.

丁娱娇, 郭保华, 燕兴荣, 等, 2014. 页岩储层有效性识别及物性参数定量评价方法 [J]. 测井技术, 38 (3): 297-303.

董春梅, 马存飞, 栾国强, 等, 2015. 泥页岩热模拟实验及成岩演化模式 [J]. 沉积学报, 33 (5): 1053-1061.

冯子辉, 柳波, 邵红梅, 等, 2020. 松辽盆地古龙地区青山口组泥页岩成岩演化与储集性能 [J]. 大庆石油地质与开发, 39 (3): 72-85.

付永红, 蒋裕强, 夏国勇, 等, 2020. 海相页岩孔隙度 GRI 测定方法优化 [J]. 天然气工业, 40 (10): 20-28.

高瑞祺, 孔庆云, 辛国强, 等, 1992. 石油地质实验手册 [M]. 哈尔滨: 黑龙江科学技术出版社.

国家发展和改革委员会, 2007. 岩样核磁共振参数实验室测量规范: SY/T 6490—2007[S]. 北京: 石油工业出版社.

国家经济贸易委员会, 2010. 储层敏感性流动评价实验方法: SY/T 5358—2010[S]. 北京: 石油工业出版社.

何文渊, 崔宝文, 王凤兰, 等, 2022. 古龙凹陷青山口组页岩储集空间及其油态的研究 [J]. 地质论评, 68 (2): 693-741.

侯启军, 冯志强, 冯子辉, 等, 2009. 松辽盆地陆相石油地质学 [M]. 北京: 石油工业出版社.

侯中帅, 陈世悦, 2019. 东营凹陷沙四段上亚段—沙三段下亚段泥页岩成岩演化及其对储层发育的影响 [J]. 油气地质与采收率, 26 (1): 119-128.

胡永亮, 王伟, 周传明, 2020. 沉积地层中的黄铁矿形态及同位素特征初探——以华南埃迪卡拉纪深水相地层为例 [J]. 沉积学报, 38 (1): 138-149.

黄潇，张金川，李晓光，等，2015.陆相页岩孔隙类型、特征及油气共聚过程探讨：以辽河坳陷西部凹陷为例 [J].天然气地球科学，26（7）：1422-1432.

贾承造，郑民，张永峰，2012.中国非常规油气资源与勘探开发前景 [J].石油勘探与开发，39（2）：129-136.

贾承造，郑民，张永峰，2014.非常规油气地质学重要理论问题 [J].石油学报，35（1）：1-10.

贾承造，邹才能，李建忠，等，2012.中国致密油评价标准、主要类型、基本特征及资源前景 [J].石油学报，3（3）：343-350.

姜振学，唐相路，李卓，等，2016.川东南地区龙马溪组页岩孔隙结构全孔径表征及其对含气性的控制 [J].地学前缘，23（2）：126-134.

焦淑静，张慧，薛东川，等，2015.泥页岩孔隙类型、形态特征及成因研究 [J].电子显微学报，34（5）：421-427.

焦玉国，李景坤，乔建华，2005.伊利石结晶度指数在岩石变质程度研究中的应用 [J].大庆石油地质与开发，24（1）：41-43.

匡立春，侯连华，杨智，等，2021.陆相页岩油储层评价关键参数及方法 [J].石油学报，42（1）：14.

李海波，朱巨义，郭和坤，等，2008.核磁共振T2谱换算孔隙半径分布方法研究 [J].波谱学杂志，25（2）：273-280.

李吉君，史颖琳，黄振凯，等，2015.松辽盆地北部陆相泥页岩孔隙特征及其对页岩油赋存的影响 [J].中国石油大学学报（自然科学版），39（4）：27-34.

李剑，马卫，王义凤，等，2018.腐泥型烃源岩生排烃模拟实验与全过程生烃演化模式 [J].石油勘探与开发，45（3）：445-454.

李军，金武军，王亮，等，2016.利用核磁共振技术确定有机孔与无机孔孔径分布：以四川盆地涪陵地区志留系龙马溪组页岩气储层为例 [J].石油与天然气地质，37（1）：129-134.

林铁锋，张庆石，张金友，等，2014.齐家地区高台子油层致密砂岩油藏特征及勘探潜力 [J].大庆石油地质与开发，33（5）：36-43.

刘占国，朱超，李森明，等，2017.柴达木盆地西部地区致密油地质特征及勘探领域 [J].石油勘探与开发，44（2）：196-204.

龙玉梅，陈曼霏，陈凤玲，等，2019.潜江凹陷潜江组盐间页岩油储层发育特征及影响因素 [J].油气地质与采收率，26（1）：59-64.

卢双舫，黄文彪，陈方文，等，2012.页岩油气资源分级评价标准探讨 [J].石油勘探与开发，39（2）：249-256.

卢双舫，黄文彪，李文浩，等，2017.松辽盆地南部致密油源岩下限与分级评价标准 [J].石油勘探与开发，44（3）：473-480.

马存飞，董春梅，栾国强，等，2017.苏北盆地古近系泥页岩有机质孔发育特征及影响因素 [J].中国石油大学学报（自然科学版），41（3）：1-13.

马世凯，2023.H区块低渗透油藏CO2驱数值模拟研究 [D].大庆：东北石油大学.

蒙启安，白雪峰，梁江平，等，2014.松辽盆地北部扶余油层致密油特征及勘探对策 [J].大庆石油地质与开发，33（5）：23-29.

孟元林，王维安，高煜婷，等，2011.松辽盆地北部泉三、四段储层物性影响因素分析 [J].地质科学，46（4）：1025-1041.

宁传祥，姜振学，高之业，等，2017. 用核磁共振和高压压汞定量评价储层孔隙连通性：以沾化凹陷沙三下亚段为例 [J]. 中国矿业大学学报，46（3）：559-566.

庞雄奇，1995. 排烃门限控油气理论与应用 [M]. 北京：石油工业出版社.

施立志，王卓卓，张革，等，2015. 松辽盆地齐家地区致密油形成条件与分布规律 [J]. 石油勘探与开发，42（1）：44-50.

时建超，屈雪峰，雷启鸿，等，2016. 致密油储层可动流体分布特征及主控因素分析：以鄂尔多斯盆地长 7 储层为例 [J]. 天然气地球科学，27（5）：821-834，850.

孙龙德、刘合、何文渊. 等，2021. 大庆古龙页岩油重大科学问题与研究路径探析 [J]. 石油勘探与开发，48（3）：453-462.

王君贤，2016. 伊利石结晶度在致密气勘探中的指示作用 [J]. 内蒙古石油化工，7（1）：43 -44.

王茂桢，柳少波，任拥军，等，2015. 页岩气储层黏土矿物孔隙特征及其甲烷吸附作用 [J]. 地质论评，61（1）：207-216.

王濡岳，丁文龙，王哲，等，2015. 页岩气储层地球物理测井评价研究现状 [J]. 地球物理学进展，30（1）：228-241.

王胜，2009. 用核磁共振分析岩石孔隙结构特征 [J]. 新疆石油地质，30（6）：768-770.

王志战，李新，魏杨旭，等，2015. 页岩油气层核磁共振评价技术综述 [J]. 波谱学杂志，32（4）：688-698.

谢晓永，唐洪明，王春华，等，2006. 氮气吸附法和压汞法在测试泥页岩孔径分布中的对比 [J]. 天然气工业，26（12）：100-102.

薛海涛，田善思，王伟明，等，2016. 页岩油资源评价关键参数：含油率的校正 [J]. 石油与天然气地质，37（1）：15-22.

杨华，梁晓伟，牛小兵，等，2017. 陆相致密油形成地质条件及富集主控因素：以鄂尔多斯盆地三叠系延长组 7 段为例 [J]. 石油勘探与开发，44（1）：12-20.

杨万里，李永康，高瑞祺，等，1981. 松辽盆地陆相生油母质的类型与演化模式 [J]. 中国科学：数学，24（8）：1000-1008.

杨智，侯连华，陶士振，等，2015. 致密油与页岩油形成条件与"甜点区"评价 [J]. 石油勘探与开发，42（5）：555-565.

于炳松，2013. 页岩气储层孔隙分类与表征 [J]. 地学前缘，20（4）：211-220.

于萍，张瑜，闫建萍，等，2023. 四川盆地龙马溪组页岩吸水特征及 3 种页岩孔隙度分析方法对比 [J]. 天然气地球科学，31（7）：12.

喻建，杨孝，李斌，等，2014. 致密油储层可动流体饱和度计算方法：以合水地区长 7 致密油储层为例 [J]. 石油实验地质，36（6）：767-772.

曾花森，霍秋立，张晓畅，等，2022. 松辽盆地古龙页岩油赋存状态演化定量研究 [J]. 大庆石油地质与开发，41（3）：80-90.

张居和，冯子辉，霍秋立，等，2020. 一种泥页岩含油量与精细组分同步实验分析方法. 202010480222.3 [P]. 2020-05-30.

张居和，冯子辉，曾花森，等，2020. 一种泥页岩馏分含油量及其分子组成同步分析方法. 202010479933.9 [P]. 2020-05-30.

张居和，霍秋立，冯子辉，等，2020. 泥页岩含油量与精细组分同步实验分析装置：202010480232.7 [P]. 2020-05-30.

张娜, 张紫筠, 王帅栋, 2021. 低渗透油藏可动流体饱和度计算及影响因素研究综述 [J]. 水利水电技术（中文）, 52（9）: 143-155.

张哲豪, 李新, 赵建斌, 等, 2022. 页岩油储层岩石物理实验技术现状及发展 [J]. 测井技术, 46（6）: 656-663.

赵靖舟, 白玉彬, 曹青, 等, 2012. 鄂尔多斯盆地准连续型低渗透—致密砂岩大油田成藏模式 [J]. 石油与天然气地质, 33（6）: 811-827.

赵文智, 胡素云, 侯连华, 等, 2018. 页岩油地下原位转化的内涵与战略地位 [J]. 石油勘探与开发, 45（4）: 537-545.

周莉, 杜文学, 韩雪, 等, 2009. 黏土矿物微观孔隙结构的分形特征 [J]. 黑龙江科技学院学报, 19（2）: 94-96.

周龙政, 蔡进功, 李旭, 等, 2022. 泥页岩中水的赋存态研究进展及其意义 [J]. 地球科学进展, 37（7）: 17.

周尚文, 郭和坤, 孟智强, 等, 2013. 基于离心法的油驱水和水驱油核磁共振分析 [J]. 西安石油大学学报（自然科学版）, 28（3）: 59-69.

邹才能, 陶仕振, 侯连华, 等, 2011. 非常规油气地质 [M]. 北京: 地质出版社.

邹才能, 杨智, 崔景伟, 等, 2013. 页岩油形成机制、地质特征及发展对策 [J]. 石油勘探与开发, 40（1）: 14-26.

邹才能, 杨智, 陶士振, 等, 2012. 纳米油气与源储共生型油气聚集 [J]. 石油勘探与开发, 39（1）: 13-26.

邹才能, 杨智, 张国生, 等, 2014. 常规 – 非常规油气 "有序聚集" 理论认识及实践意义 [J]. 石油勘探与开发, 41（1）: 14-27.

邹才能, 张国生, 杨智, 等, 2013. 非常规油气概念、特征、潜力及技术: 兼论非常规油气地质学 [J]. 石油勘探与开发, 40（4）: 385-399, 454.

AMERICAN PETROLEUM INSTITUTE（API）, 1988. Recommended Practice RP 40. Recommended Practices for Core Analysis, second ed[M]. API Publishing Services, Washington, DC.

ARTHUR M A, DEAN W E, PRATT L M, 1998. Geochemical and climatic effects of increased marine organic carbon burial at the Cenomanian[J]. Turonian boundary: Nature, 335: 714-717.

CHEN Z, LI M, MA X, et al., 2018.Generation kinetics based method for correcting effects of migrated oil on Rock ～ Eval data – An example from the Eocene Qianjiang Formation, Jianghan Basin, China[J]. International Journal of Coal Geology, 195: 84-101.

DESBOIS G, URAI J L, KUKLA P A, et al., 2011. High—resolution 3D fabric and porosity model in a tight gas sandstone reservoir: A new approach to investigate microstructures from mm to nm scale combining argon beam cross—sectioning and SEM imaging[J]. Journal of Petroleum Science and Engineering, 78（2）: 243-257.

EIA, 2015.Technically Recoverable Shale Oil and Shale Gas Resources: China [R]. Washington, U.S. Energy Information Administration.

FENG D, LI X, WANG X, et al., 2018. Water adsorption and its impact on the pore structure characteristics of shale clay[J].Applied Clay Science, 155（APR.）: 126-138.

GARETH R L C, 2015. Porosity and pore size distribution of deeply-buried fine-grained rocks: Influence of diagenetic and metamorphic processes on shale reservoir quality and explora-tion[J]. Journal of Unconventional, （12）: 134 -142.

HEMES S, DESBOIS G, URAI J L, et al., 2015. Multi—scale characterization of porosity in boom clay

（HADES~level，Mol，Belgium）using a combination of X—ray μ—CT，2D BIB—SEM and FIB—SEM tomography[J].Microporous and Mesoporous Materials，208：1-20.

IGLAUER S, PALUSZNY A, BLUNT M J, 2013. Simultaneous oil recovery and residual gas storage：A pore~level analysis using in situ X—ray microtomography[J].Fuel，103（Jan）：905-914.

JARVIE D M, BREYER J A, 2012. Shale Resource Systems for Oil and Gas：Part 1—Shale~gas Resource Systems，Shale Reservoirs—Giant Resources for the 21st Century[J]. American Association of Petroleum Geologists，Memoir 97，69-87.

LAW B E, CURTIS J B, 2002. Introduction to unconventional petroleum systems[J]. AAPG Bulletin，86（11）：1851-1852.

LI J B, LU S F, CHEN G H, et al., 2019.A new method for measuring shale porosity with low-field nuclear magnetic resonance considering non-fluid signals[J].Marine and Petroleum Geology，102.

LI M, CHEN Z, MA X, et al., 2018. A numerical method for calculating total oil yield using a single routine Rock ~ Eval program：A case study of the Eocene Shahejie Formation in Dongying Depression，Bohai Bay Basin，China[J]. International Journal of Coal Geology，191：49-65.

LOUCKS R G, REED R M, RUPPEL S C, et al, 2009. Morphology, genesis, and distribution of nanometer~scale pores in siliceous mudstones of the Mississippian Barnett Shale[J].Journal of Sedimentary Research，79：848-861.

LOUCKS R G, REED R M, RUPPEL S C, et al., 2009. Morphology, genesis, and distribution of nanometer~scale pores in siliceous mudstones of the Mississippian Barnett Shale[J]. Journal of Sedimentary Research，79（12）：848-861.

NA J G, IM C H, CHUNG S H, et al., 2012. Effect of oil shale retorting temperature on shale oil yield and properties[J].Fuel，95：131-135.

PASSEY Q R, BOHACS K, ESCH W L, et al., 2010. From oil ~ prone source rock to gas ~ producing shale reservoir—geologic and petrophysical characterization of unconventional shale gas reservoirs[R]. SPE 131350—MS.

PEPPER A S, CORVI P J, 1995. Simple kinetic models of petroleum formation. Part Ⅲ：Modelling an open system[J].Marine and Petroleum Geology，12：417-452.

RIEPE L, SUHAIMI M H, KUMAR M, et al., 2011. Application of highresolution micro-CT-imaging and pore network modeling（PNM）for the petrophysical characterization of tight gas reservoirs：A case history from a deep clastic tight gas reservoir in Oman[R]. SPE 142472.

SOK R M, KNACKSTEDT M A, VARSLOT T, et al., 2010. Pore scale characterization of carbonates at multiple scales：Integration of micro ~ ct, bsem, and fibsem[J]. Petrophysics，51（6）：1-12.

XU S, SUN Y, LU X S, et al., 2021. Effects of composition and pore evolution on thermophysical properties of Huadian oil shale in retorting and oxidizing pyrolysis[J].Fuel，305（3）：121565.

YUAN Y, REZAEE R, VERRALL M, et al., 2018. Pore characterization and clay bound water assessment in shale with a combination of NMR and low-pressure nitrogen gas adsorption-ScienceDirect[J].International Journal of Coal Geology，194.

ZHOU S, YAN D, TANG J, et al., 2020.Abrupt change of pore system in lacustrine shales at oil- and gas-maturity during catagenesis[J].International Journal of Coal Geology，228：103557.